建筑工程
施工技术交底典型实录

谢建民　编著

中国建筑工业出版社

图书在版编目（CIP）数据

建筑工程施工技术交底典型实录/谢建民编著. -北京：中国建筑工业出版社，1997
ISBN 7-112-03298-9

Ⅰ. 建… Ⅱ. 谢… Ⅲ. 建筑工程-工程施工-技术 Ⅳ. TU74

中国版本图书馆CIP数据核字（97）第10573号

建筑工程
施工技术交底典型实录
谢建民 编著
*
中国建筑工业出版社出版、发行(北京西郊百万庄)
新华书店经销
有色曙光印刷厂印刷
*
开本：850×1168毫米 1/32 印张：12 字数：319千字
1997年10月第一版 2004年12月第十二次印刷
印数：19,701—20,900册 定价：19.00元
ISBN 7-112-03298-9
TU·2540（8443）

本书详细介绍了建筑工程施工技术交底的要求、基本内容和实际作法，并说明了建筑各分项工程施工技术交底的主要项目内容。书中精选了34项各类工程施工技术交底典型实录，就工程概况、技术特点、施工准备、工艺操作、工程质量标准、通病防治及注意事项等，详细具体地介绍了施工技术交底的必要内容，供各施工单位编制与执行工程施工技术交底参考。

本书供建筑施工企业各级技术人员、工长、班组长阅读，建筑设计人员也可作参考书。

前　言

目前，从我国建筑工程施工质量现状来看，施工队伍技术素质不高，企业管理水平较低，造成这种状况的原因很多，首先从施工技术管理角度来说，在施工第一线作管理工作技术人员普遍比较年轻，从学校毕业出来，缺乏施工实践经验，学校里学的知识与施工实践尚有相当距离，理论脱离实际，常常存在学校里学的知识在施工中应用不着，而施工中常用基本要求知识在学校里未学过或讲得很少。其次，目前国内建筑市场，有相当数量集体企业和农村建筑队，虽然有的企业施工资质已提高，但是其技术素质普遍较低，尚未达到相应标准，技术人员配备不足，从正规学校毕业技术人员少，而从各种培训班毕业的施工员又缺乏基本施工技术管理知识，故使企业内部缺少施工技术管理必要手段。第三，施工技术管理中技术交底缺乏规范化，对建筑施工作业缺乏正规指导，有相当随意性，主要问题是目前国内尚无一本比较完整地论述施工技术交底方面的书，各施工单位自行制定的办法又不全面，有的建筑施工企业无具体规定。《建筑工程施工技术交底典型实录》一书正是针对这种现实情况而编写的。

本书系统地介绍建筑工程施工技术交底方面基本知识以及有关管理程序，其目的是使参与施工的技术人员与工人熟悉和了解所承担工程的特点，设计意图，技术要求，施工工艺和应注意问题，按照施工组织设计中的技术要求组织施工，从而达到提高施工质量的目的。本书附有大量施工实例，在施工实践中可作参考。

编者希望本书的出版对加强建筑施工企业技术交底能有所裨益。由于编者水平有限，书中肯定存在不少缺乏和错误，恳切希望有关专家和读者批评指正，参与本书编写的还有煤炭部建筑安装工程公司的王坤维、马杰等同志。

目　录

概　述

技术交底是施工企业极为重要的一项技术管理工作，其目的是使参与建筑工程施工的技术人员与工人熟悉和了解所承担的工程项目的特点、设计意图、技术要求、施工工艺及应注意的问题。根据建筑工程施工复杂性、连续性和多变性的固有特点，各级建筑施工企业必须严格贯彻技术交底责任制，加强施工质量检查、监督和管理，以达到提高施工质量的目的。

一、技术交底的任务与目的

建筑工程从施工蓝图变成一个个工程实体，在工程施工组织与管理工作中，首先要使参与施工活动的每一个技术人员，明确本工程的特定的施工条件、施工组织、具体技术要求和有针对性的关键技术措施，系统掌握工程施工过程全貌和施工的关键部位，使工程施工质量达到国家施工验收规范的标准。

对于参与工程施工操作每一个工人来说，通过技术交底，了解自己所要完成的分部分项工程的具体工作内容、操作方法、施工工艺、质量标准和安全注意事项等，做到施工操作人员任务明确，心中有数；各工种之间配合协作和工序交接井井有条，达到有序地施工，以减少各种质量通病，提高施工质量的目的。

因此，施工一项工程，必须在参与施工的不同层次的人员范围内，进行不同内容重点和技术深度的技术交底。特别是对于重点工程、工程重要部位、特殊工程和推广与应用新技术、新工艺、新材料、新结构的工程项目，在技术交底时更需要作内容全面、重点明确、具体而详细的技术交底。

二、技术交底的分类

技术交底一般是按照工程施工的难易程度、建筑物的规模、结构的复杂程度等情况，在不同层次的施工人员范围内进行技术交底；技术交底的内容与深度也各不相同。

1. 设计交底。设计单位根据国家的基本建设方针政策和设计规范进行工程设计，经所在地区建设委员会和有关部门审批后，由设计人员向施工单位就设计意图、图纸要求、技术性能、施工注意事项及关键部位的特殊要求等进行技术交底。

2. 施工单位总工程师或主任工程师向施工队或工区施工负责人进行施工方案实施技术交底。

3. 施工队或工区施工负责人（项目经理）向单位工程负责人、质量检查员、安全员及有关职能人员进行技术交底。

4. 单位工程负责人或技术主管工程师向各作业班组长和各工种工人进行技术交底。

三、建筑工程施工技术交底的要求和内容

1. 施工技术交底的要求

(1)工程施工技术交底必须符合建筑工程施工及验收规范、技术操作规程(分项工程工艺标准)、质量检验评定标准的相应规定。同时，也应符合各行业制定的有关规定、准则以及所在省（区）市地方性的具体政策和法规的要求。

(2) 工程施工技术交底必须执行国家各项技术标准，包括计量单位和名称。有的施工企业还制定企业内部标准，如建筑分项工程施工工艺标准、混凝土施工管理标准等等。这些企业标准在技术交底时应认真贯彻实施。

(3)技术交底还应符合与实现设计施工图中的各项技术要求，特别是当设计图纸中的技术要求和技术标准高于国家施工及验收规范的相应要求时，应作更为详细的交底和说明。

(4) 应符合和体现上一级技术领导技术交底中的意图和具体要求。

(5) 应符合和实施施工组织设计或施工方案的各项要求，包括技术措施和施工进度等要求。

(6) 对不同层次的施工人员，其技术交底深度与详细程度不同，也就是说对不同人员其交底的内容深度和说明的方式要有针

对性。

(7) 技术交底应全面、明确。并突出要点;应详细说明怎么做,执行什么标准,其技术要求如何,施工工艺与质量标准和安全注意事项等应分项具体说明,不能含糊其词。

(8) 在施工中使用的新技术、新工艺、新材料,应进行详细交底,并交待如何作样板间等具体事宜。

2. 施工技术交底包括的内容

(1) 施工单位总工程师或主任工程师向施工队或工区施工负责人进行技术交底的内容应包括以下几个主要方面:

1) 工程概况和各项技术经济指标和要求;

2) 主要施工方法,关键性的施工技术及实施中存在的问题;

3) 特殊工程部位的技术处理细节及其注意事项;

4) 新技术、新工艺、新材料、新结构施工技术要求与实施方案及注意事项;

5) 施工组织设计网络计划、进度要求、施工部署、施工机械、劳动力安排与组织;

6) 总包与分包单位之间互相协作配合关系及其有关问题的处理。

7) 施工质量标准和安全技术,尽量采用本单位所推行的工法等标准化作业。

(2) 施工队技术负责人向单位工程负责人、质量检查员、安全员技术交底的内容包括以下几个方面:

1) 工程概况和当地地形、地貌、工程地质及各项技术经济指标;

2) 设计图纸的具体要求、做法及其施工难度;

3) 施工组织设计或施工方案的具体要求及其实施步骤与方法;

4) 施工中具体做法,采用什么工艺标准和本企业哪几项工法;关键部位及其实施过程中可能遇到问题与解决办法;

5) 施工进度要求、工序搭接、施工部署与施工班组任务确定;

6）施工中所采用主要施工机械型号、数量及其进场时间、作业程序安排等有关问题；

7）新工艺、新结构、新材料的有关操作规程、技术规定及其注意事项；

8）施工质量标准和安全技术具体措施及其注意事项。

（3）单位工程负责人或技术主管工程师向各作业班组长和各工种工人进行技术交底的内容应包括以下几个方面：

1)侧重交清每一个作业班组负责施工的分部分项工程的具体技术要求和采用的施工工艺标准或企业内部工法；

2）各分部分项工程施工质量标准；

3）质量通病预防办法及其注意事项；

4)施工安全交底及介绍以往同类工程的安全事故教训及应采取的具体安全对策。

四、建筑分项工程施工技术交底的重点

由于一项工程，特别是大型复杂的建筑工程项目，其分部分项工程很多，需要不同工种的作业班组分期分阶段来完成。所以，技术交底的内容应按照分部分项工程的具体要求，根据设计图纸的技术要求以及施工及验收规范的具体规定，针对不同工种的具体特点，进行不同内容和重点的技术交底。所包括的具体技术内容，择要列出如下：

1. 土方工程：地基土的性质与特点；各种标桩的位置与保护办法；挖填土的范围和深度，放边坡的要求，回填土与灰土等夯实方法及容重等指标要求；地下水或地表水排除与处理方法；施工工艺与操作规程中有关规定和安全技术措施。

2. 砖石砌筑工程：砌筑部位；轴线位置；各层水平标高；门窗洞口位置；墙身厚度及墙厚变化情况；砂浆强度等级，砂浆配合比及砂浆试块组数与养护；各预留洞口和各专业预埋件位置与数量、规格、尺寸；各不同部位和标高砖、石等原材料的质量要求；砌体组砌方法和质量标准；质量通病预防办法，安全注意事项等。

3. 模板工程：各种钢筋混凝土构件的轴线和水平位置，标高，截面形式和几何尺寸；支模方案和技术要求；支承系统的强度、稳定性具体技术要求；拆模时间；预埋件、预留洞的位置、标高、尺寸、数量及预防其移位的方法；特殊部位的技术要求及处理方法；质量标准与其质量通病预防措施，安全技术措施。

4. 钢筋工程：所有构件中钢筋的种类、型号、直径、根数、接头方法和技术要求；预防钢筋位移和保证钢筋保护层厚度技术措施；钢筋代换的方法与手续办理；特殊部位的技术处理；有关操作，特别是高空作业注意事项；质量标准及质量通病预防措施，安全技术措施和注意事项。

5. 混凝土工程：水泥、砂、石、外加剂、水等原材料的品种、技术规程和质量标准；不同部位、不同标高混凝土种类和强度等级；其配合比、水灰比、塌落度的控制及相应技术措施；搅拌、运输、振捣有关技术规定和要求；混凝土浇灌方法和顺序，混凝土养护方法；施工缝的留设部位、数量及其相应采取技术措施、规范的具体要求；大体积混凝土施工温度控制的技术措施；防渗混凝土施工具体技术细节和技术措施实施办法；混凝土试块留置部位和数量与养护；预防各种预埋件、预留洞位移具体技术措施，特别是机械设备地脚螺栓移位，在施工时提出具体要求；质量标准和质量通病预防办法（由于混凝土工程出现质量问题一般比较严重，在技术交底更应予以重视），混凝土施工安全技术措施与节约措施。

6. 架子工程：所用的材料种类、型号、数量、规格及其质量标准；架子搭设方式、强度和稳定性技术要求（必须达到牢固可靠的要求）；架子逐层升高技术措施和要求；架子立杆垂直度和沉降变形要求；架子工程搭设工人自检和逐层安全检查部门专门检查。重要部位架子，如下撑式挑梁钢架组装与安装技术要求和检查方法；架子与建筑物联接方式与要求；架子拆除方法和顺序及其注意事项；架子工程质量标准和安全注意事项。

7. 结构吊装工程：建筑物各部位需要吊装构件的型号、重量、数量、吊点位置；吊装设备的技术性能；有关绳索规格、吊装设备运行路线、吊装顺序和吊装方法；吊装联络信号、劳动组织、指挥与协作配合；吊装节点联接方式；吊装构件支撑系统联接顺序与联接方法；吊装构件（如预应力钢筋混凝土屋架）吊装期间的整体稳定性技术措施；与市供电局联系供电情况；吊装操作注意事项；吊装构件误差标准和质量通病预防措施；吊装构件安全技术措施。

8. 钢结构工程：钢结构的型号、重量、数量、几何尺寸、平面位置和标高，各种钢材的品种、类型、规格，联结方法与技术措施；焊接设备规格与操作注意事项，焊接工艺及其技术标准、技术措施、焊缝型式、位置及质量标准；构件下料直至拼装整套工艺流水作业顺序；钢结构质量标准和质量通病预防措施，施工安全技术措施。

9. 楼地面工程：各部位的楼地面种类、工程做法与技术要求、施工顺序、质量标准；新型楼地面或特殊行业（如广播电视）特定要求的施工工艺；楼地面质量标准及确保工程质量标准所采取的技术措施。

10. 屋面与防水工程：屋面和防水工程的构造、型式、种类，防水材料型号、种类、技术性能、特点、质量标准及注意事项；保温层与防水材料的种类和配合比、表观密度、厚度、操作工艺，基层的做法和基本技术要求，铺贴或涂刷的方法和操作要求；各种节点处理方法；防渗混凝土工程止水技术处理与要求；操作过程中防护和防毒及其安全注意事项。

11. 装修工程：各部位装修的种类、等级、做法和要求、质量标准、成品保护技术措施；新型装修材料和有特殊工艺装修要求的施工工艺和操作步骤，与有关工序联系交叉作业互相配合协作；安全技术措施，特别是外装修高空作业安全措施。

五、建筑工程施工技术交底的实施办法

施工技术交底的实施办法一般有以下几种：

1. 会议交底

施工单位总工程师或主任工程师向施工队或工区施工负责人进行技术交底一般采用技术会议交底形式，由建筑公司总工程师或主任工程师主持会议，公司技术科、安全检查科等有关科室、施工队长、队技术主管工程师及各专业工程师等参加会议。事先充分准备好技术交底的资料，在会议上进行技术性介绍与交底，将工程项目的施工组织设计或施工方案作专题介绍，提出实施具体办法和要求，再由技术科对施工方案中的重点细节作详细说明，提出具体要求（包括施工进度要求），由质量安全检查科对施工质量与技术安全措施作详细交底。施工队主管技术工程师和各专业工程师对技术交底中不明确或在实施过程中有较大困难的问题提出具体要求，包括施工场地、施工机械、施工进度安排、施工部署、施工流水段划分、劳动力安排、施工工艺等方面的问题。会议对技术性问题应逐一给予解决，并落实安排。

2. 书面交底

单位工程技术负责人向各作业班组长和工人进行技术交底，应强调采用书面交底的形式，这不仅仅是因为书面技术交底是工程施工技术资料中必不可少的，施工完毕后应归档，而且是分清技术责任的重要标志，特别是出现重大质量事故与安全事故时，是作为判明技术负责者的一个主要标志。

单位工程负责人根据该项工程施工组织设计或施工方案和上级技术领导的技术交底内容，按照施工及验收规范和规程中的有关技术规定、质量标准和安全要求，本企业的工法和操作规程，结合本工程的具体情况，按不同的分部分项工程的内容，参照分部分项工程工艺标准，详细写出书面技术交底资料，一式几份（一般为一式五份），向工人班组交底。在接受交底后，班组长应在交底记录上签字。两份交工人班组贯彻执行，一份存入工地技术档案，一份技术人员自留。

班组长在接受技术交底后，要组织全班组成员进行认真学习与讨论，明确工艺流程和施工操作要点、工序交接要求、质量标准、技术措施、成品保护方法、质量通病预防方法及安全注意事项，然后根据施工进度要求和本作业班组劳动力和技术水平高低进行组内分工，明确各自的责任和互相协作配合关系，制定保证全面完成任务的计划。在没有技术交底和施工意图不明确，只提供设计图纸和施工工艺卡情况下，班组长或工人可以拒绝上岗进行作业，因为这不符合施工作业正常程序。

现举一个说明书面技术交底重要性的实例。某高层钢筋混凝土基础施工时发生一起触电死亡事故，事故发生后追究责任者，该工程作业班组长将责任推给工程技术负责人，涉及到工程技术负责人是否在安全方面已作了安全技术交底，通过追查，该工程技术负责人在书面技术交底中已作出详细交待，且作业班组负责人在书面交底中已签过字，因此主要责任已明确，避免一起重大扯皮事件，为该重大事故处理提供了技术依据，该工程技术负责人不承担该起事故的主要责任者。这起事故对该公司技术人员和工人的震动很大，对书面技术交底工作更加重视，不仅技术人员认真进行书面交底，技术人员与班组长均分别在书面交底中签字，而且工人也十分认真对待技术交底，认真领会技术交底的每一个细节内容，从不马马虎虎，按照技术交底要求进行操作。

3. 施工样板交底

对新技术、新结构、新工艺、新材料首次使用时，为了谨慎起见，建筑工程中的一些分部分项工程，常采用样板交底的方法。所谓样板交底，就是根据设计图纸的技术要求、具体做法，参照相近的施工工艺和参观学习的经验，在满足施工及验收规范的前提下，在建筑工程的一个自然间、一根柱、一根梁、一道墙、一块样板上，由本企业技术水平较高的老工人先做出达到优良品标准的样板，作为其他工人学习的实物模型，使其他工人知道和了解整个施工过程中使用新技术、新结构、新工艺、新材料的特点、性能及其不同点，掌握操作要领，熟悉施工工艺操作步骤、质量标准。由于这种交底比较直观易懂，效果较好。如砌砖墙以前，先砌出样板墙；在抹灰之前，先抹出样板间。在广播电视厅、高级宾馆等内外装修施工中，常采用这种技术交底形式。如某省广播电视中心的演播室、录音室、大审看厅等房间，其墙体灰浆要百分之百的饱满，墙面抹灰和墙面上各种吸音板及吊顶的技术质量要求特别高，目的是为了达到广播电视所要求的音响效果，一般的施工企业没有这方面的施工经验。通过做样板间进行音响测定，满足要求后再全面施工。

样板作出以后可以进行全面施工，各作业班组还应经常进行质量检查评比，将超过原样板标准的段、自然间等作为新的样板，形成一个赶超质量标准、又提高工效的施工过程，从而促使工程质量不断上升。在进行样板交底时，应确切掌握施工劳动定额标准，因为做样板间过程中，其劳动花费时间一般较多，这应与建设单位进行协商解决，若简单地套用过去旧的劳动定额是不行的，施工企业应根据具体的特定条件制定切合实际的劳动定额，报所在地区建委定额站审批。

4. 岗位技术交底

一个分部分项工程的施工操作，是由不同的工种工序和岗位所组成的，如混凝土工程，不单单是混凝土工浇筑混凝土，事先由木工进行支模，混凝土的配料及拌制，混凝土进行水平与垂直运输之后才能在预定地区进行混凝土的灌筑，这一分项工程由很多工种进行合理配合才行，只有保证这些不同岗位的操作质量，才能确保混凝土工程的质量。有的施工企业制定工人操作岗位责任制，并制定操作工艺卡，根据施工现场的具体情况，以书面形式向工人随时进行岗位交底，提出具体的作业要求，包括安全操作方面的要求。

六、建筑工程施工技术交底应注意的问题

1. 技术交底应严格执行施工及验收规范、规程，对施工及验收规范、规程中的要求，特别是质量标准，不得任意修改、删减。技术交底还应满足施工组织设计有关要求，应领会和理解上一级技术交底等技术文件中提出的技术要求，不得任意违背文件中的有关规定。公司召开的会议交底应作详细的会议记录，包括参加会议人员的姓名、日期、会议内容及会议作出技术性决定。会议记录应完整，不得任意遗失和撕毁，作为会议技术文件长期归档保存。所有书面技术交底，均应经过审核，并留有底稿，字迹工整清楚，数据引用正确，书面交底的签发人、审核人、接受人均应签名盖章。

2. 一个建筑工程项目是由多个分部分项工程组成，每一个分项工程对整个建筑物来说都是同等重要的，每一个分项工程的技术交底都应全面、细心、周密。对于面积大、数量多、效益比较高的分项工程必须进行较详细的技术交底；对比较零星、特殊部位、隐蔽工程或经济效益不高的分项工程也应同样认真地进行技术交底。对于重要结构、荷载较大的部位进行详细的技术交底，但也不应忽视次要结构部位，如预制过梁等，而且这些部位易出质量事故和安全事故。有些施工企业，在技术交底时只重视主体结构，对防水、地基及装修工程不够重视，在技术交底时表现比较明显，因而这些企业施工工程主体结构比较好，而建筑物的防水、装修质量比较差，特别是施工民用建筑时十分明显，使企业十分被动，在建筑市场上失去很多的投标机会。

3. 在技术交底中，应特别重视本企业当前的施工质量通病、工伤事故，尽量做到“防患于未然”，把工程质量事故和伤亡事故消灭在萌芽状态之中。在技术交底中应预防可能发生的质量事故与伤亡事故，使技术交底做到全面、周到、完整。并且应及早进行交底，使基层技术人员和工人有充分时间消化和理解技术交底中有关技术问题，及早作好准备，使施工人员做到心中有数，以利于完成施工任务。

4. 技术交底工作的督促与检查。各级技术管理人员千万别认为我已经进行过口头或书面技术交底，就万事大吉了。一般地说，这仅仅是交底工作的开始，交底的大量工作是对交底的效果进行督促与检查，在施工过程中要反复提醒基层技术人员或工长，结合具体施工操作部位加强或提示有关技术交底中有关要求，加强“三检制”，强化施工过程中的检查力度，严格工程中间验收，发现问题及时解决，以免发生质量事故或造成返工浪费。

5. 技术交底的实施手段可以采用多种形式，使每一个工人都熟悉和理解技术交底中具体细节和要求。如一个分项工程施工前，可以把技术交底中有关内容用黑板报等形式挂在墙上。在工前和班后结合布置安排工作、分配任务时进行再交底。对新技术、新工艺、新结构，请外单位或本单位老工人作技术示范操作表演，或作样板间示范技术交底，使工人具体了解操作步骤，做到心中有数，避免各种质量或安全事故发生。

6. 技术交底是施工管理工作的重要一环，是施工技术管理程序中必不可少的一个步骤。认为技术交底是老一套、老规矩，只照本宣读，流于形式，交底后又不认真督促检查，这是极为错误的。有的认为这不是新工艺、新结构，施工的工人都是老工人，因而简化交底内容，甚至不交底又不检查。有的认为土方工程、油漆、门窗工程等没有什么可交底的，不影响结构安全，对技术交底采取马虎了事的态度。对一些比较零星的工种，如预埋件、白铁工等，不交底、不过问、不检查。以上这些都是普遍存在，也是极为错误的，是造成质量事故的根源。

认真做好工程施工技术交底工作，是保证工程质量、按期完成工程任务的前提，是每一个施工技术人员必须执行的岗位责任。

一、家属楼基坑挖土技术交底

（一）工程概况

本工程为全现浇钢筋混凝土剪力墙体系高层住宅楼，地上十八层，地下一层地下室，顶层设机房及消防水箱间，标准层层高2.8m，总高为59.7m，属于二类高层建筑，结构设计地震烈度按6度设防。

基础采用钢筋混凝土箱形基础，采用天然地基，不作人工处理。

（二）准备工作

1. 材料与施工机械

材料：一般中砂，钎探孔灌砂之用。

施工机械：QY—100挖掘机一台，自卸汽车两辆。

2. 作业条件

（1）土方开挖前，根据施工方案的具体要求，将建设单位三通一平尚未处理遗留下来的问题，包括地面障碍物和地下有关影响施工的各种管网清除和处理完毕。

（2）地表面要清理，基本保持平整，做好南北方向双向排水坡度，在施工区域外边缘6m，挖临水性排水沟，防止地表水流入基坑内。

（3）在开挖前，建筑物位置的标准轴线桩、标准水准抄平桩及挖掘边柜线，必须经过复测检查，由现场技术员为主办理预检手续。由建设单位牵头，市建委管理科主持对建筑物位置，包括城市建筑红线，进行验线。

（4）施工现场东西两端安设照明灯，以便于夜间作业。

（三）施工工艺

施工组织设计规定施工方案采用机械大揭盖开挖方案，由本公司机械化施工队负责挖土施工，人工清理坑底。

1. 挖土范围

根据建筑平面图建施02建筑物外墙外预留600mm宽作为施工操作工作面，根据当地土质情况和施工经验，边坡按1∶0.75进行放坡，基坑的东北方设一个1∶2.5坡度的车道，以便于施工机械出入，详见图1-1。

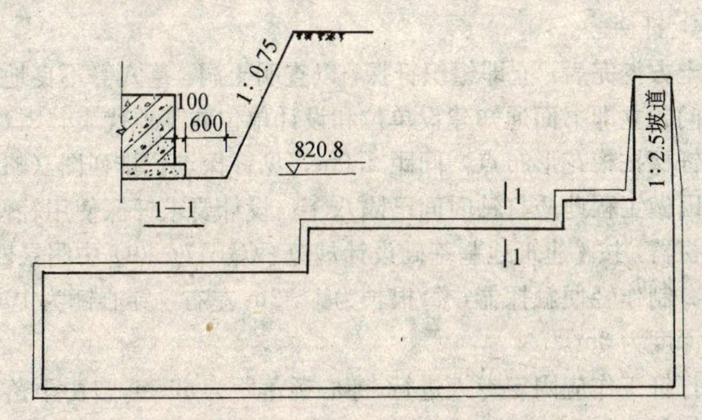

图1-1　基础开挖示意图

2. 机械挖土

机械挖土为一班10小时作业，自东向西进行挖土。机械挖土为防止挖掘过程中扰动老土，坑底预留30cm左右用人工挖土清至设计标高，也就是说，坑底设计标高为724.6m，机械挖至724.3m。地表杂填土一律运至本市规定的1号卸土场，预留450m³好土在邻近拟建17号楼地点堆放，以备回填时作2∶8灰土和其他之用。

3. 人工清理坑底

人工挖掘坑底300mm土之前，由测量组配合抄出距槽底300mm平线，自东向西每隔2.5m打一个小木橛，在挖至接近坑底标高时，用标尺随时以小木橛上平棱该坑底标高。最后由西端轴线或中心线引桩拉通线，由工长检查坑边尺寸，确定坑宽标准，据此修整槽帮，最后清除坑底浮土，修底铲平。凡是超挖部分，一律用3：7灰土回填夯实，或用碎石填充振实，凡是出现古墓或枯井之类，应清理干净，用级配砂石分层填充振实。

开挖放坡的土，按施工方案1：0.5坡度施工，先粗略开挖，再分层按坡度要求做出坡度线，每隔3m左右做一条，以此线为准进行铲坡。

人工挖土的土方装入手推车，运至17号楼地点堆放。

4. 钎探

土方挖完后，立即组织钎探，以查明土洞、墓穴等不良地基，发现问题立即书面通知建设单位和设计单位驻工地代表。

钎探按梅花形布点，间距2.0m，见钎探点位排列图（略）。

因做工程地质打钻时间已隔八年，设计要求钎探使用轻便动力触探器，按《建筑地基基础设计规范》(GBJ7—89）中附录四中附图2制作轻便触探器，每根长为1～2m左右，穿心锤为10kg，触探深度为3m。

打钎工作应固定专人进行。穿心锤落距为50cm，自由下落，将触探钎竖直打入土层中，每打入30cm，记录一次锤击数，填入钎探表中，该表中注明参加钎探人员姓名。

钎探中如发现地下情况复杂或有疑问时，应根据情况适当增加探点和深度。凡无问题的探点，应用中砂填灌。

全部打钎完毕后，将不同强度（锤击数大小）的土域，在探点排列编号图中用色笔圈开，注明地基强度异常部位，以便于设计和勘探单位之用。

钎探记录作为技术资料存入工地技术档案。

（四）验槽

钎探完毕前一天，及时通知建设单位，由建设单位出面主持验槽，参加单位包括设计、勘察、当地质量监督站、建设单位和施工单位。验槽五方代表到现场，并查看钎探记录，及时向其他四方代表介绍地基情况，特别是坟墓、枯井和松软土层等不良地基，验槽完毕，五方代表应在验槽表中签字，并注明不良地基的处理方法。

（五）质量标准

1. 保证项目

基坑地基土不得扰动，土质应符合设计要求，若有出入设计应签字。

2. 允许偏差项目（表1-1）。

允 许 偏 差 **表1-1**

项次	项目	允许偏差（mm）	检验方法
1	标高	+0，-50	用水准仪检查
2	长、高	-0	由设计中心线向两边测量，拉线和尺量检查
3	边坡		

（六）注意事项

1. 定位标准桩、轴线引桩、标准水准点、龙门板等，挖运土时不得碰撞，并定时测量和校核其平面位置、水平标高是否符合设计图纸要求。定位标准桩和标准水准点要定期复测和检查。

2. 本地处于古文化中心，地下古墓较多，在施工中若发现古墓或文物，应停止施工，保留现场，由有关单位进行鉴定。

3. 在本施工场地西北部有一条下水道，因年久失修，在机械挖土时应予以注意，若将地基泡软，应通知建设单位和设计单位另行处理。

4. 机械挖土应严格控制挖掘深度，不得超过坑底标高，如有个别地方超挖或扰动原土，及时与工地技术员联系，再与设计代表商量处理方案。

5. 按施工组织设计网络计划组织施工，不得拖延工期，否则进入雨季将严重影响施工。

6. 派驻一名安全检查员，负责机械挖土有关安全事项检查。

二、深基坑围护桩及土方开挖技术交底

（一）工程概况

本工程为位于市中心的某办公大楼，由主楼与裙楼组成，建筑面积为14449m²，主楼12层，高40.5m，设一层地下车库，主楼前场地下为专设地下车库。主楼座北朝南布置，南面为突出门厅，其上部为四层圆形建筑，裙房为一至三层沿街商业性建筑，包括餐厅等。主楼地下室设有人防，500t水池和相配合的机房，北面是消防通道出入口。

主楼为柜架剪力墙结构，7度设防，柱网尺寸为7.2m×5.4m和7.2m×5.7m两种。地基基础处理的工程桩为直径ϕ800、ϕ1100、ϕ1200mm大孔径钢筋混凝土钻孔灌注桩。

建筑物基坑深为4.95m，包括厚200mm毛石和厚100mm素混凝土垫层，其中桩基之间的钢筋混凝土连梁高为1200mm，钢筋混凝土底板厚600mm。在图纸会审时，为了达到减少基坑深度的目的，建议设计院将其中基坑周边地基连梁梁底标高向上抬高600mm，使地基梁的底面与钢筋混凝土底板面的标高相同，并得到设计院与建设单位赞同，故基坑深度由4.95m改为4.35m。基坑围护平面见图2-1。

该场地地下水位在地表下0.35～1.19m之间，系浅层孔隙潜水，对混凝土无侵蚀性，工程地质报告给出地层岩性见表2-1。

（二）施工准备

1. 技术资料准备

（1）工程设计地下室图纸及图纸会审纪要

（2）工程地质报告

（3）基坑围护及土方开挖施工方案，由现场技术主管向作业

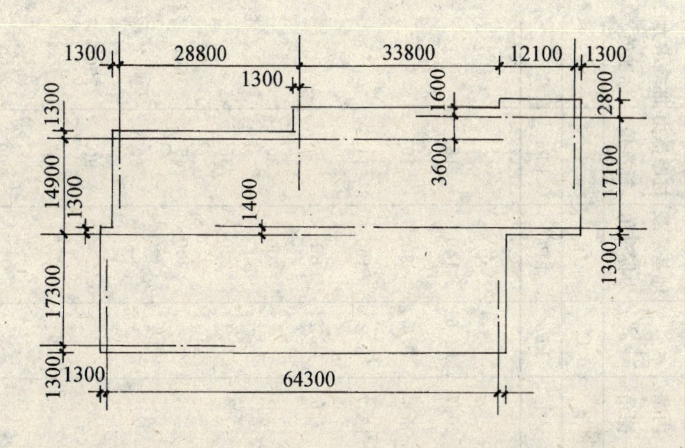

图 2-1 基坑围护平面

班组负责人作详细介绍。

2. 作业准备

（1）施工场地四通一平。由于本场地为旧房拆除，故原场地地下旧房房基与地下各种管网比较复杂，通过建设单位提供原建筑物竣工图及场区管网布置，按施工方案要求进行清场，由挖土机械将表土 1.25m 挖去外运，达到场地表面平整目的。现场水电供给按施工组织设计要求实施。

（2）施工机械。围护桩施工机械选用三支点震动加压桩架，挂设 50g 震动器，另加 10t 配重备用。

（3）劳动组织（略）

（三）施工方案

1. 降水

由于场地地表潜水较多，土方开挖前先用简易管井降水，待围护桩施工完毕后开挖施工，每隔 20m 设一个小井，井深为 6.0m，井孔采用围护桩 ϕ426 施工机械成孔，管井由钢筋焊接成型，详见图 2-2，外包两层编织布，管井底部放一些卵石，以利管井下沉。配 5 台微型泵，由 2 名工人负责轮流在各管井抽水，当管井的水位达到一定标高，便放入微型水泵将水抽走。

施工场地四周挖排水沟，用 120mm 壁厚的砖砌筑，排水沟截

地 层 岩 性 表 **表 2-1**

层次	岩土名称	层顶标高	层厚	天然含水量 W	孔隙比	压缩系数	压缩模量	内摩擦角	内聚力	地基承载力标准值	桩摩擦力标准值	桩端承力标准值
						a_{1-2}	E_{s1-2}	ϕ	C	f_K	q_S	q_P
		m	m	%	C_0	MPa^{-1}	MPa	°	kPa	kPa	kPa	kPa
1	填土	0.00	1.6～3.4									
2	粘质粉土	1.60～2.30	0～3.5	29.6	0.835	0.27	7.57	20.7	12.6	140	18	
3—1	淤泥质粘土	3.00～5.70	5.7～7.4	44.4	1.239	0.85	2.54	8.4	9.4	80	10	
3—2	淤泥质粘质粉土	8.10～11.20	8.5～11.1	36.4	1.043	0.60	3.27	17.7	6.2	100	11	
3—3	淤泥质粉质粘土	18.7～21.0	9.7～13.5	45.8	1.301	0.29	3.04	7.6	16.2	80	9	
4—1	粘质粉土	29.5～32.55	0～1.55	23.3	0.617		12.0			200	30	
4—2	中粗砂	30.7～33.7	0～3.15							220	35	
5	角砾	32.5～35.6	0.7～4.25							300	45	3500
6—1	强风化熔结凝灰岩	34.6～39.0	0～8.0								50	
6—2	中风化熔结凝灰岩	35～44.5	未揭底								90	7500
7—1	强风化角砾熔结凝灰岩	35～35.6	0～13.0								50	
7—2	中风化角砾熔结凝灰岩	35.4～48.2	未揭底								100	8000

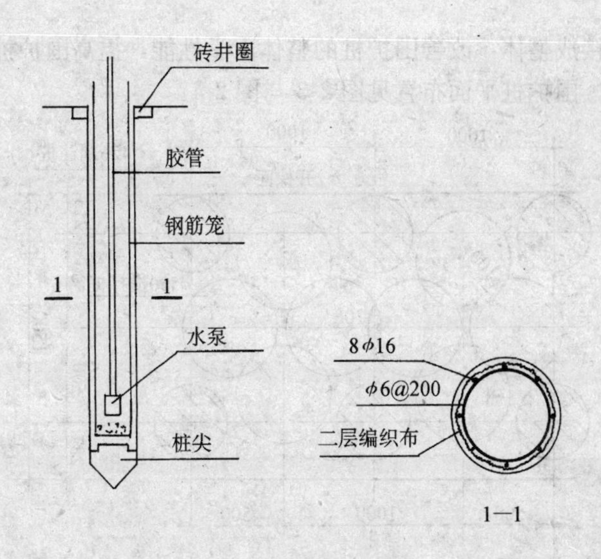

图 2-2 简易管井降水

面为 370mm×490mm，将地表水引入水沟，并排至城市排水管网，不准流入基坑内。坑内设水沟与集水井，用水泵及时将基坑表面积水或雨水排出坑外，不准滞留在坑内。

2. 围护桩施工方案如图

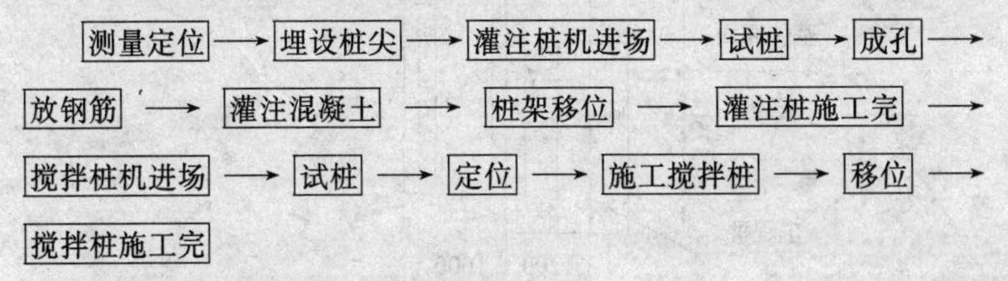

（四）围护灌注桩技术交底

(1) 本工程采用 φ426 沉压钢筋混凝土灌注桩和搅拌桩组合成复合深基坑支护的围护方案，每延米布置 2 根 φ426 灌注桩和 4 根 φ550 搅拌桩，每相邻两根 φ550 搅拌桩之间重迭 50mm，φ426 灌注桩承担主动土压力。由于 φ550 搅拌桩每桩之间重迭 50mm，形成一道连续水泥土墙，避免地表潜水渗入基坑内，起到止水作用，创造一个良好基坑开挖条件，同时搅拌桩与前后两根钢筋混凝土灌注桩连接成整体，改善围护桩的整体力学性能，提高围护桩的安全储备。围护桩平面布置见图 2-3 与图 2-4。

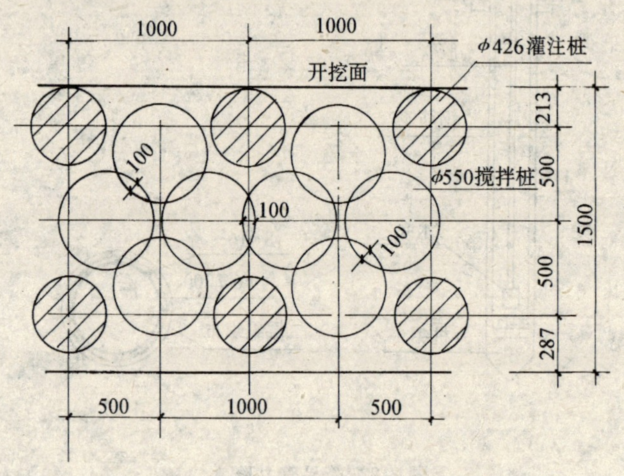

图 2-3　围护桩平面布置

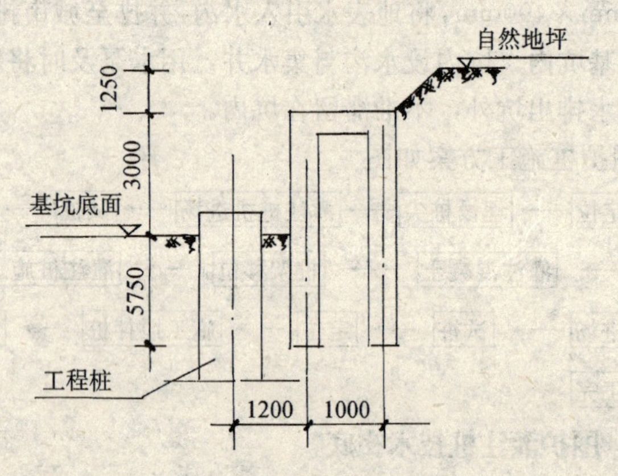

图 2-4　围护桩剖面

（2）测量定位和埋桩尖：由市测绘院到现场测量提供建筑物轴线方位木桩，以此为依据，由本公司测量组放线并按施工组织设计要求埋设 ϕ426 灌注桩的桩尖，预制混凝土桩尖应保证质量，桩尖的上平面应水平。

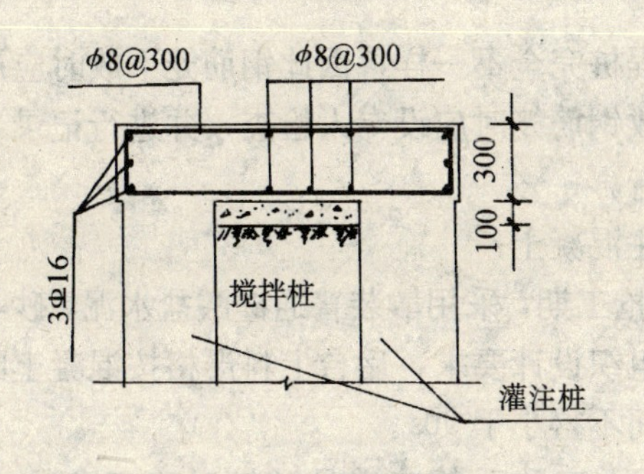

图 2-5　承台板配筋

（3）试桩：ϕ426 灌注桩桩机按施工进度计划按时进场，按设计要求准备灌注桩的材料，包括砂、石和水泥、钢材，由公司试验室出灌注桩的混凝土配合比，按公司规定在混凝土搅拌机旁挂牌，混凝土后台上料严格按配合比规定过磅。

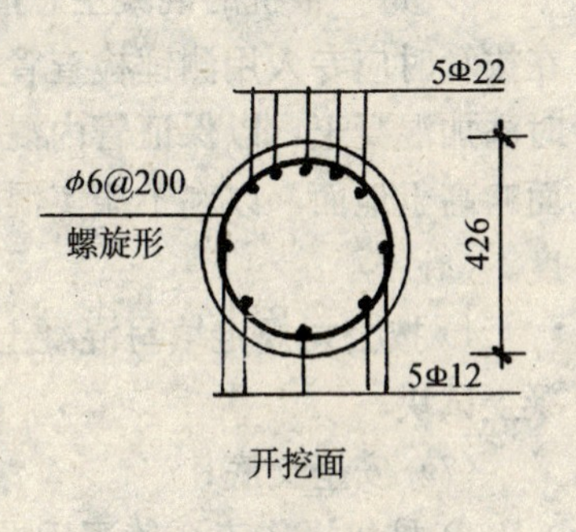

图 2-6　灌注桩配筋

按施工组织设计要求进行试桩，确定打桩参数，包括贯入度、混凝土充盈系数、拔管速度。

（4）振压成孔：

1）桩架就位应平整、稳固，以确保在施工中不发生倾斜和位移。

2）桩管垂直套入桩尖，两者轴线应一致，桩尖与套管接触处缠绕三圈草绳，以使桩尖平面与套管接触处封闭严密，防止淤泥与污水侵入管内。

3）在震动器激振过程中应防止损坏桩尖。

4）孔的长度应满足施工组织设计的要求，不得小于此值，贯入度控制为副。

（5）放钢筋笼：钢筋笼制作应满足施工组织设计要求，包括钢筋品种、直径、间距、焊接方法。因钢筋笼的钢筋布置为非对称，这与工程桩完全不一样，因此钢筋笼下放时应严格按要求放置，每孔下放钢筋笼时应设专人检查，并进行记录，按隐蔽工程验收要求进行。

（6）灌注混凝土：

1）为了抢工期，采用散装普通硅酸盐水泥。砂与碎石含泥量要符合施工组织设计要求，后台上料严格按混凝土配合比要求过磅，搅拌时间不得小于 90s。

2）混凝土充盈系数应满足试桩时确定参数，并不得小于 1.12；当混凝土充盈系数不足时，应放慢拔管速度来解决。

3）每一根桩的混凝土总灌注量不得少于施工组织设计要求，在拔管时应专人用测锤检查管内混凝土的标高及下落情况，应及时添加混凝土，以保证管内混凝土足够数量，达到管内混凝土顶面略高于地面，以利于振实混凝土，使混凝土达到设计规定的强度。

4）按公司规定填写混凝土日志，按规范规定每班留置一组混凝土试块。

（7）安全交底：

1）桩机操作工严禁酒后操作，工作时间不得任意离开工作岗位。

2）进入施工现场必须戴安全帽，桩机操作工爬上机架进行检修时应系安全带。不得向下方丢任何材料。

3）非操作工不准任意开动桩机，桩机操作设专人负责，不准随意顶岗操作。

4）在桩架激振器下严禁站人。

5）下班前应先切断电源。

6）桩架进场后应先进行全面检查，不准带病作业。桩机在运转过程中发现异常情况应立刻停机检查。

7）凡是电气设备外壳必须接地，电气设备保险丝与其额容量相适应。

8）每天下班时，应将桩管沉入土中 2～3m，当有大风时，采取加固措施，保证桩架稳定。

9）桩机设专人维修保养，并及时进行检查。

10）夜间施工设专人监护，并有足够照明设备。

（五）搅拌桩

1. 施工准备

（1）材料：箭牌525号普通硅酸盐水泥、石膏、木质素磺酸钙。

（2）水泥浆配合比：525号普通硅酸盐水泥渗入比 $a_w=15\%$，半水石膏掺入水泥用量2%，木质素磺酸钙掺入水泥用量0.2%，水灰比为0.45。

（3）现场测量定桩位，挖掉地面障碍物。

（4）施工机具见表2-2。

施工机具表 **表2-2**

序号	名称	型号规格	技术要求	备注
1	深层搅拌机	SJB	搅拌轴长=12m，48r/min	
2	履带式起重机	W-100	15t	
3	测速仪	CYD-6		
4	导向架		由导架和撑杆组成	φ90钢管焊制
5	进水管		r=20mm胶管	
6	回水管		普通胶管	
7	电缆	YHC 3×25+1×10	四芯橡胶套	
8	重锤			
9	搅拌头		合金质、二叶片式	
10	输浆胶管		r=60mm夹钢丝耐压	耐压达1.5Pa
11	冷却泵		离心泵	普通
12	贮水池			
13	灰浆拌制机	L=200	两台	

续表

序号	名　称	型号规格	技术要求	备　注
14	灰浆泵	HB6-3	排浆量为 $8m^3/h$	
15	集料斗	L＝0.4		
16	电气控制柜		自耦降压延时启动，设保护装置	
17	工作平台			自制
18	胶管		d＝6mm 夹钢丝胶管	

(5) 由电工及时办理电力供应手续，电压不低于 350V，容量不低 150kVA。

(6) 施工机械进场前应进行一次全面检查，排除各种故障。

(7) ϕ426 灌注桩施工后 14d，开始进行搅拌桩的施工。

2. 施工机械组装与试运转

(1) 深层搅拌机吊装：利用进场履带式起重机进行吊装，先将吊臂放平，安装吊臂上的附加夹板和导向架，抬起吊臂带起导向架，放下吊钩，挂上深层搅拌机，安装横撑固定导向架，安装导向滑块固定深层搅拌机。在安装过程中应注意保护导向架、深层搅拌机转轴和其叶片，防止损坏。

(2) 安装灰浆制作系统：安装操作平台，再安装制浆设备和泵送设备，其集料斗出口高度应略高于灰浆泵进口，灰浆拌制机应高于集料斗上口，以便于拌和好的水泥浆能全部倾入集料斗内。

(3) 因围护桩为线性布置桩位，施工场地狭长，将灰浆流动站安装在拖车上，沿围护桩布置流动供应灰浆。

(4) 管网连接：用压力胶管连接深层搅拌机输浆管和灰浆泵，连接必须牢固；用普通胶管连接深层搅拌机冷却水进口和冷却水泵的出口；用电缆连接深层搅拌机电源线与电气控制柜，将上述管线固定在深层搅拌机上。

(5) 检测仪表安装：在导向架顶端安装速度检测仪，在导向架上安装深度检测仪，其深度读数标尺应面向起重机架驶室。两台电机工作电流监视表用电线引入驾驶室工作台上，以便于观测。

（6）调试运转：深层搅拌机系统安装完毕后，应进行试运转，检查各机械部位是否符合机械性能指标，上下运转是否灵活。各电气部件和控制柜是否正常工作，电流值是否在正常允许范围之内。灰浆泵及其管路、冷却水泵及其管是否畅通，深层搅拌机的搅拌头旋转是否正常。当一切工作正常后，由现场工长指挥下令转入正常作业程序。

3. 劳动组织

三个作业班，每班10人，每天24h连续作业。每班设工长1人，负责施工指挥，协调各工种之间操作，并控制施工质量，当发生机械和施工事故时及时排除。起重机司机2人，负责深层搅拌机的操作，通过检测仪表观察机械运转情况。设电工1人，负责施工现场电气设备安装调试和电气控制柜的操作。设机械工人2人，负责深层搅拌机组所有机械调试、维修和正常运转。设混凝土工人2人，负责现场水泥浆配合比和指挥后台上料用量供应和拌制水泥浆。设普工2人，负责水泥浆后台上料供应、运输和其他非技术性的各种杂活。作业班组为综合性，各个工种分工明确，但灵活调动，以达到减作业人数。现场记录由工长代替，测定搅拌桩每米长的注浆量，同时记录施工中各种数据，包括水泥浆的配比和各种事故记录。

4. 施工工艺及操作

（1）就位：悬吊深层搅拌机的履带式起重机移到施工组织设计指定桩位对中，凡是地表砖瓦杂填土过厚应派人及时挖掉。

（2）预搅下沉：当深层搅拌机的冷却水循环正常后，启动搅拌机电机，放松起重机钢丝绳，使搅拌沿导向架搅拌下沉，下沉速度可由电机的电流监测表读数进行控制，其工作电流不应大于70A，如果下沉速度过慢，采取输浆系统补给清水，减少阻力以利钻机下沉。

（3）制备水泥浆：当深层搅拌机下沉到施工组织设计确定的深度，开始启动灰浆拌制机，按本交底的水泥浆配合比拌制水泥浆，将水泥浆倒入集料斗中。

(4) 提升喷浆搅拌：当深层搅拌机的搅拌头到达搅拌桩规定深度（见图 2-4），开始启动灰浆泵将水泥浆液压入地基中，并且要边喷浆、边旋转，旋转速度为 48r/min 左右，平均提升速度为 35～40cm/min，灰浆泵的输浆量为 $3m^3/h$。

(5) 重复上下搅拌：为了达到水泥浆和地基土充分拌和均匀，将已提升到地面的搅拌机再次搅拌下沉，此时不再喷浆，下沉至设计深度后提升深层搅拌机到地面。

(6) 清洗：往集料斗注入清水，启动灰浆泵，清洗输浆管路中残余的水泥浆，直至基本干净，并将粘附在搅拌头上的泥浆清洗干净。

(7) 移动起重机：由于本搅拌桩为了达到止水的目的，搅拌机之间重迭 100mm，因此为了防止水泥浆初凝，采取 24h 连续作业的作业程序，中途不准停止作业。

5. 注意事项

(1) 由于本场地地表杂填土中砖瓦含量较多，当砖瓦量过多时应预先用人工挖除。

(2) 灰浆制作系统的布置应考虑灰浆水平运输距离不大于 50m。泵送水泥浆前，管路应保持湿润，以利运送浆液。水泥浆中不得含有硬结块，故在集料斗上部应加细筛过滤，以防止硬块吸入泵内损坏缸体。输浆管网应每天彻底清洗一次，以防输浆管路中水泥浆结块而堵塞。在喷浆施工过程中，如发生意外事故而停机时间过半小时，应立刻进行清洗，清除管网中的残浆。必要时应拆卸管路，排除灰浆。当灰浆泵在运行中有异常现象，应及时修理。

(3) 电压低于 350V 时应暂停施工，以免发生机电故障。

(4) 冷却循环水在施工过程中不能中断，应派人检查进水的水温，回水温度过高不能使用，应换水降温。

(5) 当搅拌机钻进旋转切削土体或提升搅拌头负荷过大致使电机工作电流过大而超过额定值时，应采取减慢钻进下沉和提升速度，补充清水减少阻力。若发生卡钻和停机现象，应切断电源，将深层搅拌机强制提起来，再重新启动电机。

6. 质量要求

（1）土体预搅时，土体应完全被搅拌头的叶片粉碎，以达到原状土结构利于同水泥浆均匀搅拌。

（2）水泥浆在运输过程中不得出现离析现象。要严格按水泥浆配合比进行配置，后台上料要计量，结块水泥不得使用。在水泥浆倾入集料斗中之前，灰浆拌制机应不断搅动，以免水泥浆出现离析现象。

（3）确保搅拌桩均匀性和搅拌桩连接墙体整体性。压浆工艺施工要连续，不允许出现断浆现象，因此输浆管道不能出现堵塞情况。深层搅拌机的搅拌头的旋转和提升速度要严格按照本交底规定进行操作，以防止发生卡转与停转现象，避免各种事故发生，保证土体和水泥浆得到充分搅拌。起重机部位地面要基本保持平整，导向架要垂直于地面，以保证搅拌桩垂直度和搅拌桩之间搭接要求，确保搅拌桩达到止水的目的。

（4）水泥加固土体 28d 强度要达到 1MPa 以上。确保搅拌桩和灌注桩组成墙体整体性，前后两排灌注桩能进行力传递和搅拌桩与灌注桩之间的协同工作。

（5）由于地表层杂填土较厚，瓦片较多，若桩头水泥加固土强度不足应用 C10 混凝土替代。

（六）围护桩桩顶承台平板

（1）围护桩桩顶承台平板部位土方采用人工开挖，钢筋混凝土灌注桩桩头按图 2-5 要求凿去混凝土，大约 300mm 长，露出灌注桩的主筋，其长度不应小于 440mm，并按图 2-2 中 1-1 剖面的要求将主筋弯折，并使其埋入承台平板混凝土内。

（2）围护桩桩顶承台平板两侧模板采用钢模板。

（3）搅拌桩顶部按图 2-2 中 1-1 剖面要求做 100mm 厚 C10 混凝土垫层。

（4）围护桩桩顶承台平板配筋按图 2-2 中剖面 1-1 要求的钢筋配料单进行下料，在现场进行绑扎，钢筋搭接长度要满足施工验收规范中 35d（d 为钢筋直径）的要求。

（5）清除模板内泥土等垃圾。

（6）围护桩桩顶承台平板混凝土强度为C20，按公司试验室提供的配合比计算搅拌机每盘混凝土中水泥、砂、碎石用量。后台上料要过磅，严禁使用按体积上料，搅拌时间不得少于90s。混凝土运输采用人力手推小车运输，并直接倒入模内，用振动棒振密，并用木模子搓平，混凝土浇筑 12h 后用草袋覆盖，并浇水养护 7 天。

（七）土方开挖

（1）当工程桩混凝土强度达到设计强度 70%，围护桩混凝土强度达到设计强度以后，便可以开始土方开挖。

（2）由于本工程地下室柱网间距较大，柱网间土方开挖使用 W_1—100 型正铲挖土机挖土为主，人工挖土整修为辅相结合方案，基坑底标高以上 200～300mm 土采用人工开挖，以避免机械挖土扰动地基土，同时，桩周围 500mm 左右土也采用人工开挖，以避免机械挖土碰及工程桩。开挖前先作好桩位标志，人工整修至开挖深度。

（3）基坑土方应先开挖中间部位，基坑周边应预留 2000mm 宽土台子，待中间部位土方开挖完后，按设计铺设毛石和打 100mm 厚素混凝土垫层，然后按图 2-7 所示分块进行人工开挖，边开挖一块，边铺毛石和浇筑混凝土垫层。该垫层作为围护桩的水平支承点，提高围护桩抵抗土的主动土压力的能力。并及早施工地下室的钢筋混凝土底板。

（4）土方开挖时应设专人观察围护桩的变形情况，并作出记录，特别是在人工开挖靠近围护桩的土台时更应该注意。凡是出现围护桩较大位移时应立刻停止挖土，并通知现场值班技术人员及时作出处理。

（5）管井降水水位降至基坑底面下 500mm 后方可开始土方开挖，在土方开挖期间不得停止降水。

（6）运土汽车按施工组织设计指定运土路线行驶，并按指定

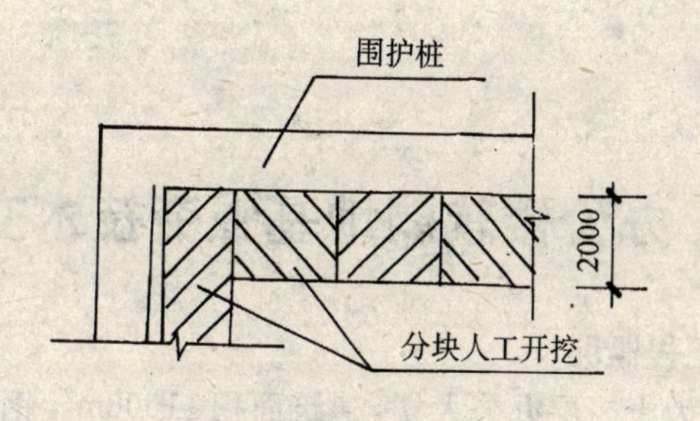

图 2-7　周边人工开挖

弃土地点卸土。由于市场交通和环保部门规定，运土只能在夜间进行，在早晨五点前停止，并按环保规定要求将大门出口处附近路面上散落土清理干净，确保路面净洁的要求。

（7）土方开挖与管井降水对附近建筑物有一定影响，派专人对邻近建筑物进行沉降和位移观测，并作出记录。一旦发现超出施工组织设计规定，向现场负责人汇报。

三、办公楼软弱地基强夯技术交底

（一）工程概况

本工程为十二层办公大楼，建筑面积11000m²，钢筋混凝土柜架结构，筏形基础，地震烈度为7度。该工程位于渭河边，工程地质构造详见表3-1，地下水丰富，地基土处于饱和状态，属于软弱地基，其承载能力仅为73.5kPa。设计要求地基土进行强夯处理，承担能力要求达到196kPa，其变形模量不小于31MPa。

（二）准备工作

1. 机具

25t履带式起重机、推土机。

工程地质构造　　表3-1

层次	年代及成因	地层描述	柱状图比例尺 1∶100	厚度(m)	深度(m)
1	Q_4^{ml}	杂填土、炉渣、泥土混杂松散		2.20	2.20
2	Q_4^{2ol+pl}	轻亚粘土：黄色轻亚粘土，局部为亚粘土夹层湿可塑，4.0～5.30m为棕黄色轻亚粘土，软塑～流塑状态		3.1	5.30
3	Q_4^{2ol}	砂砾石层：中、粗砂及小砾石，稍密，为古代护城河，砂砾中饱水		1.20	6.50
4	Q_4^{1ol+pl}	亚粘土，黄色亚粘土，含姜石、湿、可塑		1.50	8.00

夯锤：钢壳钢筋混凝土圆柱形锤，外壳为10mm钢板焊接，直径2.25m，高1.2m，重16.2t。

自动脱钩装置采用8353工程强夯地基设计图纸进行制造。

钢丝绳长30m，橡胶轮胎3个。

2. 试夯

通过设计交底和洽商，划出一个试夯区（已由设计院工程地质人员确定地点），共11个夯击点，点距为7m，梅花形布点，夯击坑深不超过1.5m，超过此数用砂石填充后再夯，最后一击下沉量控制值初定为小于等于45mm。

试夯结果，每个夯击坑需填2～3次，砂石填充量为16～20cm^3；最少夯击数为13击，最多夯击数为17击，在夯击点形成4m深的砂石土混合柱固结体。由设计院地质队进行动力触探试验，设计人员认为已达到地基加固要求。

通过试夯最后确定强夯技术参数见表3-2。

强夯技术参数 **表3-2**

锤重 M (t)	落距 H (m)	夯击数 N (次)	夯击点间距 (m)	夯击下沉量控制 (mm)	强夯加固范围 (mm)
16.2	10.5	≥15	第一遍（正方形）7 第二遍中间补点	≤45	筏基外边线加大2.2

每个夯击点配备18m^{3}的砂石进行准备。

3. 作业条件准备

（1）地面与地下障碍物处理完毕，达到“三通一平”，施工临时设施准备就绪。

（2）用白灰划线，划出强夯地基处理范围。

（3）办理强夯地基手续，由设计、地质人员和建设单位代表会签。

（4）根据地基土地下水位高的原因，与设计和工程地质人员洽商后确定，先由自然地坪标高往下挖土2.5m（采用机械挖土），挖去人工杂填土，再填1.0m左右厚的砂石（因为该标高场地土已为饱和土，重型设备进场作业极为困难），采用前进式回填作业，要求达到作业场地基本平整，最大平整误差在100mm左右。

（5）重型设备在正式作业前进行一次大检修，保证一次作业完成。

（三）施工工艺与操作

1. 强夯技术参数见表3-2。

2. 第一遍强夯按正方形7m×7m网格分布夯击点，第二遍在7m×7m正方形方格中加一个夯击点，形成梅花形。

3. 在每一个夯击点，夯击后夯坑深度超过1.5m后用碎石填充，再进行夯击。现场强夯两个控制指标，夯击次数要大于等于15次，最后一下夯击下沉量小于等于45mm，这两个指标均须满足。

4. 第一遍夯击完后，测量夯坑直径和沉降量等数据应及时填入表格中。用推土机推平场地，由现场技术人员测量土壤孔隙水压力，当其孔隙水压力消散之后，进行第二遍夯击，锤重和落距保持不变，夯击点的锤击数定为10，夯击后用水准仪测量场地地面标高，用推土机平至设计标高，用压道机进行最后碾压。

5. 强夯地基检验

采用动力触探试验，由建设单位和设计院组织地基检验和验收。

6. 现场施工记录

按照《地基与基础工程施工及验收规范》（GBJ 202—83）中附表5.9和5.10要求进行记录。

（四）质量标准

1. 保证项目

强夯地基技术参数必须符合设计要求。两遍夯击之间的间歇时间满足工程地质和设计要求指标。

2. 允许偏差

见表3-3。

强夯允许偏差表

表 3-3

项次	项目	允许偏差（mm）	检验方法
1	夯击点放样	50	钢尺测量
2	夯击点中心位移	150	钢尺测量
3	顶面标高	±20	水准仪测量
4	表面平整	30～50	2m 靠尺检查

（五）注意事项

1．严防履带式起重机在强夯时突然释放重锤而发生倾覆，在壁杆顶端系两根 ϕ15.5mm 的钢丝绳，缚在一台推土机上，将其拉住，两根钢丝绳与地面夹角不大于 30°。

2．为了防止吊钩在夯锤落下时碰壁杆，在臂杆上绑扎橡胶轮胎保护。

3．钢丝绳定时进行检查，发现严重断丝时应及时更换。

4．夯击时，落锤应保持平稳，夯位准确，若错位或坑底倾斜过大，用砂石将坑底填平，方能进行下一锤夯击。

5．下雨坑内积水应及时排除，用砂石回填方可进行夯击。

6．起重机臂下严禁站人；自动脱钩装置定时进行检查。

四、大直径人工挖孔钢筋混凝土灌注桩技术交底

（一）工程概况

本工程为市重点工程，位于市南郊东十路北侧，由主楼和三个裙楼组成，主楼建筑面积11890m²，地下两层，地面二十层，高度为87.5m，每层建筑面积为近600m²，结构形式为框架剪力墙高层，裙楼为两层，局部四层，建筑面积11510m²，层高6m，结构形式为框架。

主楼垂直荷载由框架柱和剪力墙传到地下两层的箱形基础上（标高为－8.20m），箱基同时作为桩基的承台，地基承力由65根直径为1000～1200mm的C23钢筋混凝土扩充桩来承担。

场地地质自上而下2.8～4.1m为粘土，其中0.4m厚为填素土或亚粘土，其余为粘土夹多量卵石、砾石、姜石。箱基持力层为第四系下中新统洪积（$Q_{1\sim2}$）粘土、碎石层。

（二）准备工作

1．技术准备

（1）收集设计基础和桩基全部图纸、工程地质报告。

（2）在桩基施工平面布置图上，标明桩位和编号（分别按设计与施工组织设计要求编号），按施工组织设计规定的施工顺序、水电线路标明施工次序。

（3）施工测量布点，复核测量基线、水准基点及桩位，抄上水平标高木橛。

2．施工场地准备

由于本建筑物在旧地址上重建，地上和地下障阻物较多，特别是地下各种管网和电缆不清楚，建设单位清理没达到施工要求，应补做“四通一平”的工作，以达到现场施工的要求；做好施工

场地临时排水沟，施工用电由建设单位就地解决，临时接线。

3. 施工机具

挖孔井架两套，电动葫芦三个（起重量为1t，其中1个备用），提土吊桶8个，潜水泵3个，上下吊笼2个，风镐1个，镐、锹、土筐等挖土工具两套，鼓风机和输风管两套，照明工作灯（带橡皮电缆的低压行灯）4个，电铃（供桩孔内外施工通信联系之用）2个。

4. 材料

水泥：425号普通硅酸盐水泥。

砂：中砂，含泥量小于5%。

石子：碎石，粒径5～15mm，含泥量不大于2%。

钢筋：Ⅱ级钢，须有出厂合格证，并经公司试验室试验。

（三）劳动组织

每天三班作业。每一个桩孔配4人，现场施工机械、水、电维修保养3人，现场技术指挥工程师1人。

（四）施工工艺

场地平整⟶架设井架、电动葫芦、潜水泵、鼓风机、照明灯等⟶在桩位上制作沉井⟶挖土（遇到地下水时，用潜水泵抽水）⟶每往下挖1m土层清理孔壁，校核该段桩孔的垂直度和直径⟶支模板⟶浇灌⟶圈素混凝土（C18）护壁⟶拆模板后继续往下挖、支模板、浇灌素混凝土护壁，达到混凝土强度50%后拆模板⟶进入设计要求的岩层（大于等于500mm）后进行扩大头施工挖土⟶验收桩孔直径、深度、扩大端尺寸、持力层地质情况⟶排除孔底积水和清理虚土⟶浇灌桩身素混凝土（C23）⟶素混凝土面标高达到－8.0m后放入钢筋笼架⟶继续浇灌混凝土直至桩顶。

1. 桩位

每一根桩在施工前要设置带十字线的小木桩，在施工时不得任意移动，在施工中作为校核桩孔垂直度和桩中心是否偏离的依据。

2. 素混凝土护壁

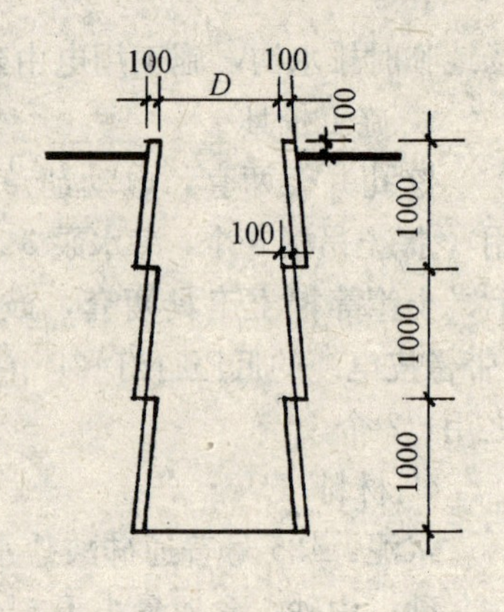

图 4-1　混凝土护壁剖面图

第一步混凝土护壁须高出槽底水平面100mm，见图4-1所示，然后将小木桩所定桩位十字中线引到护壁上。

混凝土护壁厚100mm，每步高1m，并设置100mm放坡，混凝土设计强度为C18。这种锯齿形台阶（如图4-1所示）即可防止土壁塌陷，特别是雨季地下水多时，起到防护作用，工人在桩孔内施工有安全感，同时又可作为紧急情况下施工人员上下蹬踏。

施工护壁混凝土的模板用四块弧形钢模拼装而成，每步护壁支模时均应以十字线吊中，从而保证桩位和孔半径的准确性；垂直度偏差控制在1%之内。护壁混凝土达到1MPa（常温情况下均24h）方可拆模。

3. 挖土

采用短把的镐、锹等简易工具，人工挖土，遇到比较硬的岩石时，可用风镐。垂直运土，浅时可直接用绳提，深时用电动葫芦（几个桩位同时使用）。桩孔较深时用鼓风机和输风管向桩孔中送入新鲜空气。提土桶或筐上下均用电铃随时联系。桩孔较深时用橡皮电缆的低压灯照明。

4. 桩身钢筋混凝土施工

（1）先对桩端扩大头地质情况（主要是指土质情况）进行隐蔽检查验收。由于本工程为省市重点工程，桩端地质情况验收按图纸规定由设计院地质人员下桩孔底逐个验收，做好隐蔽记录，确认地基土层无误及桩端扩大头几何尺寸准确后方可进行下一步工序，以保证按设计要求达到设计所规定的持力层和嵌入深度500mm以上。

（2）设计标高−8.00m以下桩身为素混凝土C18，浇灌桩身混凝土采用圆形漏斗帆布串筒下料，距混凝土面不得大于2m，连续浇灌分步振捣，每步厚度不得超过1m，以保证桩身混凝土的密实度。

(3) 设计标高−8.00m以上桩身为钢筋混凝土。在地面预制好钢筋笼架，由电动葫芦吊入桩孔内，也可在桩孔内由下而上按常规绑扎钢筋。浇灌混凝土同上。

(五) 质量标准

见表4-1。

质　量　标　准　　　　表4-1

项次	项　　目	允许偏差（mm）	检查方法
1	桩径允许偏差	20	尺量检查
2	垂直度允许偏差	H/100	线锤和尺量检查
3	桩位允许偏差	d/6，＜200	拉线和尺量检查

(六) 安全要求

1. 下孔作业人员必须戴安全帽，提土桶或筐土不能装得太满，防止土石砸人。

2. 提升或下降必须先给信号，且给于回答信号后方可动手作业。

3. 土地应准备绳梯和鼓风机，以供应急时使用。

4. 凡在作业时发现流砂、涌水量大、有毒气体时及时向工地值班工程师报告，及时采取有效措施。

孔壁塌方一般情况下不会发生，当有流砂层或上层滞水过多情况发生，采用木板支撑或用砂袋阻挡，阻止进一步发展。

井下有害气体一般是有机腐植质产生，如沼气等，凡有这种气体的地段，人工下孔作业前，应将桩孔口盖板掀开，用鼓风机和输风管向桩孔中强行送入新鲜空气；当桩孔比较浅时可用提土桶在孔内上下来回提升几次，使孔内空气流动，转换有毒气体。用微型沼气报测器放入孔内进行检测或用小动物放入孔底，看是否有异常现象。若属情况正常，人可下孔作业。施工时均配备必要氧气瓶，一旦发生中毒事故可输氧抢救。

5. 孔下有作业人员时，孔口工作人员不得擅自离开，一旦发生问题可以立即通过信号联系把人提上来。

6. 桩孔上口边缘应设置临时护栏杆，挖到3～5m深后，应设置钢网板。

7. 垂直运输机械要定期检查维修，严禁带病作业。

（七）注意事项

1. 大量工程实践证明，工程地质报告中提供情况往往与实际桩孔中土质有一定出入，特别是各层土的厚度，由于本工程属省市重点工程，为确保工程质量，桩的支承端必须落在设计要求的持力层中，因此桩的长度在设计图纸中不予确定，由设计院工程地质人员下孔检查土质情况后方可确定桩长，也就是说，对桩端逐根进行隐蔽检查验收。孔底扩大头虚土是降低甚至丧失桩承载能力的隐患，设计要求将虚土清理干净。在孔底成型验收和灌混凝土前，由设计院工程地质人员与施工技术人员进行两次检查。

2. 桩承载能力与扩孔直径、扩孔底高、趾跟高等参数有关，在扩孔时应保证设计要求的几何尺寸；但扩孔直径也不能过大，不但会多挖土方，而且也增加混凝土用量，造成不必要的浪费。在进行隐蔽检查时，应准确记录扩孔，几何尺寸和实际形状，如发现不符合设计要求时应立即进行修整，并作好现场记录，并存入工地技术档案。

3. 扩孔后若不及时灌注混凝土，易发生塌孔情况，如发生这种情况，应进入孔底把坍塌的土清理干净，且应进行再次检查，方可进行灌注混凝土。

4. 钢筋笼骨架在现场绑扎，用吊车放入桩孔内，钢筋骨架在制作时要求保证不变形，每隔一定间距设置十字固定架。在吊装前，应检查钢筋笼是否符合设计要求及规范规定，作好钢筋隐蔽检查记录。凡不符合要求的必须进行修正才能使用。钢筋笼放入桩孔内，应检查钢筋与孔壁的间距，使钢筋保证有足够混凝土保护层。

5. 按规范规定留置混凝土试块，混凝土坍落度要控制，避免混凝土灌注时发生离析情况。在桩端扩大头部分不进行振捣，在距桩顶 8m 范围之内才进行分段振捣，每灌注段为 1m。混凝土灌注顶部时，应测量桩顶标高，以免过多截桩。

五、ϕ377振压钢筋混凝土灌注桩技术交底

（一）工程概况

本工程为某市科技中心，位于市中心，建筑面积7826m²，①～⑯轴线为7层砖混结构住宅楼，⑯～⑱轴线为八层办公楼，底层为商场，采用钢筋混凝土框架结构；设有地下室，作为存放自行车和仓库之用，⑯～⑱轴线北端设有消防与生活水池及其相应配套设备机房。

该工程地质属滨海相与河漫滩交界处，地层变化复杂，地质勘探采用双桥静力触探，共9孔，总进尺206.2m，其中S12孔静力触探见图5-1。

该工程基础采用ϕ377振动加压沉钢筋混凝土灌注桩，总共309根，其桩位布置详见图5-2。工程桩以第四层粘土作为持力层，桩长10～15m，进入持力层深度为1500mm，桩身混凝土设计强度为C20，单桩承载能力为300～450kN，桩顶设钢筋混凝土承台和钢筋混凝土十字交叉弹性地基梁，混凝土设计强度为C30。建筑物平面坐标与标高由定安路城市导线点号2316#引至现场，以此作为现场放线和确定相对标高±0.00的依据。

（二）施工准备

1. 技术资料与前期准备

（1）工程桩施工合同

（2）工程地质勘探报告

（3）工程桩桩位平面布置图、工程施工图及设计技术说明书。施工前详细研究工程地质，对照地质剖面构造，按照施工组织设计要求和确定分块区进行打桩流水作业。

（4）夜间施工申批报告及其有关文件。

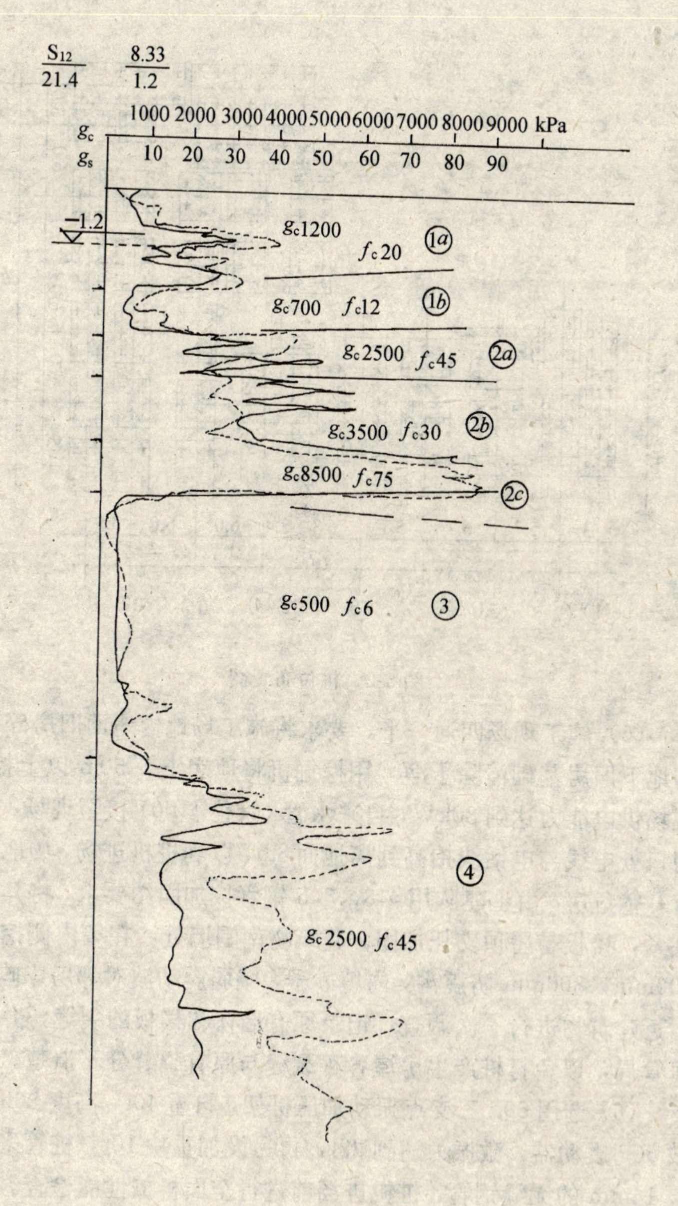

图 5-1　S_{12}孔静力触探

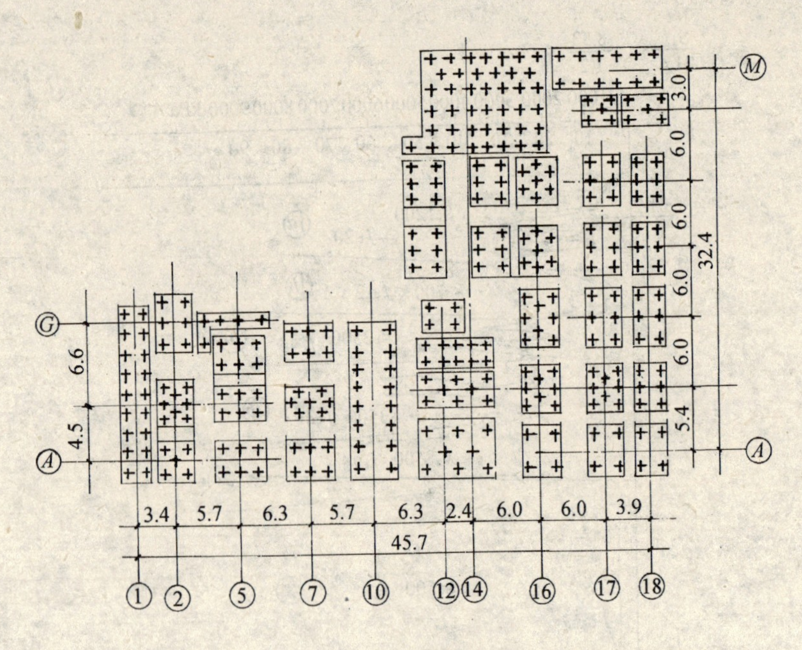

图 5-2　桩位布置图

（5）施工现场四通一平。要求将施工场地内地面旧房碎砖瓦和地下旧房基础清除干净，用挖掘机将地表土 1.50m 以上挖去。现场供电能力达到 80kW，自来水管（管径 ϕ100）接至现场，进场门口处电线与电话线抬高到离地面 8m，以利桩机进场。场地西端有一幢危房，由土建队用 ϕ48×3.5 钢管按加固图要求，将其墙体夹紧，楼板与屋顶支托加固。建筑物南围墙处，在墙内侧挖一条 400mm×800mm 防震沟，内填砂子，减弱震动波对邻房影响。对附近建筑物进行一次调查，记录原有墙体和楼板的裂缝，并通报房管局，以免打桩产生房屋各种裂缝与原有裂缝分不清楚。

（6）选用 60g 三支点振动加压桩架，自重 40t，高度 26m，挂放 60g 震动器，激振力达到 28t，再另设加重块 10t，桩管采用壁厚 14mm 的无缝钢管。桩机进场前进行全面机械性能检查。L400 混凝土搅拌机一台，0.5t 翻斗车三辆。

（7）与建设单位和设计单位指定桩基动测单位省建筑科学研

究院的技术人员会面。

(8) 由公司试验室提供桩基混凝土配合比。

(9) 钢筋进场先进行外观检查，检查厂方提供质保单或产品合格证，并抽样送公司试验室进行机械性能试验。

2. 现场作业准备

(1) 按照施工组织设计中施工总平面布置图要求完成临时设施，安装打桩水电线路布置。

(2) 由市测绘院完成现场建筑平面和高程测量与布点，完成建筑物轴线放样。

(3) 按照施工方案要求标明桩编号，桩位用经纬仪定位，并埋设好桩尖。根据地质条件和现场情况，安排桩机进场，调整打桩顺序。

(4) 劳动组织：每天按两班作业，每班打桩操作工人 2 人，钢筋工 2 人，混凝土 6 人，技术负责人 1 人。施工时间在未办理好夜间施工许可证之前，从上午 6：00 至晚上 9：00。

(5) 试桩：按设计要求进行试桩，确定打桩参数：贯入度、混凝土充盈系数、拔管速度。试桩时设计人员与建设单位代表到现场共同商定。试桩时先假定桩的充盈系数为 1.2，以此准备混凝土的灌注量，确定试桩时一根桩混凝土的总灌注量，在施工现场派人对试桩混凝土灌注罐数进行计量，测定试桩混凝土充盈系数。为工程桩打桩时提供依据。

参加试桩，确定灌注桩施工参数的单位：建设单位、设计单位、质监站和施工单位。通过试桩决定如下：桩机配重 6t，激振频率 980n/min，桩管入土深度 19.5m，桩管成孔时间约 7min，其中进入持力层时间为 2.5min，最后 1min 贯入度为 30cm，拔管时间为 12min，混凝土充盈系数为 1.226。

(三) 施工工艺交底

1. 振压成孔

(1) 预制混凝土桩尖埋设位置应符合设计要求，建设单位代表核对，桩管应垂直套入桩尖，二者轴线应一致。

（2）桩架就位后，必须平整、稳固，确保在施工中不发生倾斜、移动。为了便于准确控制钻孔深度，在桩管上作出控制深度的标志，以便施工时进行观测，并填入记录表中。

（3）预制混凝土桩尖应保证质量，桩尖与套管接触处缠绕草绳三圈，达到桩尖平面与套管接触处封闭严密，防淤泥与污水侵入管内。

（4）在振动过程中应防止损坏桩尖。

（5）当粘土层较厚且较硬时，可施加加重块，若此时桩架向上抬起，应采取取土成孔的办法解决，使桩长满足设计要求。

（6）每根桩均应达到设计要求进入良好持力层，在施工中应严格控制最后1分钟的贯入度（设计人员在试桩时确定为30cm）；采取长管打短桩，沉管的长度应大于设计桩长，料从空中投入；图纸会审时确定以贯入度为主，桩长为其次的控制方案。

（7）根据设计提供工程地质报告，上层土多数为粉土状态，这类土层受到挤压和振动时，扰动载体变形较快，据上述工程地质特性及设计群桩桩距，必须按照施工方案要求，严格控制打桩速率和打桩顺序。

（8）桩管套入桩尖后，应先压后振，静压至桩架向上抬起后再开始加压振动，尽量减少对桩周围土体的扰动，防止土体液化范围扩大，影响桩身的质量。

（9）为确保打桩记录的真实性，由技术负责人进行现场记录，认真做好每根桩的记录和资料的整理工作，如沉桩深度、沉管时间、拔管时间、最后1分钟的贯入度、进入持力层的电流读数、打桩流水顺序编号、混凝土总灌注量等。

2. 钢筋工程

（1）钢筋笼由现场焊接成型，其直径应符合设计要求。焊接的接头应错开50%。

（2）根据图纸会审纪要，钢筋笼外径比桩管内径小6～7cm。

（3）钢筋笼搬运时要防止扭转与弯曲。

（4）钢筋笼主筋伸入承台长为800mm。

(5) 按施工方案要求设置混凝土垫块，以保证钢筋笼混凝土的保护层。

(6) 及时办理钢筋隐蔽验收。

(7) 钢筋笼制作允许误差如下：

主筋间距为±10mm

箍筋间距为±20mm

钢筋笼直径±10mm

钢筋笼长度±100mm。

3. 混凝土工程

(1) 粗骨料采用碎石，粒径≤50mm，砂子采用中砂，水泥用散装水泥，采用普通硅酸盐水泥。碎石与砂子含泥量要符合设计要求，后台上料均需过磅，按公司试验室提供的配合比进行现场搅拌，搅拌时间不得小于1.5min。每根桩前七罐混凝土的水灰比适当减少，因为地下水较丰富，以减少地下水对混凝土的影响，具体减少水的渗量视现场拔管时桩管表面粘附土质情况来定。

(2) 混凝土的充盈系数应满足试桩时四方确定下来的参数1.226，不能小于1.2。若混凝土充盈系数不足，采取以下技术措施：

1) 增大管底面积；2) 放慢拔管速度；调整打桩流程；3) 控制日打桩数量；4) 采用复打法。

采取以上措施，使每根桩的混凝土灌注量达到设计要求。

(3) 灌注混凝土时要测定每一根桩混凝土的总灌注量，在拔管时应设专人用测锤检查管内混凝土面的标高和混凝土的下降情况，一旦低于施工方案的技术要求要及时添加，以保证桩管内混凝土足够数量，同时使管内混凝土保持略高于地面，以利于振实混凝土和达到混凝土的设计强度。

(4) 控制拔管速度，拔管前应先振动5～10s后方能起拔，拔管速度控制在1.5m/min以内，拔管速度要均匀，边拔边振，严禁停振拔管。

(5) 由于本工程表土中有一层为含砂量较大的粘土，为了防止砂土液化对刚脱离桩管混凝土的影响，防止发生缩颈现象，根据图纸会审会议纪要第六条要求，混凝土承台底面以上的桩头长度由 0.5m 增长到 2.5m，增加混凝土自重，防止钢筋混凝土承台底面以下桩直径缩小的质量事故发生。

（6）按公司规定填写混凝土日志，按规范要求每班留置一组混凝土试块，按规定标养 28d 后送试验室进行试压。

按规范要求由专人填写灌注桩施工记录，认真做好每根桩的记录，包括沉桩深度、沉管时间、拔管时间、混凝土总灌注量、最后 1 分钟的贯入度、进入持力层的电流读数等。

（四）质量标准

1. 桩径容许偏差＋50mm，－20mm

垂直度容许偏差 1%

桩位容许偏差±62mm

2. 动测必需满足设计要求。

桩顶钢筋混凝土承台和钢筋混凝土地基梁技术交底（略）。

（五）注意事项

（1）由于本工程的土质为砂性土，在打桩时，地面不是隆起而是下沉，因为振动时地层砂土被振密实，土的孔隙减小，故在安排打桩顺序时先打难打地段，后打容易打的地段。

（2）本工程设有地下室，且消防水池部分地面较深，故土方开挖需在基坑四周打围护桩，因振压钢筋混凝土灌注桩施工时对土有挤压效应，为了防止工程桩施工时挤压土的效应对围护桩的挤压影响，先施工工程桩，后施工围护桩。同样，井点降水井施工也应在工程桩施工完后进行。

（3）在沉桩管过程中，应注意桩管的垂直度，不得超过 1%。

（六）质量与安全注意事项

（1）桩机操作严格按照操作规程，严禁违章操作。

（2）严格按照施工方案和本技术交底要求进行施工，质量与安全设专人负责。

（3）认真做好现场记录和交接班工作。

(4) 认真做好每一根桩成孔、放钢筋笼和混凝土灌注工作，并作现场填表记录。

(5) 桩机操作工必须持证上岗，严禁酒后操作，不得任意离开工作岗位。

(6) 进入施工现场必须戴安全帽，凡高空作业必须系安全带，严禁赤脚或穿拖鞋进入施工现场。

(7) 任何人不得向上或向下丢抛材料、工具或其他物品。

(8) 非操作工不准随意开动桩机，桩机操作设专人负责。

(9) 现场操作人员严禁在激振器下方工作，以防止震动器及桩架的零部件松动掉下伤人。

(10) 卷扬机运转时严禁手指接触或碰撞钢丝绳。

(11) 注意安全用电，下班应切断电源。

(12)桩机进场后应进行一次全面机械性能和电气设备情况检查，在桩机运转时也应时时检查运行情况，如发现运转不正常或异常声音时应立即停机，并查出其原因。

(13)现场施工高低压设备及线路应按有关电气安全操作规程进行安装和挂设。

(14) 电气设备和开关箱的外壳必须接地或接零，同一供电网不允许有的接地，有的接零。

(15) 电气设备的保险丝、片额定容量与负荷应相适应，禁止用其他金属片、丝代替。

(16)本工程南端有高压电线和电线杆，由建设单位设法外移。

(17)凡是现场操作人员必须遵守各项安全规程和相应规章制度，建立安全责任制。安全工作做到有计划、有安排，定期进行检查和安全教育。

(18) 打桩时保持桩架稳定。水平抽管，桩机行走到边缘应留地笼管 500mm 以上，一条线上铺设枕木不得少于 8 根。

(19) 做好班前检查，班后保养工作。每天施工结束时，应将桩管沉入土中 2m 以上，方能停机。当有大风时，应将桩管沉入土中 10m 以上，并采取相应加固措施，保证桩架稳定可靠。

（20）夜间施工应设专人监护，并设有足够照明设备。

（21）为确保钢筋混凝土桩的质量，混凝土应连续灌注。检查成孔质量后，应尽快灌注混凝土，以防止地下水侵入管内影响混凝土的质量。

六、钢筋混凝土钻孔灌注桩施工技术交底

（一）工程概况

本工程为钢筋混凝土框架剪力墙高层建筑，建筑面积为19680m²，楼层结构层高，首层为4.25m，二层、十四层为3.80m，十五、十六层为3.6m，其余均为标准层3.2m，建筑物总高为63.4m。该工程设计标高±0.00m，相当于绝对高程98.8m，基础－6.60m，以下设计为钢筋混凝土钻孔灌注桩，共计68根，直径1200mm共38根，直径1000mm共16根，直径800mm共14根，桩长约28.6m；持力层为地质构造第（6）层中等风化石炭岩，要求入岩深度为800mm以上。基础－6.50m以上为地下室，为钢筋混凝土箱形结构，底板混凝土厚为600mm，墙壁混凝土厚为300mm。±0.00m以上为钢筋混凝土框架剪力墙结构，在东西两面对称布置直角形四道剪力墙，中间两对电梯井的井壁做剪力墙来考虑结构受力。

该地区属大陆海洋性气候，一年四季分明，雨季为7、8、9三个月，年平均降雨量为880mm左右，冰冻季节为12、1、2月，历史最低气温为－18℃，主导风向冬季为西北风，夏季为东南风，最大风力为八级。该地区地震设防按6度考虑，本工程设计按7度设防。根据省建筑设计院提供的工程地质勘察报告介绍，该地区为第四系冲积、洪积层覆盖，厚度为3.28m左右，覆盖层下为石灰岩，石灰岩为中等风化，坚硬，裂隙发育，承载力[R]＝2.1MPa。地下室的底板座落在第（2）层的亚粘土、粗砂夹层上，其承载力为[R]＝0.20MPa。该地区的地下水位较高，一般在自然地表下0.8～1.0m左右。各层土层性质、埋深分布及钻进厚度等详见表6-1。

土层地质特性 表 6-1

层位	厚度（m）	土 层	埋深（m）	平均厚度（m）
表土层	1.60	素填土、粘土夹砂	0～1.6	1.5
第 2 层	1.8～6.5	亚粘土、砂层，可塑	1.6～7.9	2.58
第 3 层	3.87～6.88	亚粘土，可塑～硬塑	3.8～14.0	1.84
第 4 层	2.89～6.9	粗砂、砾石，中密饱和	8.4～18.0	5.5
第 5-1 层	4.28～7.86	粘土，硬塑	14.5～22.1	4.88
第 5-2 层～8 层	8.0～11.8	粘土、粗砂，密实	20.1～30.3	23.7
第 6 层	持力层	石灰岩，中等风化	38.0 以上	12.5

该工程平面布置为东西走向，与道路中心线平行，施工图共布置 68 根桩，其中 6 根布置在门厅部位，其余分布在Ⓒ、Ⓓ、Ⓔ、Ⓕ轴线上，桩距最小为 2.35m，最大为 7.60m，桩均为单桩独立承台式，分 ϕ1200、ϕ1000、ϕ800mm 三种直径，桩基要求入岩深 0.8m，桩上部浇筑钢筋混凝土保护高度 1m 以上，施工时孔深暂按 31.80m 计算，桩长为 28.60m，钢筋笼长为 15.00m。桩位平面布置及配筋详见施工图 90-014 结 3。

（二）施工准备

1. 施工现场准备

该工程由于座落在公司大院内，工地道路基本畅通，水、电源可就近接出。由于该工程是在原建筑物拆除基础上建设，施工场区内原有建筑物的基础及混凝土地面等尚未拆除，需全部挖出，以便换填新土推平压实后施工钢筋混凝土钻孔灌注桩。

由甲方给定的平面座标控制点及水准控制点由公司测量组引到工地。在本工程的①轴线及Ⓔ轴上各做 4 个永久控制点，作为本工程的施工控制原点，以控制本工程的施工。按规范要求，该建筑物需做沉降观测，沉降观测点设在Ⓓ轴线上①、⑥、⑧、⑫轴上作为北面沉降观测点，Ⓔ轴线上的①、⑥、⑧、⑫轴上作为南面的沉降观测点。

2. 材料

(1) 水泥：425 号普通硅酸盐水泥。

(2) 砂：粗砂，含泥量不大于 5%。

(3) 石子：碎石，粒径 5～32mm，含泥量不大于 2%。

(4) 钢筋：品种和规格均符合设计规定，并有出厂合格证及试验报告。

3. 机具

为了保证施工工期，加快施工速度，拟安排 4 台钻机同时施工。具体机具配备详见表 6-2。

4. 混凝土配比（重量比）

按 C23 混凝土强度等级配比，水泥加重 380～430kg/m³，材料加重误差不得超过 5%。出料混凝土坍落度 20±2cm，加重配比按建筑测试中心配方，见表 6-3。

施工机具表 **表 6-2**

序号	名称	型号	单位	数量	序号	名称	型号	单位	数量
1	钻机		台	2	14	吊车	汽车吊	辆	1
2	钻机		台	2	15	千斤顶	8t	台	3
3	泥浆泵		台	2	16	钻杆	ϕ89	m	50
4	泥浆泵		台	4	17	钻杆	ϕ168	m	80
5	搅拌机	600L	台	2	18	导管	ϕ219	m	120
6	搅拌机	350L	台	1	19	钻头	ϕ1200	个	4
7	水泵		台	2	20	钻头	ϕ1000	个	4
8	电焊机		台	4	22	21	钻头	ϕ800	个
9	气焊机		台	2		钻头	ϕ1200	个	4
10	切割机		台	1	23	钻头	ϕ1000	个	4
11	电动机	350kW	台	3	24	钻头	ϕ800	个	2
12	配电盘	250kW	套	2	25	漏斗	$2.5m^3$	个	2
13	钻塔		台	1	26	漏斗	$1.2m^3$	个	2

续表

序号	名称	型号	单位	数量	序号	名称	型号	单位	数量
27	漏斗	0.6m³	个	2	35	粘度计		个	1
28	漏斗	0.4m³	个	1	36	比度计		个	1
29	测斜仪		台	1	37	水箱	3m³	个	3
30	含砂量测定器		台	1	38				
31	清渣器	(ϕ89 钻杆使用)	个	3	39				
32	清渣器	(ϕ168 钻杆使用)	个	3	40				
33	隔水塞		个	5	41				
34	工作台		台	2	42				

加 重 配 比 **表 6-3**

材料	水	水泥	砂	石子
每 1m³ 加量 (kg)	195	392	560	1058
350L 搅拌机 (kg)	68	137	196	370
600L 搅拌机 (kg)	117	235	336	635
重量比	0.5	1	1.43	2.70

(三) 施工工艺

施工工艺详见框图（图 6-1），为泵吸反循环成孔，下完导管后进行第二次清孔，然后搬移钻机。也可根据实际情况采用正循环成孔工艺。

1. 设备安装

(1) 铺设移动钢轨，间距为 3000mm，木枕规格为 3100mm×

200mm×200mm，间距为2000mm，铺设时应用水平尺校平，确保钻机平稳。

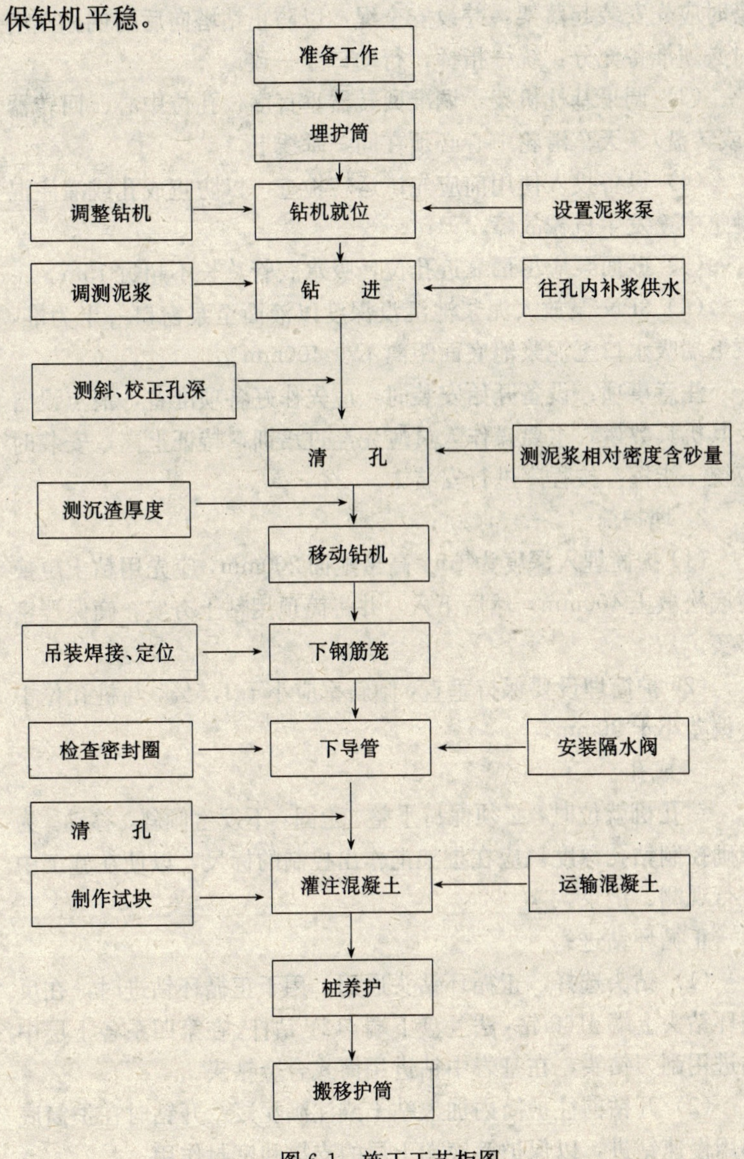

图6-1　施工工艺框图

（2）竖立塔架可采用吊车，也可用钻机卷扬机，用卷扬机立塔时应先安装起落架，并设安全绳，以防止钻塔向后翻倒。立塔时必须准备充分，统一指挥，行动口令一致。

（3）调平基枕机架，调准回转器垂直度，孔位中心、回转器（或转盘）、天车滑轮中心必须在同一垂线上。

（4）设备投入使用前应先试运转检查，以防止成孔或灌注混凝土中途发生机械故障。

（5）砂面泵应尽量靠近孔位，吸水胶管总长不超过15m。

（6）3PN泵放入泥浆池沉没深度以液面至泵窗口一半为准，泵下端吸水口至泥浆池底面距离不少400mm。

注意事项：设备开始安装时，应先作好各项准备，清点设备及其机具数量，主要操作人员应先经过培训，持证上岗，安装时应统一指挥，按程序进行安装。

2. 埋护筒

（1）护筒埋入深度为1m，高出地面200mm，应先用粘土更换筒底松散土400mm，然后下入，并将筒顶用粘土夯实，确保严密牢实。

（2）护筒埋设要保持垂直，倾斜率应小于1.5%，与桩孔位中心偏差小于20mm。

3. 成孔

钻孔机就位时，必须保持平整、稳固，不发生倾斜、移动。为准确控制钻孔深度，应在桩架上作出控制的标尺，以便在施工中进行观测、记录。

正循环钻进：

（1）钻头选择，正循环钻头通用。用于正循环钻进时，在反循环钻头上端ϕ168钻，法兰盘下端ϕ121钻杆。在第四系各土层中钻进用刮刀钻头，在基岩中钻进用筒式合金钻头。

（2）开钻前往护筒内加入粘土或注满泥浆。开钻时在护筒底部用慢速钻进，以保护筒底端土层的支撑和密封作用。

（3）钻进参数见表6-4。

正循环钻进参数　　表 6-4

参数 岩层	钻压 (kN)	转速 (r/min)	冲洗液量 (m^3/min)	钻速 (m/h)
第1～4层亚粘土、粗砂	10～20	30～60	2.0	3～5
第5层粘土夹粗砂石	15～25	30～40	1.8	3～4
第6层石灰岩	20～40	30	1.5	0.2～0.3

1）钻压：钻进第4系土层在保证冲洗液畅通前提下可灵活掌握，在亚粘土和第四层粗砂中钻压可用5～15kN，第五层粘土夹粗砂砾石中为12～20kN，石灰岩中25～30kN。

2）冲洗液输入时性能指标：比重为1.10～1.15，粘度22～26s，含砂量＜4％，胶体率＞95％，失水量＜30mL/min。

（4）注意事项：

1）泥浆池规格：长×宽×深＝4m×2m×1.6m＝12.8m^3，沉池：长×宽×深＝3m×1.5×1.2m＝5.8m^3，储浆池：长×宽×深＝6m×4m×1.6m＝38.4m^3，循环槽长度不小于15m，坡度为1：200。

由于ϕ1200mm桩孔注浆达38.6m^3，必须挖设储浆池。

2）及时清除循环槽和沉淀池，调节和保持泥浆性能指标。

3）在粘土层中钻进，为避免钻头包泥或糊钻，应及时往孔内泵入清水或稀泥浆，采用小压力、中钻速、慢钻速，钻速控制在0.10m/min左右。

4）加接钻杆前，应将钻具提离孔底，让冲洗液循环3～5min，再拧卸钻杆接口部分。

5）发现泵压上升或进尺缓慢，泵送清水或稀泥浆，加活动钻具，若上述措施无效时应及时提钻。

反循环钻进：

（1）钻进参数见表6-5。

反循环钻进参数　　表 6-5

参数 / 岩层	钻压 (kN)	转速 (r/min)	冲洗液量 (m^3/h)	钻速 (m/h)
第 1～4 层亚粘土、粗砂	10～20	30～60	180	7～10
第 5 层粘土夹粗砂石	15～25	30～40	150	5～8
第 6 层石灰岩	20～40	30	145	0.2～0.3

1）钻压：比正循环施工稍小。

2）转速：同正循环。

3）冲洗液：粘土、亚粘土层 180m^3/h；粗砂层 150m^3/h；基岩＜145m^3/h。

输入冲洗液性能指标：相对密度＜1.10，粘度 18～20s。

（2）注意事项：

1）泥浆池、沉淀池、储浆池与正循环施工工艺相同，循环槽坡度为 1∶100。

2）控制泥浆固相含量，应及时添加清水释稀泥浆。

3）自流回灌量应大于或等于砂石泵抽吸量，如回灌不足，可用 3PN 泵辅助回灌。

4）冲洗液在孔内下降流速限制在 0.15m/s 以内，以免过度冲刷孔壁造成塌孔。

5）无论钻进、停待，护筒内的水头高度不得低于地表以下－0.10m。

6）吸水胶管力争缩短，并防止盘曲，钻杆接头、管路必须密封良好。

7）控制钻进速度，保持排渣顺畅，防止因钻速过快、钻渣过多或泥浆相对密度太大而中断反循环施工。

8）加接钻杆时，将钻具提离孔底 80～100mm，让冲洗液循环 2～3min，清洗孔底和管道内的钻渣，然后再停泵加接钻杆。

9）提钻操作应轻稳，速度匀慢，防止抽吸和拖垮孔壁。

4. 清孔

（1）正循环清孔：终孔后将钻头提离孔底 80～100mm，输入比重 1.05～1.08 的新泥浆，循环 40～60min，至返回地面泥浆含渣量<4%为止；下完导管后进行二次清孔，至沉渣厚度<100mm为止，停泵后 15min 内灌注第一斗混凝土。

（2）泵吸反循环清孔：终孔后将钻头提离孔底 50～80mm，持续反循环至返回地表泥浆含渣量小于 4%时为止，注意返回孔内冲洗液相对密度不大于 1.05，送入孔内的冲洗液流量不得少于砂石泵的排量，可用 3PN 泵补浆和调整砂石泵出水阀的开口。

5. 下钢筋笼

（1）钢筋笼制作：规格详见设计施工图。

钢筋笼设计长度 15m＋主筋伸入承台长度 0.8m＝15.80m，实际制作长度应为15.80m＋主筋焊接长度 0.25×2＝16.30m，制作 2 节，每节长 8.15m，故主筋每根长 8.15m。缠筋与主筋点焊，每节钢筋笼垫块 2 组，每组 4 块，质量要求符合《工业与民用建筑灌注桩基础设计与施工规程》JGJ4-80 规程要求。

（2）下钢筋笼注意事项：

1）用吊车吊放，入孔时应轻放慢放，入孔后不得强行左右旋转，严禁高起猛落、碰撞和强压下放。

2）孔口钢筋对焊时上下主筋位置要对正，保持钢筋笼上下轴线一致。

3）为缩短下笼时间，由两名焊工同时作业。

（3）钢筋笼孔内定位：钢筋笼在孔悬空，采用长螺丝杆连接悬挂定位，其具体做法是在主筋上端焊接 M18 螺帽一组，共 4 个，螺丝杆穿过孔口定位盘连接在螺帽上，混凝土灌注完毕时可将螺丝杆卸下。

笼顶与笼底入孔标高误差不得大于±50mm。

6. 灌注混凝土

（1）导管：采用 ϕ219mm 连接导管，下管时准确丈量，计算长度，导管底端距孔底高度 400～500mm。

（2）混凝土材料：水泥质量必须经过试验室测定，砂、石质量符合《普通混凝土用砂质量标准及检验方法》（JGJ52-92）和《普通混凝土用碎石或卵石质量标准及检验方法》（JGJ53—92），由试验室进行测定后方可使用。

（3）水下混凝土灌注：

1）隔水塞直径应比导管内径小 20～25mm，灌浆前用 8 号铁丝吊挂在导管内，开灌时剪断铁丝放塞。

2）先配制 0.2m^3 水泥砂浆放入漏斗，然后再放入混凝土，以便于剪断铁丝后隔水塞在导管内易于下滑。

3）混凝土搅拌时间不小于 90s，混凝土灌注必须连续进行，尽量减少上料、吊运、提管、拆管时间，严禁中途停工待料。

4）每次升管前探测一次管内外混凝土面高度，即每灌注 4～5m^3 混凝土测定一次，填写水下混凝土灌注记录表和绘制水下混凝土灌注曲线。

5）当混凝土面上升将要接近钢筋笼时，应放慢灌注速度，减少导管埋深以降低混凝土上升的冲击力。当钢筋笼埋入混凝土达 5m 左右时，应提升导管，使导管下端高于钢筋笼底端，防止钢筋笼上浮。

6）当灌注混凝土接近设计桩标高时，应注意混凝土面，使桩标高符合设计要求。

7）每桩测混凝土坍落度 3 次，即首批出料、灌注中期和后期。

8）初灌量导管埋深不小于 1.2m，连续灌注埋深不小于 1.2m，不大于 5.0m。

9）拆卸下的导管应立即冲洗干净，内外壁不准残留泥浆和水泥砂浆，灌注完毕后必须冲洗漏斗、储浆斗、搅拌机和其他专用工具。

7. 混凝土桩头处理

混凝土灌注完毕后，应施测桩顶实际标高，确认符合设计后方可卸下漏斗，移动吊车等设备。桩头的混凝土浮浆处理干净，并应满足设计要求。

（四）桩基试验

设计要求混凝土灌注桩进行试验，由建设单位、设计院、本公司及市地质基础公司联合进行。建设单位要求不影响工期，试验与施工交叉进行，不另行提前单独作试验桩，在头一批桩混凝土达到设计强度后立刻进行试验。

1. 基础岩芯钻孔取样

按设计要求的桩号，钻孔钻到岩石层后取样留岩芯，由市地质基础公司负责取样，我公司给于协助和提供方便，由设计院和建设单位共同检定其风化程度。

2. 混凝土桩取芯检验

由设计院与建设单位随机取三根桩进行混凝土取芯，并进行抗压强度试验，检验混凝土的均匀性、密实性和混凝土的实际抗压强度。桩试验必须在桩混凝土达到设计规定时间进行取芯。

3. 动力测试

三种直径的桩随机各取3～4根，检测桩身是否有断裂和缩径现象，并确定桩的承载能力。

4. 现场技术人员在做试桩时应做好现场记录，并进行管理。

（1）各岩、土层的钻进效率、参数、钻头工况。

（2）冲洗液的性能指标、孔壁的稳定状况。

（3）孔内排渣与沉渣情况。

（4）绘制桩孔实际地质柱状图。

（5）混凝土灌注量变化情况、埋管情况。

（6）成孔设备运转情况、灌注机具工况。

（7）混凝土试块。

（8）各种工序时间统计，包括纯钻进、清孔、孔内施工各种故障、下钢筋笼、下导管、搅拌、灌注、测试和移动孔位等时间。

发现问题和出现各种故障立即通知设计院和建设单位驻工地代表，并及时提出解决办法。

（五）质量标准

1. 保证项目

(1) 灌注桩的原材料和混凝土强度必须符合设计和施工验收规范的要求。

(2) 成孔深度必须符合设计要求，桩孔底沉渣厚度不得大于100mm。

(3) 实际浇筑混凝土量严禁小于计算体积，混凝土桩灌注充盈系数为1.2～1.3。

检验方法　观察检查和检查施工记录。

(4) 浇筑后的桩顶标高及浮浆的处理必须符合设计要求和施工规范的规定。

检验方法　观察和尺量检查。

2. 允许偏差项目（表6-6）

每一种直径桩随机抽查3根。

灌注桩的允许偏差和检验方法　　表6-6

<table>
<tr><th>项次</th><th colspan="2">项　目</th><th>允许偏差（mm）</th><th>检验方法</th></tr>
<tr><td>1</td><td rowspan="4">钢筋笼</td><td>主筋间距</td><td>±10</td><td rowspan="4">尺量检查</td></tr>
<tr><td>2</td><td>箍筋间距</td><td>±20</td></tr>
<tr><td>3</td><td>直　径</td><td>±10</td></tr>
<tr><td>4</td><td>长　度</td><td>±100</td></tr>
<tr><td rowspan="2">5</td><td rowspan="2">桩的位置偏移</td><td>垂直于桩基中心线</td><td>$D/6$
且不大于200</td><td rowspan="2">拉线和尺量检查</td></tr>
<tr><td>沿桩基中心线</td><td>$D/4$
且不大于300</td></tr>
<tr><td>7</td><td colspan="2">垂直度</td><td>$H/100$</td><td>吊线和尺量检查</td></tr>
</table>

注：D为桩的直径；H为桩长。

(六) 注意事项

1. 护筒埋入土中深度不得小于1m，并在护筒顶部开设1～2个溢浆口。护筒的位置应正确、稳定，护筒与坑壁之间应用无杂质的粘土填实。护筒中心与桩位中心的偏差不得大于50mm。

2. 在粘土、亚粘土层中钻孔时，注射清水，以及原土造浆护壁、排渣，泥浆的稠度应满足本交底要求，在施工中应勤测泥浆相对密度，并应定期测定粘度、含砂量和胶体率。

3. 钻机的钻进速度应根据本交底的要求和现场情况确定，钻进速度不得超过钻孔的额定负荷。在基岩中钻进的速度以钻机不出现跳动为准。若出现机架摇晃或钻不进尺等异常情况时，应立即停车检查，以免重大事故发生。

4. 在钻进中出现异常现象，出现坍孔等预兆，可加大泥浆相对密度以稳孔护壁。坍孔段投入粘土，钻机空转不进尺进行固壁，以防止严重坍孔。当钻孔出现倾斜时，应往复扫孔纠正，如纠正无效，应在孔中局部回填粘土，重新钻进。

5. 当钻机钻到设计孔深时，钻机应空转不进尺，同时射水，待孔底残余的泥块已磨成泥浆，当排出泥浆相对密度降到 1.1 左右时，用手触泥浆已无颗粒感觉，即可认为清孔已合格。孔底沉碴厚度应小于 100mm，清孔完毕应立即灌注水下混凝土。

6. 钢筋笼在制作、运输和安装过程中，应采取措施防止变形。放入钻孔时，应有保护垫块。

钢筋笼在吊放入孔时，不得碰撞孔壁。灌注混凝土时，应按本交底的措施固定其位置。

成孔放入钢筋笼后，应立即浇注混凝土。在浇筑过程中应不使钢筋笼上浮和防止泥浆污染。

安装钻孔机、运钢筋以及打混凝土时，应注意保护好现场的轴线桩和高程桩。

桩头外留的主筋插铁要妥善保护，不得任意弯折或压断。

7. 水下混凝土灌注的导管在提升时应避免挂住钢筋笼。在导管正式使用前应进行试拼、试压。

8. 灌注水下混凝土

(1) 为了保证水下混凝土的质量，贮斗内混凝土的初存量必须满足首次灌注时必须达到和超过，桩 ϕ1200mm 为 1.6m^3，桩 ϕ1000mm 为 1.3m^3，桩 ϕ800 为 0.9m^3。

(2) 隔水塞在开始灌注时应临近水面。

(3) 随着混凝土面的上升，要适当提升和拆卸导管，导管底端埋入管外混凝土面以下应在2～3m，不得小于1m，严禁把导管底端提出混凝土面，因此在混凝土灌注过程中，应设专人经常测量导管的埋深。

(4) 水下混凝土的灌注应连续进行，不得中断，如发生堵管、导管进水等事故，应及时由现场技术负责人进行处理。

(5) 应注意控制最后一次混凝土的灌入量，当凿除桩顶浮浆后，应保证桩顶的设计标高及混凝土的质量，同时也应防止过多截桩。

七、箱形基础施工技术交底

（一）工程概况

该工程为市最高建筑物，主楼21层，地下2层，裙楼7层，地下1层作汽车库，主楼地面5层以下为办公、商业，5层以上为住宅，顶层设观光市容的旋转餐厅，大楼中央设两部电梯，临街面设观光电梯。结构采用内筒外框结构形式，中央电梯井采用钢筋混凝土筒结构，作为抗剪受力构件，大楼周边设钢筋混凝土框架，外墙为240mm厚砖墙，内墙采用加气混凝土砌块作隔墙。主楼箱形基础见图7-1。

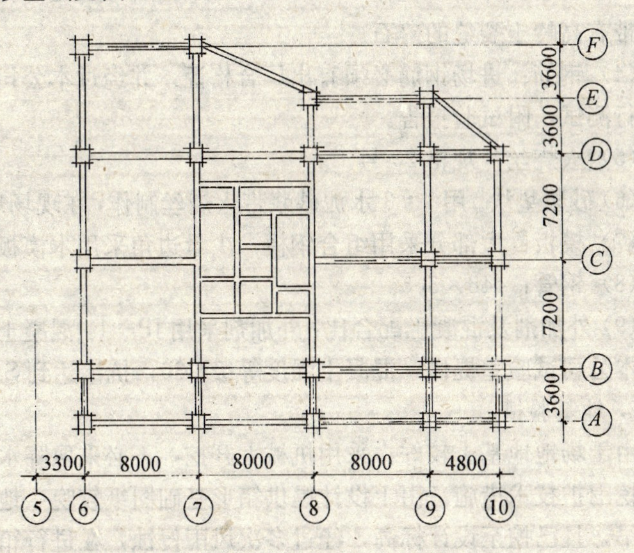

图7-1　主楼箱形基础

本工程场地地质构造较好，钻探共4层地基土岩层，表层为杂填土，第二层为强风化泥质粉砂岩，粽红色，厚0.7～4.2m，地基土承载力为350kPa，第三层为强～中等风化凝灰质粉砂岩夹泥质粉砂岩，棕红色，厚0.4～3.55m，标准贯入试验锤击数N63.5＞200击，地基承载能力为600kPa，第四层为中等风化凝灰质粉砂岩夹泥质粉砂岩，棕红～棕灰色，本层岩层较厚，打钻时未揭穿，地基承载能力设计值为800kPa。由于该场地地质条件较好，高层选第四层中等风化基岩作天然地基持力层，设计采用箱形基础，裙房选用第三层强～中等风化基岩作天然地基持力层，设计采用独立基础加连系梁。

（二）施工准备

1. 材料

（1）水泥：砂渣硅酸盐水泥。

（2）砂：中砂，本地河砂，含泥量不大于5%。

（3）石子：碎石，粒径5～32mm，含泥量不大于2%，严禁使用带有高岭土裂缝的碎石。

（4）钢筋：进场钢筋必须有出厂合格证，并经过本公司试验室进行测试，附试验报告。

（5）火烧丝：规格20号。

（6）砂浆垫块：用1∶3水泥砂浆带火烧丝制作，在现场现制。

（7）模板：大部分采用组合钢模，少量边角采用木模板。

（8）钢管：ϕ48×3.5。

（9）外加剂及混凝土配合比：外加剂采用JP－1，混凝土配合比由本公司试验室提供，混凝土强度等级C30，抗渗达到S10。

2. 地基验槽

由于场地地基土较好，采用机械大开挖，不必采取降水和地基开挖围护技术措施。由于设计提供箱形基础图纸较晚，地基开挖过早，且已挖至设计标高，经过多次风雨侵蚀，在进行箱形基础施工时，应用人工先挖出300mm厚表土，立刻进行地基验收，由五方（建设单位、设计院、施工单位、地质勘探公司、市质监站）人员共同组成小组进行，从地质报告第三部分结论与建议中提及高层部分选择第四层中等风化基岩作为高层建筑天然地基的持力层，而探点平面图和剖面图中ZK11与ZK4钻孔可知，从自然地面以下7.5m才为地质构造第四层，目前开挖标高尚未达到第四层标高要求，大约还需挖至300mm左右，才能进行混凝土垫层施工。地基验收后应在验收单上五方人员签字。

（三）底板

1. 模板工程

在设计图中电梯井、集水井和高、低配电室底面标高均低于箱基底板标高，有的高差达1.5m至2.0m，由于本工程地基条件较好，地下水不多，底板与井壁四周采用天然基岩，不须另行设置模板，达到节省模板费用，采用人工开挖，尽量使岩石表面平整。

2. 钢筋工程

本工程设有地基梁，在混凝土垫层上用墨线弹出底板钢筋的分档标志，并摆好下层钢筋。绑扎钢筋时除靠近外围两行的相交点全部扎牢外，中间部分的相交点可相隔交错扎牢，且应注意钢筋不发生位移。摆好钢筋马凳后绑扎底板上层钢筋中纵横两个方向定位钢筋，并在定位钢筋上画出分档标志，再放置纵横钢筋，绑扎方法同下层钢筋。底板上下层钢筋接头一律采用电焊，主要采用闪光对焊，电弧焊为副。当闪光对焊设备出故障与不足时可采用电弧焊，焊接应在冷拉前进行，以便于检验焊接质量情况。钢筋焊接接头应互相错开，一根钢筋不允许有二个接头，板每米宽钢筋接头不得超过25%。钢筋绑扎允许误差不得超过±10mm。箱形基础墙体钢筋和柱子插筋均应按设计图纸要求进行放置，距混凝土垫层为70mm。为了保证钢筋有足够保护层，下层钢筋一律放置砂浆垫块。钢筋绑扎后隐蔽工程验收，应提前两天通知建设单位与监理工程师，并按期进行钢筋隐蔽验收。在正式验收前，先进行内部检查，特别是钢筋焊接及其相应资料。

3. 混凝土工程

在混凝土浇筑前，各种专业管线均应安装完毕，不得遗漏，由各专业工程师进行检查和验收。

由于本工程混凝土底板厚达到1200mm，属于大体积混凝土施工范畴，应采取下列技术措施。

(1) 混凝土拌制：后台上料应严格按公司试验室提供的混凝土配合比，石子采用较大粒径的粗骨料，严格控制砂石含泥量，外加剂采用高效减水剂。每盘投料顺序为石子→水泥→砂子→水，严格控制用水量，混凝土坍落度不得超过配合比的规定，搅拌要均匀，最短时间不得少于90s。

(2) 混凝土运输：混凝土搅拌机出料后，用塔吊料斗直接吊至指定地点。

(3) 混凝土浇筑：在地基混凝土垫层上，清除泥土和积水，混凝土浇筑高度不得超2m，防止混凝土发生离析现象。采用插入式振捣棒振捣，其移动间距不大于作用半径的1.5倍。由于振捣棒易坏，另有5个振捣棒作为备用。施工时采取连续快速浇筑混凝土，间隔时间不超过2h，三班连续作业，不留垂直施工缝。

(4) 混凝土养护：修整作业后，立刻进行养护，12h后用草袋覆盖并浇水养护。在混凝土浇注后前两天，应保证混凝土处于充分湿润状态，在规范规定7d养护期内养护，以免混凝土表面出现裂缝。

主楼与裙楼相接处设计留有混凝土后浇带，待主楼主体完成后，沉降量达到总沉降量大约80%以后才能浇筑后浇带混凝土，该部分采用微膨胀补偿混凝土，外加剂采用JP—1，配合比由公司试验室提供。在该部分施工前，应认真清除留在后浇带中各种垃圾和杂物，用高压水冲洗干净残留泥土，清除松动石子，然后按施工缝施工方案进行混凝土施工。

(四) 墙体

1. 准备工作

在安装模板之前，应在箱基底板上弹出墙身线、门口位置线及标高线。所有模板先清理干净，并刷好脱模剂，不允许在模安装好后补刷脱模剂，以免污染钢筋；脱模剂应涂刷均匀。

流水段划分：主楼⑥～⑩与Ⓐ～Ⓕ轴线在⑧南和Ⓒ东划分为

四个流水段。

2. 模板工程

采用满堂红ϕ48×3.5钢管支模方案，在箱基底板上搭设钢管排架，纵横方向钢管间距为1200mm，整体排架架设后用斜杆钢管加固作斜向支撑。钢筋排架搭设要求：立管垂直允许偏差20mm，水平钢管平整偏差30mm，顶管水平标高与设计标高允许偏差15mm。满堂红钢管脚手架布置系统作为墙体模板系统侧向稳定支承系统，并作为箱基中间夹层楼板和±0.00标高楼板模板施工的支承系统。

墙体模板采用现场拼装钢模板，一律采用沿墙面竖向排列，板端不错开，目的是防止穿墙螺栓错位，排板时两拼装模板间的边端应按装U形卡，中间可隔孔安装U形卡，用钩头螺栓将内钢楞与钢模板联接在一起，外钢楞用ϕ48×3.5钢管，便于支承在钢管排架上。为了便于清扫柱模内底部杂物，在柱模底部把长度为1500mm的钢模板改为900+600mm两块小模板，其底部600mm高钢模板作清扫口用；墙体模板也采用相同方法，开口间距为2500mm。由于地下消防水池部分−2.90标高无楼板，墙板过高，应分层组装。在内外模板两侧均采用ϕ48×3.5钢管搭设脚手架，作为组合钢模板的水平支撑，严格控制墙体模板的垂直度。由于墙体高度较高，达到6.4m，前后两次支模的接槎部位，为使上部模板能夹紧已灌筑的墙体并得到稳定的支点，施工时在下段混凝土中放置预埋螺栓铁件，夹紧两根横向放置的∟50×5角钢，作为上部模板的支承点，拆模时可回收，安装详见图7-2。

在安装模板前，应在箱基底板上弹出墙身线、门口位置线及标高线。为了防止浇筑的混凝土从组合模板下口跑浆，安装模板前注意底板的平整度，缝过大时采用木板嵌缝。模板安装前应将所有模板清理干净，并刷好脱模剂，不允许在模板安装好后补刷脱模剂，以免污染钢筋，脱模剂应涂刷均匀。

3. 钢筋工程

将墙体部分底板清理干净，并将松散混凝土剔凿干净，并检

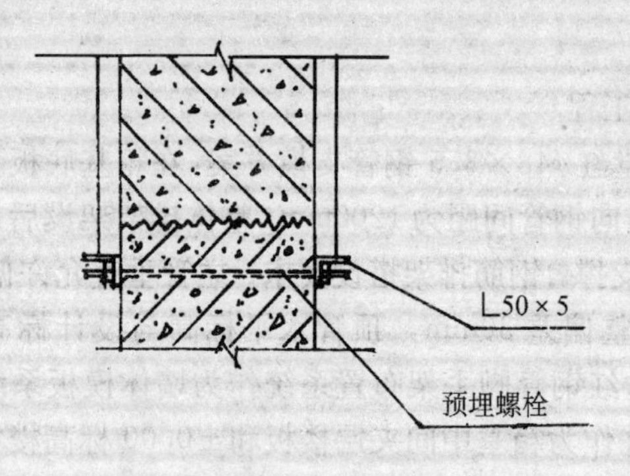

图 7-2 上部模板安装支撑示意图

查钢板止水带是否符合设计要求，防止地下室渗漏，若出现问题应及时采取技术措施进行补救。

根据所弹墙体线，检查底板施工时所留插筋是否发生移位，并理直钢筋的基础上，再调整理直所有搭接钢筋，若底板插筋位移过大时，应加绑附加立筋，并缓慢弯曲，其弯曲角度不大于15°。

钢筋绑扎应先立2～4根竖筋，并画好横筋分档标志，然后于下部及齐胸处绑两根横筋固定好位置，并在横筋上画好分档标志，然后绑其余竖筋，最后绑其余横筋。墙体双排钢筋之间应绑扎定位拉结筋，保证两排钢筋的距离，钢筋与模板之间应绑扎砂浆垫块，达到保证钢筋保护层的厚度，间距不大于1m。绑扎内墙钢筋时，先将外墙预留的钢筋理顺，然后再与内墙钢筋搭接。

各种专业预埋件与预埋管均应配合插入，不留其他安装时间，以达到缩短工期目的。

由于钢筋工程量大，墙体钢筋隐蔽验收分两次进行，提前2d通知监理工程师，按常规程序进行。

4. 混凝土工程

在浇筑混凝土以前，应完成钢筋隐蔽工程验收，各专业核检预埋件、预埋管、盒以及预留孔与槽的位置、数量及固定情况，钢筋保护层厚度。检查洞口位置、柱与墙连接八字角尺寸以及模板下口是否会漏浆等。再次检查和清理模板内残留物，用压力水冲刷干净，但不能有积水。

（1）混凝土搅拌：后台上料应严格过磅，按公司出的混凝土配合比上料，混凝土搅拌机旁挂混凝土配合比牌，每盘投料顺序为石子→水泥→砂子→水，严格控制用水量，混凝土坍落度为（满足配合比要求）6cm～8cm，搅拌时间不少于90s。

（2）混凝土运输及浇筑：混凝土搅拌机出料后，用塔吊的料斗直接吊至指定地点的铁板上，再用铁锹入模，不得采用料斗直接灌入模内。墙体新混凝土与下层混凝土结合处，应在底面上均匀浇灌50mm厚与墙体混凝土同强度减石子混凝土，以提高新旧混凝土结合面的粘结力。混凝土应分层浇筑振捣，每层浇筑厚度约为60cm左右，一次浇筑高度不得超过1m。混凝土下料点应分散布置，浇筑混凝土应连续进行，三班连续作业，间隔时间不应超过2h。墙体混凝土施工缝设置在门洞口上。接槎处混凝土应加强振捣，以达到接槎严密，落地的混凝土应及时清理。洞口混凝土浇筑时，应使洞口两侧混凝土高度大致相等，振捣时振捣棒距洞口边在300mm以上，由两人两支振捣棒在洞口两侧同时振捣，避免洞口位置位移。混凝土墙体浇筑完毕后，将上口甩出的钢筋及时整理，以免上一层（剪力墙）钢筋发生较大位移，给钢筋隐蔽工程造成不必要麻烦，用木抹子按标高将混凝土表面找平。所有穿墙螺栓全部埋入混凝土中。

（3）混凝土养护：根据目前气温，墙体混凝土浇筑36h后可拆模，并及时修整墙面与边角，喷水养护12h，浇水次数应保持混凝土具有湿润状态。

按公司规定，每班填写混凝土施工记录，每个流水段，在浇筑地点做两组混凝土试块。

（五）顶板

1. 模板工程

在墙体施工时搭设的钢筋排架上直接铺设顶板施工的钢模板，在铺设之前应检查顶层钢管的标高及平整度，使顶层钢模板符合设计标高。

梁、板、墙和柱的钢模板接头处理：梁钢模板与柱钢模板接头处往往不符合钢模板的模数，采用方木嵌补，方木与柱钢模板用ϕ12 螺栓连接，梁底模板与柱模板接头用钉接合（见图 7-3），梁、板钢模板接头用阴角模板拼接（见图 7-4），梁、柱、板结合部位的空缺处嵌补 5mm 厚木板。梁与板的模板一次完成，不分开施工，即不采用梁与板分开二次灌筑混凝土施工工艺。

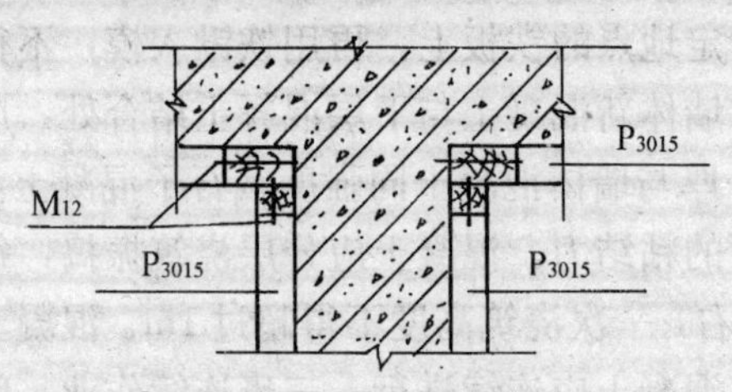

图 7-3　梁底模板与柱模板用钉接合示意图

2. 钢筋工程

(1) 准备工作：做好抄平放线工作，检查梁平面位置和梁底标高，墙柱顶表面松散不实的混凝土要剔除，清扫干净，清除模板内的杂物，特别是树叶之类杂物。

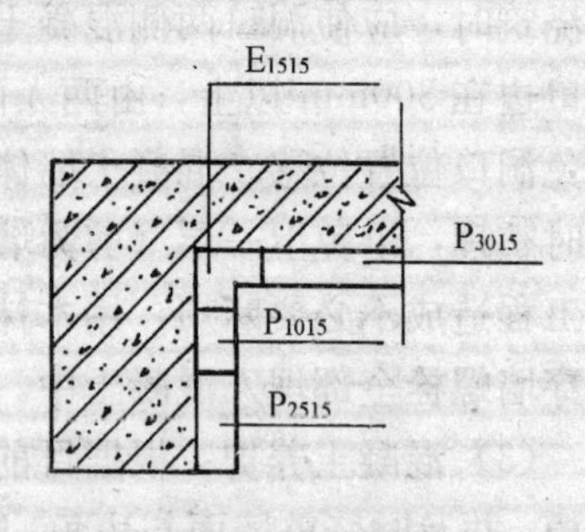

图 7-4　梁、板钢模板接头用阴角模板拼接示意图

(2) 梁钢筋绑扎：首先在主梁模板上按图划好箍筋间距，主筋穿好箍筋，按图纸要求间距逐个分开，将主筋与弯起钢筋及吊筋固定，穿次梁主筋，放置主梁的负筋与架立筋，以及次梁的架立筋，将梁主筋与箍筋绑扎牢固，主次梁可同时配合进行。梁箍筋弯钩叠合处应交错绑扎。钢筋放置位置要准确，钢筋间距要均匀，锚固长度应符合设计要求。所有梁的主筋下均放置砂浆垫块，以保证主筋混凝土保护层达到

25mm。大于直径$\phi22$的钢筋一律采用钢筋气压焊接，直径较小钢筋可采用绑扎接头，搭接长度受拉区为35d，受压区为25d（d为钢筋直径）。所有接头位置应互相错开，接头钢筋数在同一截面内不超过25%。梁主筋有两排时，在两排钢筋之间放置$\phi25$钢筋头。主梁钢筋也可先在楼板上绑扎，然后入模。

(3) 板钢筋绑扎：用粉笔在模板上划好两方向主筋的间距，先摆短边方向的主筋，后放长边方向主筋，再放置各专业预埋件、预埋管线和留出预留孔位置。钢筋采用绑扎接头，搭接长度一律为35d（d为钢筋直径）。所有接头位置应互相错开，每米接头钢筋数目不超过25%。钢筋绑扎一律采用顺扣，轴线之间每块楼板，靠近轴线的外围两根钢筋相交点应全部绑扎，中间部分各点可隔点交错绑扎。绑扎板面负弯矩钢筋应每个扣均要绑扎，所有主筋（长边方向）下应放置砂浆垫块。

箱基地下室楼梯梁板钢筋施工方法同上。

3. 混凝土工程

浇筑混凝土之前应再次清理模板上的垃圾和泥土、树叶、纸屑。凡是钢筋下的水泥砂浆垫块未垫好应重新放好，模板上的积水应扫去。

(1) 混凝土搅拌：混凝土搅拌机旁挂混凝土配合比木牌，每盘混凝土所用的砂石用量，分别固定好水泥、砂、石各个磅称的标志量，后台上料要车车过磅，严格控制用水量，定时测定混凝土的坍落度。后台上料顺序：石子→水泥→砂子→水。搅拌时间不少于90s。

(2) 混凝土运输与浇筑：梁板混凝土运输采用塔吊的料斗直接将混凝土在浇筑地点灌筑，但料斗的混凝土出料口高度不得大于2.0m，以免发生混凝土离析现象。混凝土浇筑一天24h连续进行，分区段进行浇筑。用插入式振捣器振捣，应快插慢拔，插点应均匀，逐点移动，顺序进行，不得遗漏，做到均匀振实，移动间距为30～40cm。浇筑混凝土应连续进行，用餐时间不超过1h，在振捣时应注意预留孔和预埋件，不应发生移动，振捣棒不应碰及预埋件和预埋管线，发生移位应及时纠正。

由于梁板连成整体面积较大，且梁截面较大，先将梁单独浇筑，其施工缝留在板底下 2～3cm 处，浇筑与振捣必须紧密配合。梁柱墙结点处钢筋较密，此处混凝土采用细石粗骨料，用小直径振捣棒为主，人工用钢杆振捣为辅的振捣方式。浇筑板的虚铺混凝土厚度应略大于板厚，梁与板均采用赶浆法浇筑方法，为了减少楼板找平层的一道施工工序，采用随打随抹施工工艺，振捣完毕后用长木抹子抹平。沿次梁方向浇筑楼板，施工缝应留置在次梁跨度中间三分之一范围内（此处剪力最小），施工缝的表面应与梁轴线垂直，不得留斜槎，施工缝处用钢丝网挡牢。施工缝处混凝土强度达到 1.2MPa 后，应将施工缝处混凝土表面凿毛，剔除浮动石子，并用水冲洗干净，先浇一层减石同标号的混凝土，然后可继续混凝土，使新旧混凝土紧密结合。

（3）混凝土养护：混凝土浇筑完毕后，应在 12h 以内覆盖草袋浇水养护，应使草袋保持湿润状态，养护期为 7d。

4. 注意事项

楼板与楼梯的钢筋较细，故不得踩踏。不得碰及预埋件和各专业管线，以免发生位移。

正在养护的混凝土强度未达到 1.2MPa，人员不可在其上行走和作为上部结构施工支承点。

八、钢筋混凝土筏形基础技术交底

（一）工程概况

本工程是混合结构七层住宅楼，由于距星河很近，为星河河床蜿蜒带，地基土为粉质粘土，在勘探时发现蜗牛壳，沉积年代短，地基土含水量很高，处于饱和状态，因此地基承载能力很低，仅为90kPa，设计采用钢筋混凝土筏形基础，混凝土强度等级为C18，板厚为500mm，上下两层双向配筋，均为Φ12@150，板底标高为－2.10m，板顶为－1.60m。甲单元底层为商店，钢筋混凝土框架结构，在钢筋混凝土筏形基础上，再设钢筋混凝土条形基础，梁宽为400mm，高为800mm（包括板厚），主筋上层为4Φ18，下层为4Φ20，箍筋为Φ8@200。由于施工期为秋季，地下水位较低，地基开挖后，地基土含水量较高，但未见地下水聚集，尚可进行施工。

该工程施工组织设计钢筋混凝土筏形基础施工方案采用混凝土分两次施工，先施工筏基板，后施工十字交叉地基梁，也就是说，在－1.60m标高处，地基梁有一条水平施工缝。

（二）施工准备

1. 材料

水泥：采用本地博山矿渣硅酸盐水泥。

砂：采用本地中砂，含泥量不得大于5%。

石子：碎石，粒径为5～30mm，含泥量小于2%。

钢筋：采用建设单位供应钢材。

所有建筑材料均需公司试验室进行材料试验，检验合格后方可使用，材料合格证与试验报告单及时装入本工程技术资料档案袋内，以便随时查用。

筏形基础上下钢筋之间设计无联系，经与设计人员洽商后，上层钢筋用钢筋马凳支承，采用Φ22钢筋，双向布置，间距为1500。底层钢筋一律采用水泥砂浆垫块垫高，以保证钢筋的保护层厚度。

2. 现场作业条件

地基验槽后方可进行施工混凝土垫层，垫层厚100mm，混凝土强度等级为C8。

清理好垫层，将基础垫层上散落土块和落叶及时清理干净。弹好建筑物的轴线、柱边线。

将由钢筋加工厂加工好的钢筋，按施工组织设计中施工总平面布置图中钢筋堆放场地进行堆放，并核对图纸、配料单、料牌与实物在钢号、规格尺寸、形状、数量上是否一致，如有问题及时与现场技术员联系解决。

（三）绑扎钢筋

1. 按图绑扎筏基板底层钢筋

摆好底层钢筋双向Φ12@150，绑扎时除靠近外围两行的相交点全部扎实外，中间部位的钢筋相交点可相隔交错扎实，须保证受力钢筋不移位。

摆好钢筋马凳，Φ22@1500，双向放置。

2. 绑扎基础梁钢筋

分段绑扎成型，钢筋按设计图纸，注意地基梁的中间侧向2根Φ12的钢筋，其放置高度作适当调整，其高度与钢筋马凳相同，兼作地基筏形板上层钢筋的支承作用。

3. 绑扎筏基板上层钢筋

利用钢筋马凳绑扎上层钢筋的两个方向定位钢筋，并在定位钢筋上画出分档标志，然后穿放纵横方向钢筋，钢筋直径和间距与底层钢筋相同，绑扎方法同上。

上下层钢筋接头按规范要求错开，其位置应符合规范和设计要求，其绑扎接头的受力钢筋截面面积不超过受力钢筋总截面面积的25%。由于钢筋均为Φ12@150，因此绑扎接头数量不超过绑扎钢筋总数的25%即可，钢筋的搭接长度按设计要求为35d，即420mm。

4. 柱和构造柱的插筋，按设计要求插入基础深度，离混凝土垫层距离为70mm，并按设计图纸与抗震要求放置箍筋。

5. 钢筋绑扎完应随即垫好底层钢筋砂浆垫块。

6. 质量标准。

（1）保证项目

1）钢筋的品种和质量必须符合设计要求和有关标准的规定。

2）钢筋表面必须清洁。带有颗粒状或片状老锈，经除锈后仍留有麻点的钢筋严禁按原规格使用。

3）钢筋的规格、形状、尺寸、数量、间距、锚固长度、接头设置必须符合设计要求和施工规范的规定。

4)焊接接头机械性能试验结果必须符合钢筋焊接及验收的专门规定。

（2）基本项目

1）绑扎钢筋的缺扣、松扣数量不超过绑扣数的10%，且不应集中。

2）绑扎接头应符合施工规范的规定，每个搭接长度不小于规定值。

3）用Ⅰ级钢筋制作的箍筋，其数量符合设计要求，弯钩角度和平直长度应符合施工规范的规定。

4）对焊接头无横向裂纹和烧伤，焊包均匀。接头处弯折不得大于4°，接头处钢筋轴线的偏移不得大于0.1d且不大于2mm。

（3）允许偏差项目（表8-1）

允许偏差 **表8-1**

项次	项　目		允许偏差(mm)	检　验　方　法
1	网眼尺寸		±20	尺量检查
2	箍筋、构造筋间距		±20	尺量连续三档取其最大值
3	受力钢筋	间距	±10	尺量两端中间各一点取其最大值
		排距	±5	

续表

项次	项　目		允许偏差（mm）	检验方法
4	受力钢筋保护层	基础 梁柱	±10 ±5	尺量检查

7. 及时办理钢筋隐蔽工程记录。

8. 注意事项

钢筋搭接长度必须满足设计与规范要求，绑扎时应对每个接头进行尺量。

按规范和本交底要求绑扎接头应错开，由钢筋工长确定接头位置和进行检查。

柱与构造柱主筋位置必须准确，不得有位移，其插筋垂直度必须有保证。

（四）支模

1. 以钢模板为主，木模板为辅。

2. 筏形基础周边支模按图 8-1 进行。

3. 钢筋混凝土基础梁支模见图 8-2，在浇筑筏形基础钢筋混凝土前，在基础梁两侧预埋钢筋头作支凳，将梁侧模板按图 8-1 要求进行支模。

4. 质量标准

（1）保证项目：

模板及其支撑必须具有足够的强度、刚度和稳定性。

（2）基本项目：

1）模板接缝处接缝的最大宽度不应大于 1.5mm。

2）模板与混凝土的接触面应清理干净并采取防止粘结措施。

3）允许偏差项目（表 8-2）

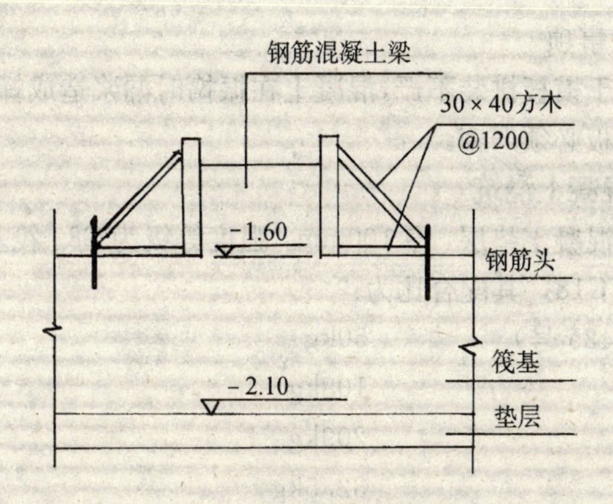

图 8-1　筏形基础周边支模

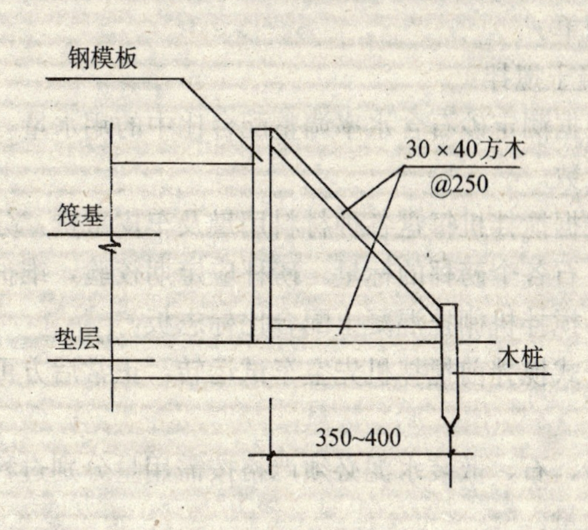

图 8-2　基础梁支模

允 许 偏 差　　　　表 8-2

项次	项　　目	允许偏差 (mm)	检 验 方 法
1	轴线位移	5	尺量检查
2	标　　高	±5	用水准仪或拉线检查
3	截面尺寸	±10	尺量检查
4	表面平整度	5	用 2m 靠尺和塞尺检查

5．注意事项

防止由于模板拼装不严，混凝土在振捣时漏浆造成蜂窝麻面，因此拼装模板必须严密。

（五）混凝土浇筑

先作素混凝土垫层，厚100mm，强度等级为C8。筏基混凝土强度等级为C18，其配合比为：

水泥（425号）	50kg
砂	108kg
石子	209kg
水	32.5kg

混凝土坍落度为5～7cm，其他方面详见公司试验室提供的混凝土配合比通知单。

1．混凝土搅拌

（1）根据测定砂石含水率调整配合比中的用水量。雨天应增加测定的次数。

（2）根据搅拌机每盘各种材料用量及车皮重量，分别固定好水泥、砂、石各个磅秤的标量。磅秤应定期校验，维护以保持计量的准确。搅拌机棚挂混凝土配合比标志板。

（3）正式搅拌前搅拌机先空车试运转，正常后方可正式装料搅拌。

（4）砂、石、散装水泥必须严格按需用量分别过秤。加水也必须严格计量。

（5）加料顺序：一般先倒石子，再倒水泥后倒砂子，最后加水。

（6）搅拌第一盘混凝土可在装料时，多放30kg水泥。

（7）混凝土搅拌时间，400L自落式搅拌机为1.5min。

（8）混凝土坍落度一般控制在5～7cm，每台班应做两次试验。

2．混凝土运输

本施工组织设计中确定施工筏基混凝土时，无垂直提升设备，因混凝土搅拌机与混凝土浇筑地点很近，采用人工手推小车运输。

随混凝土浇筑工作面移动，由远及近搭设钢筋支架，两排钢管，间距1500mm，宽1800～2100mm，高1800mm，上铺钢跳板，形成运输混凝土通道。

混凝土自搅拌机卸出后，应及时用手推车运至浇灌地点。运送混凝土时，应防止水泥浆流失。若有离析现象应在浇灌前进行人工二次拌合。

混凝土从搅拌机中卸出后到浇灌完毕的延续时间，不得大于90min。

3. 混凝土浇灌、振捣

（1）在混凝土浇灌前，应将树叶、纸片等清理干净。

（2）混凝土直接由小车倒入，控制好混凝土顶面标高，连续作业浇灌到顶。

（3）混凝土振捣：振捣混凝土时，振捣棒与混凝土面应成斜角斜向振捣。

（4）浇灌混凝土时应注意保护钢筋位置，随时检查模板是否变形、移位及漏浆等现象，并派专人修理。

（5）表面抹平：混凝土每振捣完一段，应随即用木抹子压实、抹平，表面不得有松散混凝土。

4. 混凝土养护

在混凝土浇灌完12h以内，应对混凝土加以覆盖并浇水养护。常温时每日浇水养护二次，养护时间不得少于7昼夜。

5. 填写混凝土施工记录和混凝土坍落度。制做混凝土试块每班不少于一组，用以检验混凝土28d强度。

6. 质量标准

（1）保证项目

1）混凝土所用的水泥、水、砂、石必须符合施工规范及有关的规定。检查水泥出厂合格证及试验报告。

2）混凝土配合比原材料计量允许偏差：水泥和掺合料为±2%，骨料为±3%，水或外加剂为±2%（均按重量计）。混凝土的搅拌、养护和施工缝处理必须符合规范的规定。

3）按《混凝土强度、检验评定标准》(GBJ 107—87）的规定，对混凝土进行取样、制作、养护和试验试块，并评定混凝土强度。

（2）基本项目

混凝土应振捣密实，不得有蜂窝、孔洞、露筋、缝隙夹渣层，具体要求参见《建筑工程质量检验评定标准》(GBJ 301—88)。

（3）允许偏差项目（表 8-3）

地基梁、板缝混凝土浇筑允许偏差　　表 8-3

项次	项　目	允许偏差 (mm)	检 验 方 法
1	轴线位移	8	尺量检查
2	标高	±10	水准仪或尺量
3	截面尺寸	+8 −5	尺量检查
4	表面平整度	8	用 2m 靠尺和楔形塞尺检查

7. 注意事项及质量通病预防

（1）振捣混凝土时，不得振动钢筋、模板，以免钢筋移位、模板变形。

（2）操作时不得踩碰上层钢筋，如钢筋有踩弯或脱扣者应及时调直补好。

（3）筏基板混凝土施工时，在地基梁两侧按图 8-1 要求预埋钢筋头，不得遗漏。

（4）在施工地基梁时，在−1.60m 标高处混凝土水平施工缝，按施工缝要求进行处理，将表面清理干净，用水冲洗后，应刷与混凝土同标号（去掉石子即可）的砂浆，再浇筑混凝土。

（5）筏基板混凝土施工时，凡留垂直方向施工缝的，必须用模板挡住形成直槎，禁止混凝土自由流动留成大斜槎，凡施工缝处浇灌混凝土，均按规范要求进行处理。

（6）严格防止砂、石和水泥过秤不准，或不过秤、水不计量或计量不准，造成水灰比不准确。施工前要检查和校正好磅秤，坚持车车过秤，每盘混凝土用水量必须严格控制。

（7）混凝土存在麻面、蜂窝、孔洞、露筋、夹渣等缺陷：原因是振捣不实、漏振和钢筋位置不准确、缺少保护层垫架措施。因此浇灌混凝土前应检查钢筋位置及保护层厚度是否准确，发现问题及时修整。

九、轻型井点降水技术交底

（一）工程概况

某工厂车间为五层钢筋混凝土框架结构的工业厂房，建筑面积 9750m²，设计基础采用筏形基础，埋深为 5.2m，采用机械施工大开挖施工方案，开挖面积 40m×58m，地下水位为－0.5～1.5m。本场地地质构造复杂，由东向西发现有古城墙、古道路、古河道及新近代冲洪积物为沉积软弱粘性土层，均横向穿越本场地，地质柱状表见表 9-1。由于开挖深度较大，地下水位高，在土方开挖前，设计要求进行人工降水，以保证施工质量和顺利进行施工，施工组织设计确定降水方案为轻型井点降水，井点布置见施工方案附图。

（二）准备工作

1. 施工机具

（1）滤管：ϕ50mm，壁厚 3.0mm 无缝钢管，长 2.8m，一端用厚为 4.0mm 钢板焊死，在此端 1.4m 长范围内，在管壁上钻 ϕ15mm 的小圆孔，孔距为 25mm，外包两层滤网，滤网采用编织布，外再包一层网眼较大的尼龙丝网，每隔 50～60mm 用 10 号铅丝绑扎一道，滤管另一端与井点管进行联接。

（2）井点管：ϕ50mm，壁厚为 3.0mm 无缝钢管，长 6.2m。

（3）连接管：胶皮管，与井点管和总管连接，采用 8 号铅丝绑扎，应扎紧以防漏气。

（4）总管：ϕ102mm 钢管，壁厚为 4mm，每节长度为 4～5m，用法兰盘加橡胶垫圈连接，防止漏气、漏水。

（5）抽水设备：3BA-35 单级单吸离心泵，共 5 台，其中二台备用，自制反射水箱。

（6）移动机具：自制移动式井架（采用振冲机架旧设备）、牵引能力为 6t 的绞车。

地 质 柱 状 表 **表 9-1**

层次	年代及成因	地层描述	颜色	湿度	状态	柱状图比例尺 1∶100	厚度 (m)	深度 (m)	层底标高 (m)	土样 编号 深度 (m)
1	Q_4^{ml}	杂填土：炉渣、砖瓦块杂土组成，松散					1.5	1.5	8.61	4—1 2.2～2.4
2	Q_4^{al+pl}	轻亚粘土： 1.5～3.7m 为黄色轻亚粘土，稍湿～湿 硬～可塑 3.7～5.2m 为棕黄色轻亚粘土，饱水软～流塑，振动时析水					3.7	5.2	4.91	4—2 4.0～4.2
3	Q_4^{al+pl}	亚粘土：黄色亚粘土，可塑～硬塑上部含姜石较多，7.5m 以下姜石减少呈可塑状态					3.8	9.0	1.11	
3—1		粗砂砾石层：黄色粗砂含粘土 9.5m 为粗砂、砾石含水层水量较大					1.0	10.0	0.11	

(7) 凿孔冲击管：ϕ219×8mm 的钢管，由公司加工厂自制，其长度为10m。

(8) 水枪：ϕ50×5mm 无缝钢管，下端焊接一个ϕ16mm 的枪头喷嘴，上端弯成大约直角，且伸出冲击管外，与高压胶管连接。

(9) 蛇形高压胶管：压力应达到1.50MPa 以上，长120m。

(10) 高压水泵：100TSW-7 高压离心泵，配备一个压力表，作下井管之用。

2. 材料

粗砂与豆石，不得采用中砂，严禁使用细砂，以防堵塞滤管网眼。

3. 技术准备

(1) 详细查阅设计提供工程地质报告，了解工程地质情况，分析降水过程中可能出现的技术问题和采取的对策。

(2) 凿孔设备与抽水设备检查。

4. 平整场地

为了节省机械施工费用，不使用履带式吊车，采用碎石桩振冲设备的自制简易车架，因此场地平整度要高一些，设备进场前进行场地平整，以便于车架在场地内移动。

(三) 井点安装

1. 安装程序

井点放线定位→安装高位水泵→凿孔安装埋设井点管→布置安装总管→井点管与总管连接→安装抽水设备→试抽与检查→正式投入降水程序。

2. 井点管埋设

(1) 根据建设单位提供测量控制点，测量放线确定井点位置，然后在井位先挖一个小土坑，深大约500mm，以便于冲击孔时集水，埋管时灌砂，并用水沟将小坑与集水坑联接，以便于排泄多余水。

(2) 用绞车将简易井架移到井点位置，将套管水枪对准井点位置，启动高压水泵，水压控制在0.4～0.8MPa，在水枪高压水射流冲击下套管开始下沉，并不断地提升与降落套管与水枪。一般含砂的粘土，按过去经验，套管落距在1000mm之内，在射水与套管冲切作用下，大约在10～15min时间之内，井点管可下沉10m左右，若遇到较厚的纯粘土时，沉管时间要延长，此时可采取增加高压水泵的压力，以达到加速沉管的速度。冲击孔的成孔直径应达到300～350mm，保证管壁与井点管之间有一定间隙，以便于填充砂石，冲孔深度应比滤管设计安置深度低500mm以上，以防止冲击套管提升拔出时部分土塌落，并使滤管底部存有足够的砂石。

凿孔冲击管上下移动时应保持垂直，这样才能使井点降水井壁保持垂直，若在凿孔时遇到较大的石块和砖块，会出现倾斜现象，此时成孔的直径也应尽量保持上下一致。

井孔冲击成型后，应拔出冲击管，通过单滑轮，用绳索拉起井点管插入，井点管的上端应用木塞塞住，以防砂石或其他杂物进入，并在井点管与孔壁之间填灌砂石滤层，该砂石滤层的填充质量直接影响轻型井点降水的效果，应注意以下几点：

1）砂石必须采用粗砂，以防止堵塞滤管的网眼。

2）滤管应放置在井孔的中间，砂石滤层的厚度应在60～100mm之间，以提高透水性，并防止土粒渗入滤管堵塞滤管的网眼。填砂厚度要均匀，速度要快，填砂中途不得中断，以防孔壁塌土。

3）滤砂层的填充高度，至少要超过滤管顶以上1000～1800mm，一般应填至原地下水位线以上，以保证土层水流上下畅通。

4）井点填砂完后，井口以下1.0～1.5m用粘土封口压实，防止漏气而降低降水效果。

3. 冲洗井管q

将ϕ15～30mm的胶管插入井点管底部进行注水清洗，直到流出清水为止。应逐根进行清洗，避免出现“死井”。

4. 管路安装

首先沿井点管线外侧，铺设集水毛管，并用胶垫螺栓把干管连接起来，主干管连接水箱水泵，然后拔掉井点管上端的木塞，用胶管与主管连接好，再用10#铅丝绑好，防止管路不严漏气而降低整个管路的真空度。主管路的流水坡度按坡向泵房5‰的坡度并用砖将主干管垫好。并作好冬季降水防冻保温。

5. 检查管路

检查集水干管与井点管连接的胶管的各个接头在试抽水时是否有响声漏气现象，发现这种情况应重新连接或用油腻子堵塞，重新拧紧法兰盘螺栓和胶管的铅丝，直至不漏气为止。在正式运转抽水之前必须进行试抽，以检查抽水设备运转是否正常，管路是否存在漏气现象。

在水泵进水管上安装一个真空表，在水泵的出水管上安装一个压力表。为了观测降水深度，是否达到施工组织设计所要求的降水深度，在基坑中心设置一个观测井点，以便于通过观测井点测量水位，并描绘出降水曲线。

在试抽时，应检查整个管网的真空度，应达到550mmHg (73.33kPa)，方可进行正式投入抽水。

（四）抽水

轻型井点管网全部安装完毕后进行试抽。当抽水设备运转一切正常后，整个抽水管路无漏气现象，可以投入正常抽水作业。开机后一个星期后将形成地下降水漏斗，并趋向稳定，土方工程可在降水10d后开工。

（五）注意事项

1. 土方挖掘运输车道不设置井点，这并不影响整体降水效果。

2. 在正式开工前，由电工及时办理用电手续，保证在抽水期间不停电。因为抽水应连续进行，特别是开始抽水阶段，时停时抽，井点管的滤网易于阻塞，出水混浊。同时由于中途长时间停止抽水，造成地下水位上升，会引起土方边坡塌方等事故。

3. 轻型井点降水应经常进行检查，其出水规律应“先大后小，先混后清”。若出现异常情况，应及时进行检查。

4. 在抽水过程中，应经常检查和调节离心泵的出水阀门以控制流水量，当地下水位降到所要求的水位后，减少出水阀门的出水量，尽量使抽吸与排水保持均匀，达到细水长流。

5. 真空度是轻型井点降水能否顺利进行降水的主要技术指数，现场设专人经常观测，若抽水过程中发现真空度不足，应立即检查整个抽水系统有无漏气环节，并应及时排除。

6. 在抽水过程中，特别是开始抽水时，应检查有无井点管淤塞的死井，可通过管内水流声、管子表面是否潮湿等方法进行检查。如“死井”数量超过10%，则严重影响降水效果，应及时采取措施，采用高压水反冲洗处理。

7. 在打井点之前应踏勘现场，采用洛阳铲凿孔，若发现场内表层有旧基础、隐性墓地应及早处理。

8. 本工程场地粘土层较厚，沉管速度会较慢，如超过常规沉管时间时，可采取增大水泵压力，大约在1.0～1.4MPa，但不要超过1.5MPa。

9. 主干管应按本交底做好流水坡度，流向水泵方向。

10. 本工程土方开挖后期已到冬季，应做好主干管保温，防止受冻。

11. 基坑周围上部应挖好水沟，防止雨水流入基坑。

12. 井点位置应距坑边2～2.5m，以防止井点设置影响边坑土坡的稳定性。水泵抽出的水应按施工方案设置的明沟排出，离基坑越远越好，以防止地表水渗下回流，影响降水效果。

13. 由于本工程场地内的粘土层较厚，这将影响降水效果，因为粘土的透水性能差，上层水不易渗透下去，采取套管和水枪在井点轴线范围之外打孔，用埋设井点管相同成孔作业方法，井内填满粗砂，形成二至三排砂桩，使地层中上下水贯通。在抽水过程中，由于下部抽水，上层水由于重力作用和抽水产生的负压，上层水系很容易漏下去，将水抽走。

由于地质情况比较复杂，工程地质报告与实际情况往往不符，应因地制宜采取相应技术措施，并向公司技术科通报。

十、钢筋气压焊技术交底

（一）工程概况

某工业厂房，建筑面积达 $11000m^2$，有一层地下室，地面为五层现浇钢筋混凝土框架剪力墙结构，柱子截面为 600mm × 600mm，柱子的主筋的直径为Φ 25、Φ 28、Φ 32，在施工组织设计中，为了节省钢材和降低成本，采用钢筋气压焊新工艺。

（二）准备工作

1. 材料

（1）钢筋：应有出厂证明书和钢筋复试证明书，性能指标符合规范的规定。当两直径钢筋不同时，其两直径之差不得大于 7mm。

（2）氧气：瓶装氧气（O_2）纯度必须在 99.5％以上，达到工业一级纯度。

（3）乙炔气：使用瓶装乙炔气（C_2H_2），其纯度必须在 98％（体积比）以上，磷化氢含量不得大于 0.06％，硫化氢含量不得大于 0.1％，水分含量不得大于 $1g/m^3$，丙酮含量应不大于 $45g/m^3$，对照厂家说明书。

2. 设备

WY20-40 气压焊接机，包括三部分：

（1）加热器，分为混合气管（握柄）和火钳两部分，火钳的火嘴数量按照钢筋直径大小选用，选用 8 号嘴和 12 号嘴两种。

（2）加压油泵，供向压接钢筋部位施加压力，采用电动加压油泵，油泵应保证有足够的稳定压力，在使用过程中不发生漏油现象。

（3）卡具，起嵌住钢筋以传递压力和顶锻压接钢筋的作用。

无齿锯和角面磨光机。

3. 现场作业准备

（1）设备齐全并应保证质量，施焊前必须认真对设备进行全面检查。

（2）焊工必须持有合格证。不同级别的焊工有不同的作业允许范围，应符合国家标准的规定。

（3）施焊前搭好操作架子。

（4）施焊前现场应做同等条件的试验，确定合格的工艺参数，检查外观及强度是否合格，试验结果送技术科审批。

（5）做好钢筋的下料工作，计算切割长度时，应考虑焊接接头的压缩量，每一接头的压缩量约为一个焊接钢筋直径的长度。

（6）接头位置应留在直线段上，不得在钢筋的弯曲处。

（三）焊接工艺

1. 钢筋端头处理：

进行气压焊的钢筋端头不得压偏形、凸凹不平或弯曲，必要时用无齿锯切除；保证钢筋端头断面和轴线成直角，不得有弯曲，并用角向磨光机倒角露出金属光泽，没有氧化现象，并清除钢筋端头100mm范围内的锈蚀、油污、水泥等。打磨钢筋时应在当天进行，防止打磨后再生锈。

2. 安装接长钢筋：

先将卡具卡在已处理好的两根钢筋上，接好的钢筋上下要同心，固定卡具应将顶丝上紧，活动卡具要施加一定的初压力，初压力的大小要根据钢筋直径的粗细决定，宜为15～20MPa。

3. 焊前检查：

焊前对钢筋及焊接设备应详细进行检查，以保证焊接正常进行。看压焊面是否符合要求，上下钢筋是否同心，是否有弯曲现象。

4. 钢筋加热加压：

焊接开始时，火焰采用还原焰，目的为防止钢筋端面氧化。火焰中心对准压焊面缝隙，使钢筋表面温度达到炽白状态（约1200℃），同时增大对钢筋的轴向压力，按钢筋截面积计为30～

40MPa，使压焊面间隙闭合。缝隙闭合后还要继续烘烤，以提高温度，烘烤时间一般在 2min30s 左右。

确认压焊面间隙完全闭合后，在钢筋轴向适当再加压，同时，将火焰调整为中性焰（O_2/C_2H_2 为 1～1.2），对钢筋压焊面沿钢筋长度的上下约两倍钢筋直径范围内进行宽幅加热，移动时注意上快下慢，使温度均匀上升，随后进行最终加压至 30～40MPa，使压焊部位的膨鼓直径达到钢筋直径的 1.4 倍以上，镦粗区长度为钢筋直径的 1.2 倍以上，镦粗区形状平稳圆滑，没有明显凸起和塌陷。

5. 拆卸卡具：

将火焰熄灭后，加压并稍延滞，红色消失后，即可卸卡具。焊件在空气中自然冷却，不得水冷。

6. 加热过程中，如果在压焊面间隙完全闭合之前发生灭火中断现象，应将钢筋断面重新打磨、安装，然后点燃火焰进行焊接。如果发生在间隙完全闭合之后，则可再次加热加压完成焊接操作。

7. 钢筋气压焊接完成后，应对每一个接头进行外观质量检查，并填写质量证明书。

8. 刮风时要有挡风措施

（四）质量标准

1. 保证项目

（1）钢筋必须有出厂证，质量必须符合设计和规程中有关标准的规定。

（2）钢筋必须经过复试，机械性能、化学成分符合有关标准的规定。

（3）钢筋规格和接头位置应符合设计图纸及施工规范的规定。

（4）焊工必须持有合格证。

（5）焊件机械性能检验必须合格。在进行机械性能试验时试件的批量应满足如下规定：每一楼层中，以 200 个接头为一批，其余不足 200 个的仍作为一批。抽样方法从每批成品中切取 3 个试件作抗拉强度试验，其强度均不得低于该级别钢筋规定的抗拉强度值；三个试件均应断于压焊面之外，并呈塑性断裂。当试验结果有一个试件不符合上述规定，取六个试件做复试，若仍有一个试件不符合规定则该批接头为不合格。

钢筋气压焊接头应作弯曲试验：从每批成品中切取 3 个试件进行冷弯试验。弯至 90°，试件外侧不得出现裂纹或发生破裂。如有一个试件未达到规定的要求，应取双倍数量的试件进行复试，若仍有一个试件不合格时则该批接头为不合格品。

2. 基本项目

（1）接头膨鼓形状应平滑，不应有显著的凸出和塌陷。

（2）不应有裂纹。

（3）不得过烧，表面不应呈粗糙和蜂窝状。

3. 允许偏差项目（表 10-1）

钢筋气压焊接允许偏差　　表 10-1

	实测内容	允许偏差	检查方法
1	同直径钢筋两轴线偏移量	<0.15d ≯4mm	尺量
2	不同直径钢筋两轴线偏心量，较小钢筋外表面不得错出大钢筋同侧		目测
3	镦粗区最大直径	≤1.4d	尺量
4	镦粗区长度	≤1.2d	尺量
5	镦粗区顶部与压焊面最大距离	≤0.25d	尺量
6	两钢筋轴线弯折	≤4°	尺量

（五）劳动组织

现场钢筋气压焊接设备，每套设备为 4 人操作，具体分工如下：

装卸卡具，递送钢筋，打磨接头三人。

烘烤、压接钢筋一人。

（六）注意事项

1. 不得过早拆卸卡具，防止接头弯曲变形。

2. 焊后不准砸钢筋接头，不准往刚焊完的接头上浇水。

3. 焊接时搭好架子，不准踩踏其他已绑好的钢筋。

4. 氧气和乙炔纯度必须符合规定要求。

5. 常见质量通病预防：

（1）接头弯曲变形：造成原因是卡具拆卸过早，所以火焰熄灭后，应让最后施加的压力稍有延滞，接头红色完全消失，再拆卸卡具。

（2）轴线偏移：对接钢筋时，上下没有对齐，造成两根钢筋中心线没有对准。

（3）压焊区凸起，塌陷：火焰过烧，加压过大、过早，应掌握好加热和加压的工艺，应通过试焊，掌握焊接参数。

（七）安全交底

1. 焊工必须经过培训，持有上岗操作证才能上岗。

2. 非焊接人员不得乱动和使用气焊工具与设备。

3. 严禁氧气瓶与乙炔瓶混合堆放。

4. 夏季露天作业，氧气瓶和乙炔瓶应避免强烈阳光直接曝晒，以防气体膨胀造成爆炸。冬季如氧气瓶冻结，不得用明火加热，可用蒸汽或热气解冻。

5. 氧气瓶应备有防震胶圈及瓶帽；搬运时应避免碰撞和剧烈震动；不得与油脂类接触。

6. 不得在氧气瓶和乙炔瓶上坐人与吸烟；氧气瓶和乙炔瓶附近不得有明火。

7. 氧气瓶和乙炔瓶的胶管应用颜色表示，以示区别。

8. 氧气瓶、压接火钳两者距离不得小于 10m。

9. 氧气瓶、乙炔瓶避免接近热源和电闸箱，并应集中堆放。

10. 施工现场应备防火器材、灭火设备，禁止使用四氯化碳灭火器。

11. 每个氧气瓶和乙炔瓶的减压器只允许使用一把压接火钳。

12. 在施焊时，应注意氧气、乙炔管与压接火钳之间有无漏气现象，有无堵塞现象。

13. 不完整的减压器不准使用，一个减压器只能用于一种气体，不能互相使用。减压器冻结时，不许用明火烤。

14. 减压器使用时，应先开启气瓶阀门，后调节减压顶针。

15. 乙炔胶管在使用中脱落、破裂或着火时，应先将焊钳上火焰熄灭，然后停止供气；氧气胶管着火，应迅速关闭氧气瓶阀门，停止供气。禁用使用弯折氧气胶管灭火。

16. 焊接必须配戴防护眼镜、鞋盖、工作服和手套等劳保用品。

17. 未熄灭火焰的焊钳，应握在手中，不得乱放。

18. 施工完毕，应先关严氧气瓶阀。

十一、清花车间加气混凝土砌块墙体砌筑技术交底

（一）工程概况

某纺织厂清花车间属扩建工程，东西南三面与老厂房相邻，南面紧贴老厂房，采用原厂房墙作隔墙，有门相通，故基础采用十字交叉钢筋混凝土基础，处理较为复杂，北面有厂房大直径供热管道紧邻通过，施工条件困难。该车间结构形式为现浇钢筋混凝土框架结构，因纺织工艺设计要求为单跨，跨度为12.84m和10.84m，不合建筑模数，柱子截面为400mm×600mm和350mm×550mm，梁为加支托的矩形梁，截面为300mm×1200mm和300mm×1000mm。底层为纺织车间，二层为车间办公，为了减轻厂房结构自重，降低钢筋混凝土大跨度梁的配筋，采用加气混凝土砌块墙体，墙厚为150mm和300mm。为了便于施工，经过设计人员洽商，同意取消墙体与柱子之间的拉结钢筋，改用粘结砂浆。在+0.15m标高以下墙体采用砖砌体，在±0.00标高处有一层砂浆防潮层。由于施工条件极差，给施工带来极大困难，在厂房的北面仅能架设一个井字提升架，以解决垂直运输问题。

（二）准备工作

1. 材料

（1）加气混凝土块规格选用600mm×150mm、600mm×300mm。强度等级C5，其干密度为700kg/m³。

水泥：425标号矿碴硅酸盐水泥。

（2）砂：中砂，含泥量不超过5%，使用前过5mm孔径的筛。

（3）107胶。

（4）其它：混凝土块、木砖、锚固铁板（75mm×50mm×2mm）ϕ6钢筋、铁扒钉等。

2. 施工准备

（1）结构验收后并在柱上弹好+500mm 标高水平线。

（2）弹好门窗口位置线。

（3）砌筑前应做好地面垫层，然后先砌高度 150mm 粘土砖墙基

（4）砌筑前一天，应将预砌加气混凝土墙与原结构相接处，洒水湿润以保证砌体粘结。

（5）公司试验室出砂浆配合比。

（三）施工工艺

1. 基层清理

将砌筑加气混凝土墙部位的楼地面，剔除高出撂底面的凝结灰浆，并清扫干净，浇水湿润。

2. 砌加气混凝土块

砌筑前按实地尺寸和砌块规格尺寸进行排列摆块，不够整块的可以锯裁成需要的规格，但不得小于砌块长度的1/3。最下一层砌块的灰缝大于 20mm 时，应用豆石混凝土找平铺砌，采用混合砂浆，满铺满挤砌筑，上下十字错缝，转角处相互咬砌搭接，每隔 2 皮砌块钉扒钉一个。梅花形错开。

砌块与柱的相接处，用粘结砂浆粘结，粘结砂浆体积配合比为水泥：107 胶：中砂（用窗纱过筛）=1：0.2：2，砌块端头与柱联接处涂厚 5mm 的粘结砂浆，挤严塞实，将多余砂浆刮平。

墙顶与楼板或梁底应加一层斜砌。因墙高大于 3m 故应按设计要求加设一条水平混凝土带，C18 混凝土，截面 120mm×150mm，120mm×300mm，配 4ϕ10，ϕ4@200，保证墙体的稳定性。

3. 砌块与门口联结

（1）采用先立口，砌块和门框外侧均涂抹粘结砂浆 5mm，挤压密实。同时校正墙面的垂直、平整和门框的位置。随即每侧均匀钉三个砸扁帽的 3 英寸半钉子，与加气混凝土块钉牢。方法是预先钉在门框上，且外露出钉子尖，待砌筑高度超过钉子时再往砌块里钉。

（2）门洞上角过梁端部砌块灰缝或其他可能出现裂缝的薄弱部位，应钉涂有防锈漆的铁皮予以加固。

（3）门口过梁部位，当洞口宽度小于50cm又无钢筋混凝土带时，可采用三个砌块先加工成楔形，用粘结砂浆事先粘结成过梁形状，经自然养护1～3d后使用。砌筑时先在门口上槛及压脊部位涂铺粘结砂浆后安装就位。

当洞口宽度大于50cm时，上口须做钢筋混凝土梁带，或方木梁条。

4．砌块与楼板（或梁底）的联结

因楼板或梁底未预留拉结筋，先在砌块与楼板接触面抹粘结砂浆（下层水平灰缝仍用混合砂浆）每砌完一块用小木楔在砌块上皮贴楼板底（梁底）与砌块楔梁，将粘结砂浆塞实，灰缝刮平。

5．每层至少制作一组砂浆试块。

（四）质量标准

1．保证项目

（1）使用的原材料和加气混凝土块的品种、强度等级必须符合设计要求，加气混凝土块的质量应满足JC 315—82有关材料技术性能指标并有出厂合格证。

（2）砂浆的品种、强度必须符合设计要求，砌体砂浆必须密实饱满，其中任意一组试块的强度不小于0.75fm·k。

（3）转角处必须同时砌筑；严禁留直槎，交接处应留斜槎。

2．基本项目

（1）通缝：每道墙3皮砌块的通缝不得超过3处，砌筑时上下错缝，搭接长度不宜小于砌块长度的三分之一。无4皮砌块及4皮砌块高度以上的通缝。

（2）接槎：砂浆密实，砌块平顺，灰缝标准厚度为10mm，过小或过大的灰缝缺陷不得大于5处。

3．允许偏差项目（表11-1）

加气混凝土块砌体尺寸位置允许偏差　　表 11-1

项次	项　目	允许偏差 (mm)	检查方法
1	墙面垂直	5	用靠尺及线坠检查
2	墙面平整度	8	用 2m 靠尺塞尺检查
3	轴线位移	10	尺　量
4	水平灰缝平直（10m 以内）	10	拉通线用尺量
5	门窗洞口宽度	±5	尺　量
6	门口高度	+15、−5	尺　量
7	外墙窗口上下偏移	20	以底层为准用经纬仪或吊线检查

（五）注意事项与质量通病预防

1．门框安装后施工时应将门口框两侧＋300～600mm 高度范围钉铁皮保护。防止推车撞损。

2．砌块在装运过程，轻装轻放，计算好各房间的用量，分别码放整齐。砂浆应随拌随用，在拌成 2.5h 内用完。

3．搭拆脚手架时不要碰坏已砌墙体和门窗口角。

4．落地砂浆及时清除，以免与地面粘结，影响下道工序施工。

5．剔凿设备孔、槽时不得硬凿，使墙体砌块完整，如有松动必须处理补强。

6．质量通病预防

（1）碎块上墙影响强度：砌筑时断裂块应经加工粘制成规格材，碎小块未经加工不许上墙。

（2）墙顶与板梁底部的连接不好：砌筑时不采取粘结措施，以免影响墙体的稳定性。施工时应按工艺要求做到连接牢靠。

（3）粘结不牢：用混合砂浆掺 107 胶代替粘结砂浆使用，往往造成粘结不牢。应按操作工艺要求的配合比配制粘结砂浆。

（4）门窗洞口构造不符合规定，过梁的两端压接部位应按规定砌四皮机砖，或放混凝土垫块，门洞过口加设钢筋混凝土带。

（5）灰缝不匀：灰缝大小不一致，砌筑时不挂线。

（6）排块及局部做法不合理，影响墙体稳定：砌筑时不按规定排块，构造不合理。排块及构造作法均应符合《建筑物构造图集》88J2、二的规定。

十二、现浇高层住宅楼主体大模板施工技术交底

（一）工程概况

某小区高层住宅楼，建筑面积为15488m²，地下有地下室，顶层设电机房和水箱间，地面14层，底层层高为3.0m，标准层层高2.8m。

基础采用箱形基础，该地区地震裂度为7度，结构形式为剪力墙体系，采用现浇钢筋混凝土墙，外墙厚为250mm，内墙厚为200mm，地面4层以下和地下室为C28混凝土，4层以上为C23混凝土。施工组织设计采用全现浇高层大模板施工方案。大模板采用公司自制定型模板，不另行制作。垂直运输采用两台TQ80A高层施工塔吊和两个户外电梯。

（二）准备工作

1. 材料

（1）水泥：425号普通硅酸盐水泥。

（2）砂：中砂。含泥量当混凝土强度等级为C23不大于5%，C28不大于3%。

（3）石子：碎石，粒径0.5～3.2cm。含泥量当混凝土强度等级为C23时不大于2%，C28不大于1%。

（4）外加剂：按公司试验室的混凝土配合比要求。

（5）脱模剂：废机油。

（6）根据设计图纸要求的规格尺寸，预先加工成型的钢筋网片和钢筋。

（7）拉筋或支撑筋：采用双层钢筋网，在两片钢筋间应绑支撑筋，以便固定上下左右钢筋间的距离。

拉筋长度l为两片钢筋之间的距离，绑扎时纵横间距不大于

600mm。但是这种型式的拉筋只起拉而不能起撑的作用，为了保证墙体双层网片正确位置，现采用支撑筋，见图12-1。

支撑筋是用两根竖筋（同墙体竖筋同直径同高度）与拉筋焊接成形，绑在墙体两网片之间起到撑、拉作用，间距1200mm左右。图中H为墙竖筋高度，h同墙横筋间距，c等于混凝土墙厚减保护层。

（8）20至22号火烧丝。

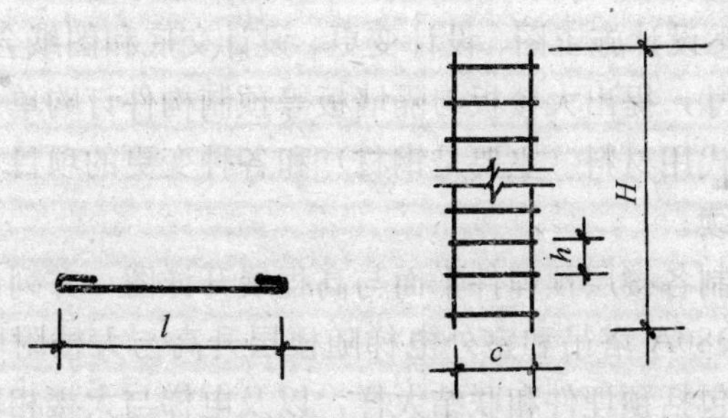

图12-1　支撑筋

（9）垫块：根据设计图纸要求，预制带铁丝的水泥砂浆垫块。

2．预制构件

大楼板：双向预应力钢筋混凝土大楼板，由本公司预制构件厂按设计进行预制。

3．主要施工机械

（1）垂直运输：TQ80塔吊2台，户外电梯2台。

（2）水平运输：混凝土日浇灌量按55m³计，配备8台翻斗车。

（3）混凝土搅拌设备：2台J_1—400混凝土搅拌机，其中一台备用。

混凝土振捣配备Hz-50型高频振动棒15条。

（4）电焊机、交流电焊机2台。

（5）高压水泵：扬程80m水泵1台。

（6）配套大模板2套，按工程结构设计图纸要求，根据以往我公司施工经验，按小角模构造进行设计制作，尽量采用现有大模板。

4．现场作业准备

熟悉设计施工图和施工组织设计，根据建筑平面形成和施工部署，使相邻流水段采用模板型号和数量应尽量一致，并尽量减少大模板落地次数，达到充分发挥塔吊运输能力和提高效率，加快施工进度。选择合理施工顺序，达到均衡生产、充分发挥塔吊垂直运输能力。

（1）熟悉设计施工图、设计变更、设计交底和图纸会审记录，核对细部尺寸，提出大楼板与隔墙板等预制构件订购单是否完整或缺项；需代用材料（主要是钢材）和各种变更的项目尽早办理设计变更手续。

（2）绘制各楼层预埋件平面与高程展开详图，并列出表格。

（3）TQ80A 塔吊和室外电梯随楼层升高与大楼附墙联结详图的绘制，包括预埋件和联结大样，以及电梯与大楼相联扶手架详图（采用钢管）。

（4）大楼施工控制测量复测检查。

（5）大楼施工分阶段建筑材料备料计划。

（6）材料试验计划，包括混凝土配合比。

（7）办理施工用电计划申请。

（8）准备施工记录所有表格，建立工地技术档案柜。

（9）垂直提升设备检查。

（10）各施工阶段劳动力配备计划。

（11）施工前安全施工设施检查。

（12）建立现场技术岗位责任制。

（13）与市质量监督站建立良好协作关系。

5．施工方案交底

（1）施工顺序：

放线→内墙导墙施工→内墙钢筋架设→立内墙正号模→电气管、预埋盒、门洞口模安装→办理隐蔽工程验收→含内墙反号模→预检、办理混凝土开罐证→浇筑内墙混凝土→养护、拆内墙模

→墙面养护修理→外墙钢筋架设→立外墙外模→预埋电气管、盒、预埋件绑扎→隐蔽工程验收→合外墙里模→整体拉接校正加固→验收、办理混凝土开罐证→浇筑外墙混凝土与养护、拆外墙模→修理墙面、养护→安装隔墙→安装预制大楼板→现浇混凝土楼梯支模与浇筑→墙位置放线→绑墙及板缝钢筋→浇筑板缝混凝土→提升外支承架。

(2) 本工程大模施工几个特点：

1) 采用外支承架支承外模板。外支承架由三角形桁架、上下挂钩及操作平台和吊杆组成，见大模设计图纸。外支承架在正式使用前应进行载荷试验。

2) 为使外墙面上下左右对齐，线条平整，采用先吊装外模板后吊装内模板施工方案，在外支承架上装置一个滑动装置，包括垂直于墙面的轨道，前后两端各有 4 个滚轴，可使外模板作前后左右移动，减少外模安装误差。

3) 模板组装采用小角模方案。

4) 门窗框预先放入模内，用夹框模板将门窗框夹在中间，用螺柱固定，再将夹框模板与大模板联接。

5) 为了保证大模板安装精度，在施工组织设计中采用“导墙”方案。

6) 墙板配筋由公司钢筋加工厂加工成钢筋点焊网片，并运至施工现场。

7) 钢筋网片在现场采用先立网片，后安装模板的安装方法。

(三) 大模板安装与拆除

1. 现场作业准备

(1) 弹好楼层的墙身线、门窗洞口位置线及标高线。

(2) 墙身钢筋绑扎完毕，电线管、电线盒、预埋件、门窗洞口预埋完毕，钢筋办完隐蔽工程验收。

(3) 挂好外墙模板操作的外架子。

(4) 安装大模前应把大模板板面清理干净。刷好脱模剂（不允许在模板就位后刷脱模剂，防止污染钢筋及混凝土接触面)。脱模剂应涂刷均匀，不得漏刷。

2. 大模板安装技术交底

(1) 按照先横墙后纵墙的安装顺序，将一个流水段的正号模板用塔吊吊至安装位置初步就位，用撬杆按墙位线调整模板位置，对称调整模板的一对地脚螺栓或斜杆螺栓。用靠尺板测直校正，使板面位置符合设计要求。

(2) 安装反号模板，经校正垂直后用穿墙螺栓将两块模板锁紧，合反号模板前将墙内杂物清理干净。

(3) 正反模板安装完后，检查每道墙上口是否平直，用扣件或螺栓将两块模板上口固定。

(4) 在内墙模板的外端头安装活动堵头模板，它可以用木板或用铁板根据墙厚制作，模板要严实，防止浇筑内墙混凝土时，混凝土从外端头部位流入外墙部位。

(5) 在下层外墙混凝土强度不低于 7.5MPa 时，利用下层外墙的螺栓孔挂金属三角平台架。

(6) 先安装外墙外侧模板，模板放在金属三角平台架上，将模板就位，然后安装门窗洞口模板。

(7) 安装外墙内侧模板，按楼板上的位置线将大模板就位找正，穿螺栓紧固校正。

(8) 横墙与内纵墙节点的模板组装，先立横墙正号模板，依次立门模，安设水电预埋件及预留孔洞，进行隐蔽工程验收，立横墙反号横板，立纵墙立号模板，使纵墙模板端头角钢紧贴横模的钢板，立纵墙门横板，安设水电预埋件及预留孔洞，立纵墙反号横板。

(9) 门窗模板采用门窗框预先安放在平模内，在模板门窗洞位置处，设置角钢制作夹框模板，将门窗框夹在中间，然后用 4 个螺栓将夹框模板固定在大模板上，在组装内模前，先完成这项工作，使门窗框与墙体混凝土灌筑在一起，这样门窗框与墙体结合牢固，取消过去安装门窗框后，要在四周用水泥砂浆嵌缝，达到既牢固可靠，又节省人工与材料费用，而且建设单位反映满意。

(10) 外墙面层与底层之间不得出现错动，在放线时，必须固定外墙轴线，并以外墙的外皮线为准，并注意外墙面整体垂直偏差，分轴线排尺时须从外向里排，在允许范围之内把排尺误差均匀调整在内墙各开间内。内墙轴线全部引伸到外墙，作为外模调整的准线。外墙阳角在地面要设置轴线测桩，随层在大角两面弹出轴线，作为安装外墙外角模的准线。在外墙外模下口 10cm 处弹出水平线，作为外墙外模竖向安装标准线。

(11)用塔吊将外墙外模吊到下层墙体上安装的外支承三角架的轨枕上，通过调整地脚螺栓，将外墙外模板面达到规范要求垂直度和设计要求的标高。用撬棍使模板沿轨道轻轻滑向墙面的平面位置，模板下线条模入槽后，再反复调整固定。外墙外模安装顺序是先安装阳角模，定位粘牢，再安装中间模板；外墙外模全部安装完后再进行内模安装，这样安装顺序，以外模为准调整内模，若有安装偏差在内模安装时进行调整，达到外墙面平整的目的。外墙模板安装后，在每一块外墙外模背后用水平槽钢将其连成整片，上紧对销螺栓及防侧移支撑，整体调整偏差。安装外墙外模接缝处竖线条模时，除考虑轴线外，还应与下层已成型线条调顺直。

(12) 按施工组织设计外支承架的设计图纸进行制作和组装，正式投入使用前进行载荷试验，再铺排木、脚手板，挂安全网。组装后试吊。

当一流水段墙体施工完，提升外支承架前应解开支承架之间接缝板与立网等连接物，操作人员进入下平台拆除下挂钩并清理杂物。提升时，挂钩人员挂好吊钩并离开平台后，方可发出信号，稍绷紧吊绳，操作人员从室内将挂钩螺母松开推出，使钩盒离墙，但不得将螺母全部退出，塔吊起吊时不得碰撞墙面及其他设施，摘除支承架时，要从角部开始，逐个按顺序进行。外支承架安装应从墙外向墙内插入挂钩，拧上螺母，外支承架提升到该位置时伸出上挂钩、弯钩朝上，使支承架的三角形桁架上 2 个钩盒挂在上挂钩上，拧紧螺母，再挂下挂钩，拧紧螺母后方可摘除塔吊挂钩。

一个流水段支承架全部安装好后，即可挂支承架之间立网。各流水段防护网应连成整体。

(13) 大模安装前，应对墙体和模板的位置线及楼面标高进行检查验收，并应检查是否存在浇筑混凝土时因跑浆而出现烂根使接缝不严合的现象。

(14) 楼梯间内模板安装前，应搭设钢管脚手架，按常规方法搭设。

3. 质量标准

(1) 保证项目

模板及其支架应具有足够强度、刚度和稳定性。其支架的支承部分有足够支承面积和安全系数，大模板的下口及大模板的角模其接缝处应严实，以免发生跑浆。

(2) 基本项目

模板接缝处，接缝的最大宽度不得超过公司规定，模板与混凝土的接触面应清理干净，及时刷隔离剂。

(3) 允许偏差项目（表12-1）

模板安装和预埋件、预留孔洞的允许偏差　　表12-1

项目		允许偏差(mm)	检查方法
墙轴线位移		3	尺量检查
标高		±5	用水准仪或拉线和尺量
墙截面尺寸		±2	尺量检查
每层垂直度		3	用2m托线板检查
相邻两板表面高低差		2	用直尺和尺量检查
表面平整度		2	用2m靠尺和塞尺检查
预埋钢板中心线位移		3	
预埋管预留孔中心线位移		3	
预埋螺栓	中心线位移	2	拉线和尺量检查
	外露长度	+10 0	

续表

项　　目		允许偏差(mm)	检查方法
预留洞	中心线位移	10	拉线和尺量检查
	截面内部尺寸	+10 0	
每层垂直度		3	用2m托线板检查

4. 大模板拆除

(1) 全现浇结构外墙混凝土强度达7.5MPa，内墙混凝土强度达4MPa才准拆模，拆模时应以同条件养护试块抗压强度为准。

(2) 拆除模板顺序与安装模板顺序相反，先拆纵墙模板后拆横墙模板。如果模板与混凝土墙面不能离开，可用撬棍撬动模板下口，在任何情况下不得在墙上口撬模板，或用大锤砸模板。应保证拆模时不晃动混凝土墙体，尤其拆门窗洞口模板时决不能用大锤砸模板。

(3) 应先拆外墙外侧模板，再拆除内侧模板。

(4) 清除模板平台上的杂物，检查模板是否有勾挂兜绊的地方，调整塔臂至被拆除的模板正上方，将模板吊出。

(5) 拆除模板时，先松开对销螺栓、竖线条模和地脚螺栓等，旋转上口螺杆，把模板上口顶离墙面。用撬棍上下均匀拨动模板，使其平行脱开混凝土墙面，拆出上口螺栓和竖线条模后，两边均匀同步将模板拉出墙面100mm，再用塔吊吊走。大模板吊至存放地点时，必须一次放稳，保持自稳角为75°～80°，及时进行板面清理，防止粘连灰浆。

(6) 大模板应定期进行检查与维修，保证使用质量。

(7) 有门窗的大模板，在拆模前应先将门窗的定位螺栓拆去，再按一般拆模方法拆除大模板，这样使门窗模留在混凝土墙体之内，最后将门窗模拆除。

(8) 拆模时应注意保护螺栓的丝扣，拆下的螺栓应装入箱内，不得乱扔，以利重复使用。

(9) 外模拆除前，应用塔吊钢丝绳将其吊好，然后才能拆除固定件，起吊前还应认真检查固定件是否已全部拆除，先稍微移动一下再正式起吊，防止漏拆固定件而破坏混凝土墙体和损坏塔吊，预防重大事故发生。

(10) 在常温条件下，混凝土灌注 12h 后，混凝土强度可达到 1MPa，此时拆模比较好，若须提前拆模应掺混凝土早强剂。气温在 20℃左右时，6h 可达到 2MPa，完全可以拆模。因此，拆模时间应视当时气温情况，由现场技术员确定。

5. 大模板安装拆除注意事项

(1) 保持大模板本身的整洁及配套设备零件的齐全，吊运应防止碰撞，堆放合理，保持板面不变形。

(2) 大模板吊运就位时要平稳、准确，不得碰砸楼板及其他已施工完成的部位，不得兜挂钢筋。用撬棍调整模板时，要注意保护模板下面的砂浆找平层。

(3) 拆除时按程序进行，禁止用大锤敲击，防止混凝土墙面及门窗洞口等处出现裂纹。

(4) 模板与墙面粘结时，禁止用塔吊吊拉模板，防止将墙面拉裂。

(5) 混凝土达规定强度时，才能拆模，以免影响混凝土质量。

(6)单块模板存放时应将后面两个调整地脚螺栓提起一些，使其板面向后倾斜，避免模板倾倒发生伤人事故。

(7) 模板安装就位后，模板极易倾倒，应特别引起注意，特别是纵墙外模板，可用花篮螺栓将模板同楼板吊环连接。

(8) 大模板落地后，应在专门堆放场地放置，并应有堆放架，在堆放前应及时清理模板。若无条件将模板面对面按稳定角放置时，应用 8 号铁丝系紧。模板堆放场地应平整坚实，不要放在松土及冻土上，防止因地面不平、土方塌陷造成模板倾倒。若模板要用水冲洗时，应有适当措施，防止地面塌陷，因本地区为黄土地区，应特别引起注意。

(9) 常见几种质量通病预防

1) 墙身超厚：原因是墙身放线时误差过大，模板就位调整不认真，穿墙螺栓没有全部穿齐、拧紧。

2) 墙体上口过大：原因是支模时上口卡具没有按设计要求尺寸卡紧。

3) 混凝土墙体表面粘连：由于模板清理不好，涂刷脱模剂不匀，拆模过早所造成。

4) 跑浆：原因是模板拼装时缝隙过大，固定措施不牢靠。

5) 门窗洞口混凝土变形：主要因为门窗洞口模板的组装及与大模板的固定不牢固。

(四) 墙体钢筋绑扎

1. 现场作业

(1) 检查钢筋须有出厂证明和复试报告。

(2) 网片应按施工平面图中指定位置堆放，网片立放需有支架，平放时应垫平整，垫木应上下对正，吊装时应使用网片架吊装。

(3) 钢筋外表面如有铁锈时应在绑扎前清除干净，锈蚀严重侵蚀断面的钢筋不得使用。

(4) 对钢筋网片的几何尺寸、钢筋规格数量及焊接质量等，应经专人检查，合格后方可使用。

(5) 应将绑扎钢筋地点清扫干净。

(6) 弹好墙身、洞口线，并将预留伸出筋处的松散混凝土剔凿干净。

2. 钢筋绑扎交底

(1) 修理预留伸出筋：根据所弹墙线，在浇灌板缝时理直钢筋的基础上，再调整理直下层墙体伸出的搭接钢筋，如下层墙体伸出钢筋位置偏差较大，应加绑附加立筋，并缓慢弯曲与钢筋网片立筋搭接好，弯曲角度应不大于15°。

(2) 墙体钢筋绑扎：

1) 点焊网片绑扎：网片立起后应用木方临时支撑，然后逐根绑扎根部搭接钢筋，在钢筋搭接部分的中心和两端共绑3扣。门窗洞口加固筋需同时绑扎，门口两侧钢筋位置应准确。

2）钢筋网片的定位与联结：双排钢筋网片之间应绑扎定位用的支撑筋，以保证网片的相对距离，钢筋与模板之间应绑扎砂浆垫块，以保证保护层的厚度，其间距不宜大于1m，以保证钢筋位置准确。钢筋头或火烧丝不得露出墙面，防止喷浆后出现锈斑。

3）焊接网片运到工地由塔吊吊至施工部位，采用先立钢筋网片后安装模板的施工方案，即先吊装钢筋网片到施工部位，待钢筋安装完毕后再安装模板。

4）内外墙钢筋的联结（图12-2）：内外墙交接节点处，相邻两块外墙的预留钢筋与内墙的钢筋箍要对齐，保证该节点暗柱立筋能顺利插入，暗柱的立筋须待外墙板就位和内墙钢筋网片安装好后插放，要求插到底，保证与下层伸出的暗柱立筋有足够的搭接长度。带边肋的阳台锚固筋一定要绑在墙筋的中间，并须有足够的锚固长度。

在流水段施工缝处的钢筋联结，先将横墙预留插铁弯折于模板内，待拆模后应立刻调直，使与下一流水段相邻的纵墙钢筋网片联结。

5）钢筋工程完成之后，及时通知建设单位和质量监督站共同办理钢筋隐蔽工程验收手续。

6）大模板合模以后，对伸出的墙体钢筋进行修整，并绑一道临时箍筋，墙体浇灌混凝土时派人看管钢筋，浇灌完后应立即进行调整。

3. 质量标准

（1）保证项目

1）钢筋的品种和性能，焊条的牌号、性能以及接头中使用的钢板和型钢均必须符合设计要求和有关标准的规定。

2）钢筋带有颗粒状或片状老锈，经除锈后仍留有麻点的钢筋严禁按规格使用。钢筋表面应保持清洁。

3）钢筋的规格、形状、尺寸数量、锚固长度、接头设置必须

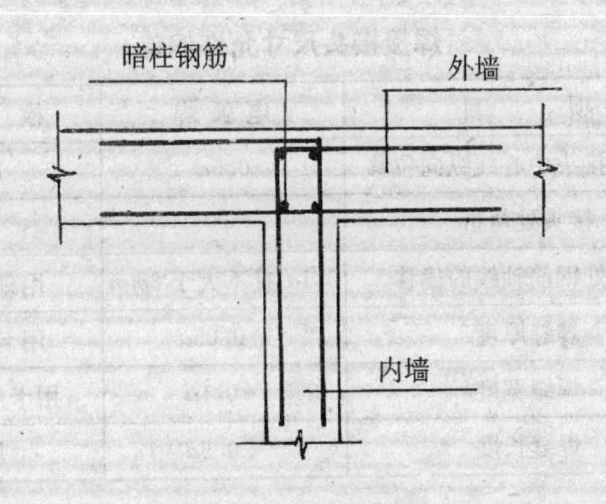

图 12-2　内外墙联接

符合设计要求和施工规范的规定。

4) 钢筋焊接接头、焊接接头的机械性能试验结果必须符合钢筋焊接及验收的专门规定。

(2) 基本项目

1) 钢筋网片和骨架绑扎缺扣、松扣数量不超过绑扣数的10%，且不应集中。

2) 焊接骨架无漏焊、开焊、钢筋网片漏焊、开焊不超过焊点数的2%，且不应集中：板伸入支座范围内的焊点无漏焊、开焊。

3) 弯钩的朝向应正确。绑扎接头应符合施工规范的规定，其中每个接头的搭接长度不小于规定值。

4)箍筋数量弯钩角度和平直长度应符合设计要求和施工规范规定。

5) 钢筋点焊焊点处熔化金属均匀，无裂纹、气孔及烧伤等缺陷。焊点压入深度符合《钢筋焊接施工及验收规程》(JGJ 18—97) 的规定。

对焊接头无横向裂纹和烧伤，焊包均匀。电弧焊接头，焊缝表面无凹陷、焊瘤、裂纹、气孔、灰渣及咬边。

焊接接头尺寸允许偏差和检验方法见表 12-2。

焊接接头尺寸允许偏差　　　　表 12-2

项次	项　　目	电弧焊	检　验　方　法
1	绑条沿接头中心线纵向位移	0.5d	尺量检查
2	接头处弯折	4°	
3	接头处钢筋轴线的偏移	0.1d 且不大于 2mm	用刻槽直尺检查
4	焊缝厚度	−0.05d	用卡尺和尺检查
5	焊缝宽度	−0.1d	用卡尺和尺量检查
6	焊缝长度	−0.5d	尺量检查

(3) 允许偏差项目（表 12-3）

钢筋及预埋件的允许偏差　　　　表 12-3

顺次	项　　目		允许偏差 (mm)	检　验　方　法
1	网的长度、宽度		±10	尺量检查
2	网眼尺寸		±10	尺量连续三档取其最大值
3	受力钢筋	间距	±10	尺量两端中间各一点取其最大值
		排距	±5	
4	箍筋、构造筋间距		±10	尺量连续三档取其最大值
5	焊接预埋件	中心线位移	5	尺量检查
		水平高差	+3 −0	
6	受力筋保护层		±3	

4. 钢筋工程注意事项

(1) 绑扎钢筋时严禁碰动预埋件，如碰动应按设计位置重新固定牢靠。

(2) 应保证预埋电线管位置准确，如电线管与钢筋冲突时，可将竖直钢筋沿墙面左右弯曲，横向钢筋上下弯曲，以确保保护层尺寸，严禁任意切断钢筋。

（3）往大模板板面刷隔离剂时不得污染钢筋。

（4）各工种操作人员不准任意蹬踩钢筋。

（5）几个质量通病预防

1）水平筋位置，间距不符合要求：墙筋绑扎时应搭设高凳或简易脚手架，以免水平筋发生位移。

2）下层伸出的墙体钢筋和竖直钢筋绑扎不符要求：绑扎时应先将下层伸出墙筋调直理顺，然后绑扎或焊接；如下层伸出的墙筋位移大时，应征得设计同意后再进行处理。

3）门窗洞口加强筋位置尺寸不符合要求：墙顶外伸钢筋应于绑扎前，根据洞口边线位置调整、绑扎洞口加强竖筋时应吊线找正。

（五）墙体混凝土浇筑

1．现场作业准备

（1）完成钢筋隐检工作，检查支铁，垫块注意保护层厚度，核实墙内预埋件、水电管线，盒、槽、预留孔洞的位置、数量及固定情况。

（2）检查模板下口、洞口及角模处拼接是否严密，边角柱加固是否可靠，各种连接件是否牢固。

（3）检查并清理模板内残留杂物，用水冲净。外砖内模的砖墙和木模常温时应浇水湿润。

（4）混凝土输送泵振捣器、磅秤计量工具等应该经常检查、维修（计量设备应定期校核）。

（5）检查电源、电路、并做好照明准备工作。

（6）由试验室确定混凝土配合比及外加剂用量。施工中不得任意变动，要严格控制。

2．混凝土搅拌

（1）测定砂石含水量，调整配合比用水量。

（2）搅拌机棚挂混凝土配合比标志板，根据搅拌机每盘材料的用量，分别固定好水泥、砂、石各个磅秤的标量，磅秤应定期校验，确保混凝土配合比的准确性。

(3) 正式搅拌前先试运转搅拌机，正常后方可正式装料搅拌。

(4) 砂、石子、散装水泥严格按配合比用量分别过磅，加水必须严格计量。

(5) 加料顺序：先倒石子，再倒水泥，后倒砂子，最后加水。

(6) 每天第一盘混凝土搅拌多放一袋水泥。

(7) 搅拌时间不少于1.5min。

(8) 混凝土坍落度控制在5～7cm，每台班应做两次坍落度试验。

(9) 每班按规范至少留置一组混凝土试块。

3. 混凝土运输

混凝土自搅拌机卸出后，由翻斗车运至浇灌地点，由塔吊吊斗起吊到浇灌部位，将混凝土先卸在操作平台上，再用铁锹铲到模板内。为了保持连续作业，TQ80塔吊配备两个料斗，其中一个贮装待运。

4. 混凝土浇灌

(1)墙体浇筑混凝土前或新浇混凝土与下层混凝土结合处，应在底面均匀浇筑一层50mm左右厚与墙体混凝土强度相同的减石子混凝土。

(2) 混凝土应分层浇筑振捣，每层浇筑厚度控制在60cm左右，一次浇筑高度不宜超过1m。混凝土下料点应分散布置。浇筑墙体混凝土应连续进行，间隔时间不应超过2h。墙体混凝土的水平施工缝应设在门窗洞口上。垂直施工缝应留在内纵墙与内横墙的交接处。接槎处混凝土应加强振捣，保证接槎严密。浇灌时应及时清理落地灰。

(3) 洞口处浇筑：混凝土浇筑时，使洞口两侧混凝土高度大体一致。振捣时，振捣棒应距洞边30cm以上，最好从两侧同时振捣，以防止洞口变形。大洞口下部模板应开口并补充振捣。

(4) 墙上口找平：混凝土墙体浇筑振捣完毕后，将上口甩出的钢筋加以整理，用木抹子按标高线或以模板上口为准，将墙上表面混凝土找平。楼板采用硬架支模，混凝土墙上表面应低于楼板下皮标高 3～5cm。找平后的上表面必须能保证安装楼板底面平整。

(5) 振捣棒移动间距一般应小于 50cm，要振捣密实，以不冒气泡为度。要注意不碰撞各种埋件。

各有关专业工种应相互配合。

5. 拆模强度及养护

常温下混凝土强度大于 1.0MPa，冬期施工掺防冻外加剂的混凝土强度达到 4.0MPa 时拆模，并及时修整墙面边角。常温施工时，在 12h 之内喷水养护，并不少于三昼夜，浇水次数应能保持混凝土呈湿润状态。

浇筑混凝土时，应每班填写施工记录，每个流水段每个台班，在浇筑地点至少做一组试块，标准养护检验 R28 强度，同条件试块按实际需要制作。

6. 冬期施工

(1) 室外日平均气温连续五天稳定低于 5℃时即进入冬期施工。

(2) 原材料的加热、搅拌、运输、浇筑和养护等根据公司制定的冬施方案施工。

(3) 冬期注意检查外加剂的掺量，测量原材料加热温度、混凝土搅拌机卸出温度和浇筑的温度。骨料不得带有冰雪、冻团，混凝土拌合时间比规定时间延长 50%。

(4) 混凝土养护温度应定时、定点测量，做好记录。

(5) 拆除模板和保温层应在混凝土冷却至 5℃后。

当混凝土与外界温差大于 20℃时。拆模后的混凝土表面应覆盖，使其缓慢冷却。

7. 混凝土质量标准

(1) 保证项目

1) 混凝土使用的水泥、水、骨料和外加剂必须符合施工规范规定。使用前检查出厂合格证或试验报告。

2) 严格控制混凝土配合比，搅拌、养护和施工缝的处理必须符合施工规范的规定。外加剂的掺量要符合要求，施工中严禁对已搅拌好的混凝土加水。

3）混凝土试块必须按规定取样、制作、养护和试验，其强度评定应符合《混凝土强度检验评定标准》（GBJ 107—87）要求。

（2）基本项目

混凝土振捣均匀密实，墙面及接槎处应平整光滑。墙面不得出现孔洞、露筋、缝隙夹渣等缺陷。

（3）允许偏差项目（表12-4）

大模板普通混凝土墙的允许偏差　　表12-4

序	项目名称		允许偏差（mm）	检验方法
1	轴线位移		5	尺量检查
2	标高	层高	±10	用水准仪或 R 量检查
		全高	±30	
3	截面尺寸		+5 −2	尺量检查
4	墙面垂直	每层	5	用经纬仪或吊线和尺量检查
		全高	1‰ 且≤30	
5	表面平整		4	用2米靠尺和楔形尺检查

8. 混凝土工程注意事项

（1）不得拆改模板有关连接插件及螺栓，以保证模板质量。

（2）混凝土浇筑振捣及完工时，要保持钢筋的正确位置。

（3）应保护好洞口、预埋件及水电管线等。

（4）几个质量通病预防

1）墙体烂根：支模前应在每边模板下口抹8cm宽找平层。找平层嵌入墙体不超过1cm保证下口严密。墙体混凝土浇灌前，模板底部均匀浇灌5cm砂浆或减石子混凝土。混凝土坍落度要严格控制，防止混凝土离析。底部振捣应认真操作。

2）洞口移位变形：模板穿墙螺栓应紧固可靠，改善混凝土浇灌方法，防止混凝土冲击洞口模板，坚持洞口两侧混凝土对称，均匀进行浇筑、振捣的方法。

3）外墙歪闪：外模支模时应检查其垂直度，消除隐患。

4）墙面气泡过多：采用高频振捣器，每层混凝土均要振捣至气泡排除为止。

5）混凝土与模板粘连：注意及时清理模板，隔离剂涂刷均匀。

6）墙面出现狗洞：混凝土坍落度过小，下班前作业漏振等，应注意入模混凝土坍落度，增加振捣时间；下班前混凝土作业班长加强督促和检查。

（六）预应力钢筋混凝土大楼板安装

1. 现场作业准备

（1）施工前检查大楼板是否有构件出厂合格证，并存入工地技术档案。

（2）对大楼板质量进行检查，凡不符合质量要求的不得使用，如大楼板有损坏或凸键有损坏均不得使用。

（3）对照构件吊装图核对大楼板型号、规格，查清大楼板上的洞口方向与图纸是否相同。

（4）复测墙体标高及轴线。

（5）大楼板现场堆放要求：堆放大楼板的场地必须平整坚实，第一块大板下面要放置通长垫木，以上每层放置短垫木，板宽≤3170mm 时垫木长 400mm，板宽为 3770mm 时垫木长 500mm、厚≥50mm，垫木要上下对齐对正，垫平垫实。不得有一角脱空现象。每垛堆放最多为 9 块。大楼板在运输车上垫木位置和规格同上。

2. 硬架支模

因为工期紧张，缩短安装时间采用硬架支模工艺，墙体四周硬架支模如图 12-3 所示，墙顶标高应下降 10～30mm。

3. 吊装大楼板

吊装前首先查清大楼板规格与型号和洞口位置（包括水暖管道洞口及电气管线洞口等），或大楼板方向标志，再对照结构图布

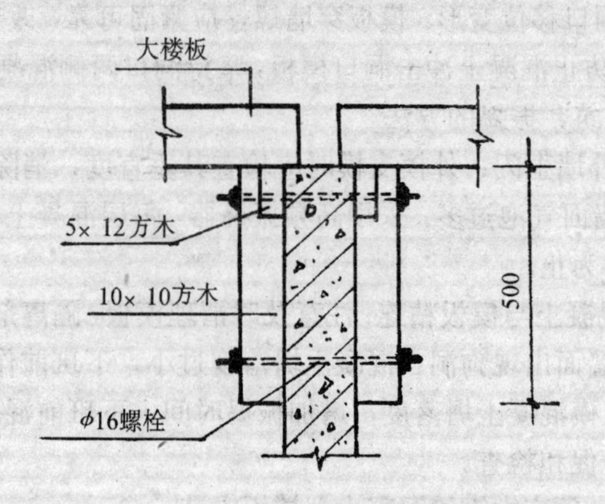

图 12-3　硬架支模

置，核对每房间所用大楼板是否正确。安装时板端对准墙身缓缓下降，落稳后再脱勾。四周支承在墙体上的长度应基本相等。

4. 楼板落稳后，调整好大楼板四边搭接长度符合设计要求，然后将相邻两块板的 6 Φ 12 拉结筋互相焊接，焊缝长度应≥9cm，焊缝质量应符合焊接规程的规定。

5. 整理预应力钢筋

伸出板四周的预应力钢筋端部弯成圆弧状；锚在板缝圈梁或墙体中，不得直弯硬拐。

6. 大楼板安装质量标准

(1) 保证项目

1)吊装时构件的混凝土强度必须符合设计要求和施工规范的规定。

2) 楼板接缝的混凝土必须配合比准确、浇捣密实、认真养护，其强度必须达到设计要求或施工规范的规定。

3) 楼板的型号、位置、支点锚固必须符合设计要求，且无变形损坏现象。

(2) 基本项目

1) 楼板标高、坐浆符合设计要求及施工规范的规定。

2）应保证相邻楼板焊接钢筋的搭焊长度，表面平整，焊缝无凹陷、无裂纹、焊瘤、气孔、夹渣及咬边。

（3）允许偏差项目（表 12-5）

预应力大楼板安装允许偏差　　　　表 12-5

项　　目	允许偏差（mm）	检 验 方 法
轴线位置偏移	5	尺量检查
层　　高	±10	用水准仪或尺量检查
楼板搁置长度	±10	尺量检查
大楼板同一轴线相邻板上表面高差	5	尺量检查

7. 大楼板安装注意事项

（1）大楼板在运输和堆放时，应放好垫木，上下对齐，不得有一角脱空，因该地区为湿陷性黄土，堆放场地应夯实，上浇筑一层 C18 混凝土，厚 50mm，每垛堆放不得超过 9 块。

（2）现浇墙体安装大楼板时，墙体混凝土强度达到 4MPa 以上方准安装楼板。

（3）不得任意在楼板上凿洞，破坏大楼板结构。

（4）吊装楼板时不得任意砸碰现浇墙体。

（5）不合格的大楼板不能上墙，安装前应认真检查。大楼板虽有局部损坏而不符合要求，但通过补强加固尚可满足使用，应与设计代表共同研究补强加固措施，并办洽商手续，方可安装。

（6）大楼板安装的方向标志应保证与图纸符合，以保证孔洞位置与图纸相符。

（7）防止板两端搭墙长度不等，造成一端压墙太少，吊装时应认真调整板端搭墙长度。

（8）安装楼板时不准切断板端伸出的钢筋，不准剔掉键槽，也不准在安装楼板时把板端伸出的钢筋压在后安装的相邻大楼板的板下。

（9）安装大楼板时采用硬架支模标高应符合设计要求，使用的支撑应有足够的刚度。

（七）预制钢筋混凝土隔墙安装

1. 现场作业准备

（1）材料：

1）钢筋混凝土隔墙板：构件质量应符合设计要求。

2）焊条：用T42焊条。

3）钢板：规格尺寸为4×30×40（mm）。

4）钢筋：ϕ10～12mm，长100～150mm。

5）水泥与砂子同前。

6）107胶。

（2）机具：

电焊机、撬棍、用金属管或架木绑扎的混凝土隔板承插架、临时固定隔板的卡具、手锤和凿子。

（3）作业前检查：

1）放好预制混凝土隔墙板位置线及垂直线。

2）检查本层各种型号混凝土隔墙板是否齐全，吊环数量是否足够，锚固是否牢固。

3）检查现浇混凝土墙和预制隔墙板上预埋件是否齐全，位置、标高是否正确，漏掉的应打洞后补齐；埋件上如粘有混凝土等杂物，应予以清除。

4）隔墙板位置线内的地面有不平处应剔凿平整，以保证隔墙板垂直和标高准确，并防止影响上层楼板的安装。

5）夜班安装隔墙板时，应有足够的照明设备。

6）承插架数量，应能满足存放两个楼层所用隔墙板的要求，承插架应绑扎牢固，每档以存放三块隔墙板为宜，并按施工平面布置图分号存放。

2. 隔墙板安装交底

（1）由于工期较紧，采用先将混凝土隔墙板吊到楼层上，按编号存放在室内（靠墙斜放平稳），然后再安装。

（2）安装隔墙板应先考虑安装顺序，防止发生隔墙板放不进去的问题。安装隔墙板时，先按照下边弹好的位置线就位放稳，用卡具将隔墙板临时固定，用靠尺板吊直，随即将隔墙板上的预埋件与承重墙的预埋件用ϕ12mm 钢筋连接焊牢，再检查垂直无误后，焊接下侧埋件（埋件应双面焊接）；如埋件位置不准，应附加4×30×40（mm）钢板焊牢。

(3) 混凝土隔墙板安装后，其上下与楼板之间的缝隙用1：2水泥砂浆（掺水泥重量10%的107胶）勾严抹平。

3. 隔墙板安装质量标准

(1) 保证项目

1）使用的原材料应符合设计要求和施工规范的规定。

2）构件的型号、位置及固定节点的做法必须符合设计要求。

3）隔墙板接缝：豆石混凝土（或砂浆）计量要准确，填塞密实，认真养护，其强度满足设计要求。

(2) 基本项目

1）节点构造、构件位置、连接锚固方法，应全部符合设计要求。

2）钢筋接头焊接的焊缝长度、厚度符合设计要求，焊缝表面平整，无烧伤、凹陷、焊瘤、裂纹、咬边、气孔和夹渣等缺陷。

3）钢板焊接：焊波均匀，焊渣和飞溅物清除干净。

(3) 允许偏差项目（表12-6）

钢筋混凝土隔墙板安装允许偏差　　表12-6

项次	项目	允许偏差(mm)	检验方法
1	垂直度	5	用2m线板
2	位移	10	尺量

4. 注意事项

(1) 隔墙板堆放场地应平整夯实，板应在插放架内立放，防止折断和弯曲变形。插放架四面支撑牢固，加强检查防止倾倒。

(2) 吊运时吊钩应挂牢，存入和吊出插放架时要缓慢平稳，避免碰撞。

(3) 安装设备管道，打孔时严禁用大锤猛击，已断裂的隔墙板不得安装。

(4) 几个质量通病预防

1) 埋件位移：构件吊装后，隔墙板周边的连接埋件位置出现偏移，焊接时彼此连接不上，此时应另加较长的钢板连接焊牢。

2) 隔墙板缺楞掉角：应以1∶3水泥砂浆加水泥用量10%的107胶修整。

3) 挠曲变形：隔墙板由于出模强度偏低，存放不合理。造成挠曲。在生产、存放、运输时应注意构件的特点，已造成挠曲变形的构件不得使用。

4) 焊接不牢：焊连接件时不按规定施焊。焊接节点应严格按设计规定和构造做法施工。

5) 焊接点不够：隔墙板与四周结构之间只有上角一两个点进行连接焊，其他点未进行焊接，影响质量和安全。安装时隔墙板上全部埋件部位均应与结构的相应部位连接焊牢。有门洞的隔墙板靠近门洞一侧上下均应与楼板或墙上的预埋件焊接牢固。如楼板上没有预埋件，必须打孔补埋。严禁只作单侧或一点固定。

（八）预制阳台安装

1. 现场作业准备

(1) 预制钢筋混凝土阳台由公司预制构件厂按设计图纸进行预制，附出厂证明书，在现场进行构件型号、规格、质量的检查。

(2) 安装前应在构件和墙上弹出构件外挑尺寸控制线及两侧边线，校核标高，并抹水泥砂浆找平层。

(3) 凿出并调直阳台边梁内预埋环筋。

(4)检查阳台锚固钢筋的直径及外露长度是否符合设计要求，并理直甩出的钢筋。

(5) 阳台的临时支撑用钢管搭设且加剪刀撑，将水平拉杆与门窗洞墙体拉接牢固，安装前应对临时支撑顶部进行抄平，底部楔子应用钉子钉牢。吊装上层阳台时，下面至少保留三层钢管支撑。

2. 施工步骤

(1) 坐浆：安装构件前应将水泥砂浆找平层清扫干净，并涂刷水灰比为0.5的素水泥浆一层，随即安装，以保证构件与墙体之间不得有孔隙并粘结牢固。

(2) 吊装：构件起吊时务使吊绳与平面夹角不小于45°，同时四个吊钩要同时受力。当构件吊至比楼板上平面稍高时暂停落钩，就位时使构件先对准墙上边线，然后根据外挑尺寸控制线，确定压墙距离轻轻放稳(如设计无要求时压入墙内不少于10cm)，挑出的部分压在临时支撑上。

(3) 调整：

1) 构件摘钩后如发现错位，应用撬棍、垫木块轻轻移动，将构件调整到正确位置。

2) 上下层阳台、走道板要垂直对正，水平方向顺直，标高一致。

(4) 焊接锚固筋：阳台安装后应将内边梁上的预留环筋理直并与墙体钢筋绑扎。侧挑梁的外伸钢筋还应搭焊锚固钢筋（见施工图节点大样)，锚固钢筋的钢号、直径、长度和搭焊长度均应符合设计要求。焊条型号要符合设计要求，双面满焊，焊缝长度≥5倍锚固筋直径，焊缝应符合要求，焊后要锚入墙内。

(5) 浇筑混凝土：阳台的外伸钢筋焊接、绑扎完毕、并经检查合格后，与圈梁混凝土同时浇筑。浇筑混凝土前应将模板内杂物清净，振捣混凝土时注意勿碰动钢筋，振捣密实后紧跟着用抹子将表面抹平（注意圈梁上表面的标高线)。

3. 安装质量标准

(1) 保证项目

1) 吊装时构件的混凝土强度，必须符合设计要求和施工规范的规定。

2) 构件的型号、位置、支点锚固必须符合设计要求、且无变形损坏现象。

3）预制阳台、走道板板底铺垫砂浆必须密实，不得有孔隙。通道板之间缝宽要符合设计要求。

（2）基本项目

1）锚固筋搭接焊长度要符合要求，焊缝表面平整，不得有裂纹，凹陷、焊瘤、气孔、夹渣及咬边等缺陷。

2）阳台板各边线应与上下左右的阳台板边线对准。

（3）允许偏差项目（见表12-7）

预制阳台与通道板安装允许偏差　　表12-7

项　次	项　　目		允许偏差（mm）	检验方法
通道板	相邻板下表面平整度	抹　灰	5	用直尺和楔形塞尺检查
		不抹灰	3	
阳　台	水平位置偏差		10	用水准仪或尺量检查
	标　　高		±15	

4．安装注意事项

（1）构件重叠码放时应加垫木。为使吊环不被压坏，垫木厚度应不小于90mm，且上下层垫木位置应垂直对正。堆放场地应平整夯实，每堆构件码放不要超过10块。

（2）剔凿预埋钢筋和预埋铁件时，不得损伤构件混凝土。

（3）运输和安装过程中不得随意断伤钢筋。

（4）安装时不得碰坏混凝土墙体。

（5）几个质量通病预防

1）安装不平：临时支撑顶部和水泥砂浆找平层必须在一个水平面上。

2）位置不准确：安装时必须按控制线及标高就位，若有偏差应及时调整。

3）支座不实：应注意找平层的平整，安装时应涂刷水泥素浆。

4）锚固筋不符合要求：原因是锚固筋任意打弯，造成锚固长度不够，焊接质量不好，焊缝长度不够，要求双面焊而焊成单面等。

5）锚固筋未进墙内：由于预制阳台板安装位置不准确，使锚固筋与混凝土墙位错开，吊装时应特别注意，必须按位置线安装。

6）阳台下不垂直：主要原因是由于安装时未按预先弹的控制线安装，安装过程中未随时吊线进行控制。

（九）安全交底

1. 吊装

（1）大模板与预制隔墙板起吊时一律使用卡环，安装就位时必须在安设加固支撑后方可摘掉吊具卡环。

（2）大模板起吊前须拆除一切临时支撑，经检查无误后再起吊。

（3）大模板应在吊装前清扫干净，不得在起吊或就位时打扫清理。

（4）严格执行使用统一的起重吊装指挥信号（公司新制定）。信号指挥必须具有多年指挥经验的人来担任。指挥应以一人为主，大模板在地面时，以地面指挥为主；吊件在高空时，应以高空指挥为主。如指挥信号不明或错误时，塔吊操作人员应暂停所有操作，待信号明确或正确时方可再行操作。塔吊操作人员对来自任何方向的危险信号，均应采取果断措施，严防各种事故发生。

（5）吊装指挥人员、塔吊操作人员与大模板，必须保持良好的能见范围，如因工作环境和各种条件限制，使塔吊操作人员不能直接看见大模板，指挥人员必须采取措施，使塔吊操作人员明了指挥人员每一个初作与信号的具体要求，以确保吊装安全。

（6）起吊时，吊臂下和大模板及其回转半径范围内，严禁无关人员停留和通过。

（7）在高空进行电焊时应采取措施，防止火花或割断金属物落下伤人。

（8）吊装期间与市气象站取得联系，凡有大雨、大雪及六级以上大风，停止吊装工作，严格禁止挂钩人员使用人力强制稳定手段进行吊装，以免发生安全事故。

(9) 对塔吊与室外电梯定期进行检查。每班前必须检查所用吊装机具是否齐全完善。在气象预报大风前，应对塔吊进行检查和加固。

(10) 塔吊的底部配重必须满足使用要求，严禁随意减少。

(11) 雨、雪、大风过后进行吊装时，应进行试吊，防止制动装置失灵和地基受水泡变软而发生各种事故。

(12) 吊装过程中，各项操作动作变换方向，必须先停止原动作，待停稳后再改变方向，严禁直接变换方向。吊臂靠变换档位起落时，严禁在吊臂未停稳前变换档位，以防吊臂滑落事故。

(13) 大模板起吊时应轻起，以慢速起钩，将吊索拉紧，然后开始滑升，不得猛起。

(14) 吊钩提升到接近限位装置时，应减速提升，防止损坏限位器。

(15) 大模板往下降时应轻放，将要到达位置时应慢速下降，就位时应暂停下降，待对准就位位置后缓慢放落，不得猛落。大模板就位落稳后，应对好位置，基本符合安装要求，经临时固定或放置平稳后，方可松索摘钩。

(16) 在吊装大模板时因故中断，应立即采取措施制动，再将大模板缓慢放落到地面，不得悬挂在空中。在停歇或下班收工时，必须将大模板等吊件卸下，不得悬挂在空中。

(17) 在吊装大模板时，吊臂在回转范围之内，应有足够的空间，回转速度不得过猛。

(18) 吊装使用的钢丝绳安全系数不应小于7。钢丝绳在使用中应经常检查其磨损及断丝情况、锈蚀及润滑情况，绳卡应紧固可靠。

(19) 吊装前应检查吊钩表面是否有裂纹，其横断面的磨损不得超过整个断面高度的10%，吊钩不得有严重变形。

(20) 大模板拆除时，吊钩必须与模板保持垂直状态，不得强拉斜牵，起吊前应先将穿墙螺栓、卡具及其他固定部件全部拆除，将地脚螺丝放松，使大模板向后倾斜离开混凝土墙面后再起吊。

（21）两块大模板不能同时起吊，起吊前作业人员应离开房间和塔吊吊钩的活动范围。

（22）预制钢筋混凝土隔墙板就位后应用卡具卡在现浇混凝土墙上，预留钢筋和预埋件焊牢后，方可摘掉吊环卡具。

2. 预防高空坠落物打击事故和高空坠落

（1）施工现场的一切孔洞必须加设牢固盖板、围栏或安全网。

（2）任何人进入施工现场必须戴安全帽。

（3）首层平支一道安全网（重网）宽 6m，以上每隔 4 层支安全网宽 3m，直至外檐和外装修完工。

（4）首层进入洞口搭宽 3m、长 6m 的保护棚，用钢管搭设，上满铺 50mm 厚木板，其他洞口一律封死，不得出入。

（5）大模板的操作平台须铺板，上下扶梯、防护栏杆必须齐全，牢固可靠。

（6）利用正式工程楼梯栏杆随层焊接以替代防护栏。垃圾道、通风道应随层安装，尽量减少施工层的孔洞口。

（7）阳台栏板随层焊接、安装，代替护身栏，减少装修时的工作量。

（8）高空作业人员使用的工具，应随手装入工具袋内，垂直交叉作业时应增设防止物体打击的隔离层。

（9）清理建筑物内的渣土垃圾必须由垃圾道或室外电梯运走，严禁随意抛扔任何东西。

（10）大模板安装就位后，为了便于浇捣混凝土，两道墙模板平台间应搭设临时走道，严禁人员从外墙板上通过。

（11）外支承架在正式使用前，必须进行载荷试验，以确保安全。

（12）大模板吊运时必须使用卡环，不允许使用吊钩。

3. 预防触电事故发生

（1）凡使用电器作业，必须熟悉电器使用及其性能。

（2）施工现场架设的低压线路不得使用裸导线。所架设的高压线，应距建筑物10m，离地面7m以上。

(3) 各种电气开关设备的金属外壳均应接地或接零，包括电焊机。

(4) 各种电气设备均应装专用开关插销，不许随便搭挂导线使用，门应加锁。

(5) 临时照明线路必须用绝缘支持物，不准随便把电线缠绕在钢筋和支承架上。

(6) 拆除电气线路时，必须先切断电源，不能留有可能带电导线。

(7) 各种电气设备和线路应定期检查，一般应当停电作业，如必须带电作业时，必须安排两个人，由一名有经验的人负责监护，另一人操作。

(8) 使用的灯具应远离易燃物品；室外照明应装防雨罩。

(9) 现场架空线路应架设在塔吊臂杆回转半径以外。

(10) 凡属流动的电气机具，如电焊机，应用轻型移动式电缆连接，不准用胶质线。

(11) 拉闸停电进行电气检修作业时，应提前通知有关部门，在闸门上挂牌“禁止合闸”，必要时设专人看护。

(12) 施工现场机电设备装备漏电保护装置，防止触电事故发生。

(13) 在雨季施工以前必须安装好防雷装置，其接地电阻不应大于4Ω。

(14) 电焊机在露天应有防雨罩，下有防潮层，电源接头设防护装置。

(15) 所有电气焊工须有上岗证方能上岗操作。

4. 塔吊与室外电梯

(1) 塔吊与室外电梯司机必须经过严格培训，取得操作证，方可独立工作。

(2) 必须装备限位保险装置，不准“带病”作业，不准超负荷作业，不准在运转中维修保养。

(3) 塔吊与室外电梯的基础必须满足施工组织设计与设备说明书要求。因本地区为湿陷性黄土地区，注意地面水浸入引起基础下沉。

(4)塔吊 TQ80 与室外电梯应按说明书要求与建筑物联结，并应经常检查，特别是在大风与大雨季节。室外电梯与建筑物之间须有可靠通道和扶手。

(5) 塔吊与室外电梯应经常检查其运行情况，发现异常现象立即进行维修。

(6) 塔吊的试运转包括无负荷试验、静负荷试验和动负荷试验。应先进行一般性技术检验，包括检查塔吊金属井架的各部分联结、各机构传动系统（包括制动器的灵敏度）、钢线绳及滑轮、电气元件及线络等。

(7) 在起吊过程中，若塔吊发生故障，必须放下重物，停止运转，设法排除。禁止在运转中进行保养、调整和检修。若发生故障而不能放下重物，应采取适当措施，吊着的重物不得在空中长时间的停留。

(8) 塔吊在下班前应将吊钩升起，制动器应刹住，应切断电源。

(9) 塔吊与室外电梯司机在工作时应集中精力，专心操作，不准睡觉，不准看书看报，不准擅自离开岗位。若必须离开时，应停止机械运转，并在停机前后执行有关停机的各项规定。

(10) 塔吊与室外电梯在启动前、工作中和停机后，操作人员应随时检查，若发现故障，应及时排除或通知有关人员处理。

(11)每班操作人员均应认真填写机械运转记录，在交接班时，应将塔吊和电梯情况交待，避免安全事故发生。

5. 防火与其他安全交底

(1) 按照施工组织设计防火要求设置消防设施，包括消防水管、消火栓、水池和消防车道以及现场灭火器材。消火栓附近不准堆放杂物。

(2) 施工用房及临时宿舍要符合现场消防规定。

（3）现场用明火要经过领导批准。

（4）施工现场严禁吸烟，不准乱扔电焊条头。

（5）大模板存放时必须使其自稳角在75°～80°，每两块成组对面放置；单块放置时，除保证自稳角外，还应加临时支撑。在楼层堆放时应有可靠的防火、防碰撞措施。

（十）各专业技术负责人和作业班组技术责任交底

（1）土建技术主管工程师

1）对钢筋混凝土墙体大模板施工方案的实施全面负责。

2）熟悉设计施工图和施工组织设计（施工方案），在施工现场能及时发现问题，避免失误和出现重大事故。

3）随时观察垂直提升和水平运输、流水作业实施情况。

4）检查大模板安装、混凝土浇筑等质量与安全方面问题与隐患。

5）及时提醒土建作业班组按工艺标准和技术交底进行施工。及时作好各种构件、材料的准备，并运到指定地点。

6）根据气温及不同工程部位和层次，及时提出调整混凝土配合比坍落度、外加剂用量等技术措施。

7）组织做好钢筋隐蔽工程记录，按部位记录钢筋规格、数量及代换情况，以及特殊部位的处理。

8）作好技术互相交接工作，并作好记录。

9）认真检查施工日志和混凝土施工日志。

10）监督和检查本专业各工种按章作业，对违章作业者进行批评教育，对可能造成质量、安全事故的违章操作者进行严肃处理或暂停作业。

（2）机电技术负责人

1）对大模板施工方案有关机电方面技术负责。

2）办理施工现场用电有关手续，包括送电、停工等有关问题处理。高层建筑施工速度取决于垂直运输，用电是主要因素。

3）施工现场所有电机设备检查、维修、保养，发生故障及时排除。

4）督促和检查现场安全用电，避免重大安全事故发生。

5）施工现场避雷接地有关技术措施。

（3）钢筋作业组

1）按设计施工图检查钢筋加工厂委托加工的钢筋网片的规格、数量是否与钢筋加工单一致，与设计图是否相符合，加工质量是否满足规范要求，若存在问题及时向工地技术组反映。

2）运到现场钢筋网片与其他加工钢筋应分类堆放，且应清点核对，不准丢失钢筋挂牌，网片立放须有支架，平放应垫平整，吊装时应用网片架，以防止钢筋网片扭曲变形。

3）凡是钢筋混凝土暗柱中钢筋应及时按施工图要求施放，不得遗漏，以免造成重大质量事故。凡是钢筋混凝土墙体主筋直径变换层次应特别注意，须由现场主管工程师事前亲自到现场按图进行交底之后才能进行该层钢筋的绑扎与组装，钢筋作业组不准私自决定，以免发生提前一层改变墙体钢筋直径，造成重大工程质量事故。

4)墙体各节点处的钢筋拉结长度与锚固长度应完全满足设计要求，特别是阳台预留钢筋。

5）钢筋的位置与保护层要符合设计要求，不能发生钢筋严重位移和错位，特别是钢筋较密的暗柱处。

6）钢筋传递与绑扎，应做到上呼下应，左右关照，配合默契，协同作业，要特别警惕防止竖筋失手坠落而造成重大伤亡事故。

7）钢筋的绑扎、网片的松口不得超过规定。

8）绑扎钢筋与安装钢筋网片时，严禁碰动各种预埋件和预留孔位置的支撑。

（4）混凝土作业组

1）提前准备好振动棒、捣固钎子、灰盘、溜筒、灰斗等所有作业用具。

2）按照办理开罐证，坚持重量比，砂石车车过磅，严防多倒砂石，确保混凝土质量，结块失效水泥不准使用，不同标号、不同品种水泥不准混用，严格控制水灰比。混凝土搅拌时间每罐不得少于1.5min。后台上料应有专人负责，并记录本班所搅制混凝土的罐数，作好混凝土日志。

3）混凝土墙体的振捣人员，认真仔细执行操作规程，确保不出现蜂窝、麻面、露筋、狗洞及漏振现象，也不得出现过振现象。在暗柱处钢筋较密用捣固钎配合机振加强振固。按照本交底要求每层浇筑厚度60cm左右进行浇捣。混凝土施工工艺必须按本技术交底程序进行施工。在振捣混凝土的同时，要及时清理落地灰。

4）要与塔吊吊装混凝土互相配合，做到均衡供灰，就近入模。交接班之前，前后台也应及时联系，以防积存混凝土过多造成浪费。混凝土从出罐到入模时间在常温下不得超过2h。

5）交接班时，上一班一定要坚持完成最后一个浇振层，并切实振捣完毕，并向接班作业班组长交待清楚，征得现场工长同意方可下岗。严禁将一个浇振层未振捣完，又未向下一作业班作详细交待而匆忙下岗，出现大的质量事故。

6）凡施工缝处均应按规程进行处理，凿掉表面松动砂石和软弱混凝土层，清除垃圾、水泥薄膜，同时还应凿毛，用水冲洗干净并充分湿润，将残留在混凝土表面的积水清除。在施工缝处应先浇注一层与混凝土同强度等级的减石混凝土，然后转入正常混凝土施工。

7）按规范和本技术交底，每班混凝土作业留置一组混凝土，应在浇筑地点制作，进行标准养护。

8）在雨季施工，由现场技术负责人作出具体处理，以防止混凝土强度达不到设计要求而酿成事故。

（5）模板组

1）在支模前应检查是否弹好楼层墙身线、门窗洞口位置线及标高线。

2）在安装大模板前应把大模板板面清理干净，刷好脱模剂。

3）大模板安装必须按照施工组织设计规定的施工顺序进行。在一个流水段，先安装正号模板，再安装反号模板，整个安装过程必须严格按照本交底施工工艺进行。

4）外墙三角形支承架安装好后，必须进行检查，方可进行外墙外侧模板安装，以防止出现重大安全事故。

5）大模板安装好应进行检查，包括穿墙螺栓、扣件，是否固定好。检查板面和其平面位置是否符合设计与规范要求，外墙面是否达到平整要求。

6）在合大模板之前，应检查墙内是否还有杂物，墙底混凝土表面是否经过处理。

7）大模板吊装要按照本交底程序进行，严格执行本交底“安全交底”一节吊装有关规定，以防安全事故发生。

8）大模板拆除必须通过现场土建技术负责人。拆除大模板是现场易出安全事故的一环，严格遵守本交底的具体规定，特别是在大模板起吊前进行必要的检查，穿墙螺栓是否已全部卸下，板面是否已脱离墙面等。

9）大模板安装与拆除应与塔吊密切配合，信号指挥必须十分熟悉清楚，信号不明不准起吊大模板。

（6）焊工组、电工组

1）配合钢筋班组完成钢筋与预埋件所有焊接任务，包括钢筋混凝土隔墙与阳台的焊接。

2）焊工配合电工焊好避雷设施。

3）电工组负责现场施工用电和照明用电，负责安全用电注意事项检查，严格执行关于“安全交底”一节中有关各项规定。

4）钢筋与预埋件焊接，其焊接长度、焊缝高度、焊接质量必须满足规范与设计有关规定。

5）负责所有信号联络设备的检查与维修。

（7）架子工组

1）与模板组合作，完成大模板支承架的安装任务。

2）负责安全防护棚的搭设、安全网的兜挂。

3）塔吊与户外电梯和建筑物联接与加固。

4）楼层各洞口封闭和安全网支架。

（8）试验员

1）随时抽样检查砂子、碎石、水泥的质量、控制和检查混凝土配合比、混凝土搅拌时间。

2）测定本班气象并作好记录。

3）每班至少取一组混凝土试块，进行标准养护。另取一组现场同条件养护。

4）将现场砂、石抽样送公司试验室进行检验。

（9）塔吊与室外电梯司机和信号指挥

1）严格执行专机专用，专人负责管理制度，不得任意更换操作人员，坚持八小时工作制，不准加班作业。

2）严格执行本工种操作规程和本交底的具体规定，特别关于安全施工一节交底，应严肃执行。

3）严禁司机酒后作业，任何人不得干涉与干扰司机工作。

4）每班作业前应检查机械情况，并进行试运转，不可带病作业，发现故障及时排除或停机维修。

5）认真执行交接班制。

6）信号指挥应听从本作业班施工负责人的指挥，接收他们交给的各项吊装任务。

7）严格执行规定的指挥信号，不得自行修改，在每班工作前，指挥信号与塔吊司机作一次交待，并应总结前一班指挥与司机不协作教训与失误，以利于以后改正。

（10）安全与消防组

1）对本作业各班组施工质量与安全负责，防止“三违”发生。

2）督促检查各工种按技术安全操作规程进行操作，向当班技术负责人及时反映安全质量存在的问题。对可能造成安全与质量责任事故的人提出警告，直至有权暂停其工作。

3）检查大模板安装与拆除中存在的各种潜在不安全因素，并及时提出。塔吊运行是否正常，特别在大风、大雪、大雨季节。检查信号指挥是否正确，与塔吊司机、模板吊装人员是否协调一致。

4）检查进入现场所有人员是否都戴安全帽。安全网是否牢靠。架子工作业是否系安全带。安全棚是否完好，有破损及时修补。

5）检查施工现场防火设施是否完整，消防车道是否畅通。现场用明火是否已经过审批，还存在什么不安全因素。

6）现场施工用电是否存在不安全因素；所有施工用电器是否都已接地或接零；检查触电保安器使用情况，若失灵及时更换；使用电器是否都按安全用电操作规程进行操作。

7）下班前检查塔吊的运转情况，凡存在潜伏的不安全因素及时向领导汇报。

8）凡在本作业班时间内出现安全质量事件、事故均记录在施工日志中。

十三、预制装配整体式钢筋混凝土框架安装技术交底

（一）工程概况

某厂镍化锂制冷车间，建筑面积为2546m²，两层预制整体装配式钢筋混凝土框架结构，钢筋混凝土杯形独立基础，建筑横向框架如图13-1所示，柱与梁如图13-2、图13-3所示，梁与柱节点大样见图13-4。钢筋混凝土强度等级为C28，梁与柱节点构造设计采用刚性节点，节点下部采用钢板（板厚为10mm）与柱牛腿焊接，节点上部采用柱子插筋与梁的负筋焊接，焊接完后用C28细石混凝土填充。因采用上述刚性节点方案，故柱子在节点处，边柱有三个方向牛腿，中柱上节点4个方向均有牛腿。Ⓑ与Ⓒ轴线

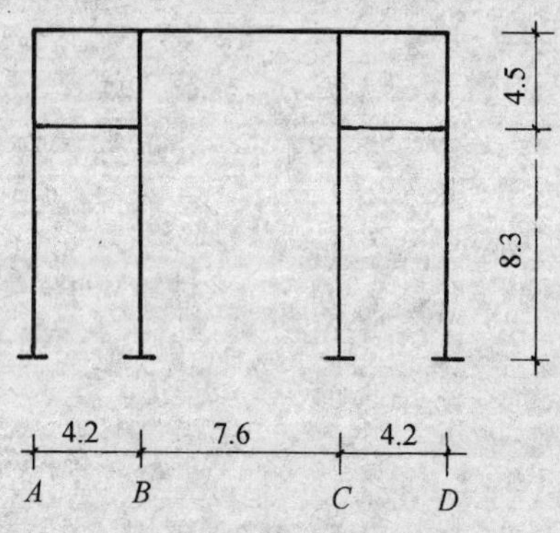

图13-1　厂房横框架

之间横向框架梁上每一边有三个支托，承受钢筋混凝土次梁的荷载。因此该车间的安装方案比较困难，焊接工作量很大，特别是节点处上部梁负筋较多，焊接比较困难，要求较高。因该车间屋顶安装冷冻水循环大玻璃钢罐，荷载很大，故结构配筋量较大。因

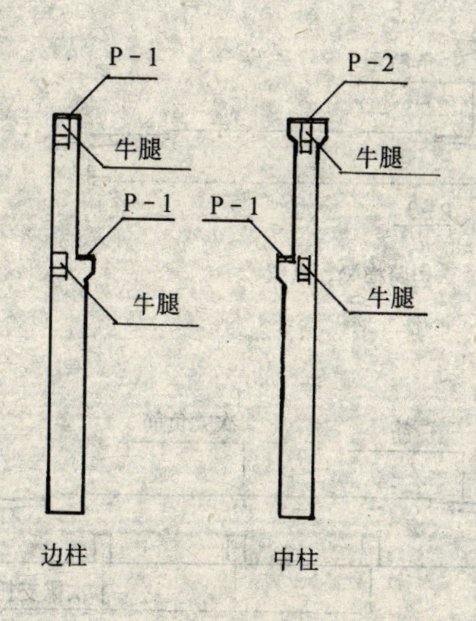

图 13-2　柱示意图

该车间属工厂改造项目，为了不影响生产，厂方要求工期较短，且施工场地又比较狭窄，增加了施工难度。钢筋混凝土柱与梁均由本公司预制厂制作，再运至工场。

（二）准备工作

1. 预制构件运输与材料

（1）预制钢筋混凝土柱与梁按照施工组织设计网络计划按期运到施工现场。钢筋混凝土梁、柱、板等预制构件应有出厂合格证，构件上应注明混凝土强度、型号并盖有合格章。外型规格、预埋件数量、位置应符合设计要求及施工验收规范的规定。

（2）水泥：425 号的普通硅酸盐水泥，柱头捻缝采用 525 号膨胀水泥。

（3）石子：5～12mm 细石子。

（4）中砂。

（5）钢材：应有出厂合格证。做钢材复试并有合格试验资料。为调整在施工过程中可能发生的标高及连接尺寸偏差，应按设计图纸要求准备型钢、钢板及钢筋。

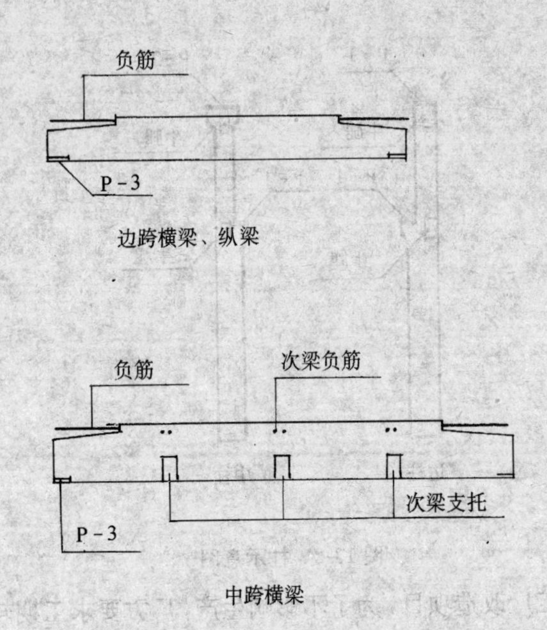

图13-3 梁示意图

（6）电焊条：设计规定T42，其性能应符合材质性能标准。

（7）楔形垫铁、方木、钢管支撑等。

2. 技术准备

熟悉设计图纸，讨论本工程预制构件的安装方案。

3. 现场作业准备

（1）放好建筑物轴位线，构件放好位置线，校核好标高，经检查全部符合设计规定及施工规范的规定。

（2）按施工组织设计汽车吊进场，并经试运转后方能进行吊装和使用。

（3）对梁柱进行预检：其内容包括型号、数量、规格、外观质量、预埋件预埋钢筋的位置，混凝土强度都应符合设计要求及施工验收规范的规定。

（4）清除预埋铁件及主筋上的水泥浆、铁锈、污秽。在构件上弹好中线（安装定位线），注明方向，轴位及标高线。

（5）调整梁上部的外露钢筋，两端的焊接主筋要调直，并按设计要求检查主筋伸出的长度和位置，将超长部位切割掉。

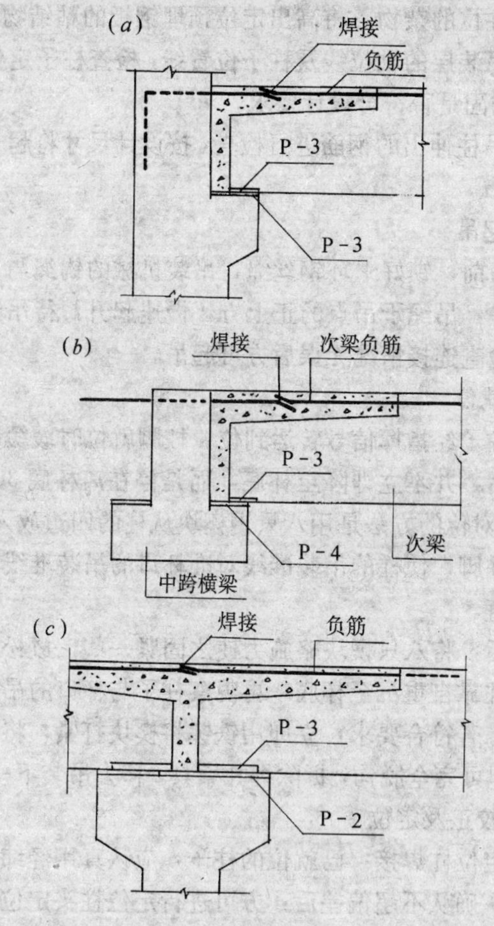

图 13-4　装配式梁柱节点做法

(a) 边柱与框架梁联接；(b) 次梁支座联接；(c) 中柱与框架梁联接

（6）准备好吊装用具，如吊装钢丝绳、卡环、花篮螺栓、特制的柱子锁箍、加固用具、电焊设备等。

(7) 根据吊装结构的特点及施工组织设计的内容搭设好吊装操作用脚手架及安全防护设施。

(三) 柱子吊装

1. 清理柱位的杂物，将高出定位预埋钢板的粘结物清除。

2. 放好吊装层的轴位线及柱子位置线，检查柱子定位板的位置、标高和锚固是否符合设计要求。

3. 对预吊柱伸出的钢筋进行检查，按设计尺寸将超长部位割去。

4. 柱子起吊

柱子起吊前，锁好卡环钢丝绳，吊装机械的钩绳与卡环相钩区用卡环卡住，吊绳于吊点的正上方，慢速起升，待吊绳绷紧时停止上升，检查连接情况无误后方可起吊。

5. 柱子就位

起吊的柱子经指挥信号转运到位，柱脚就位时缓缓降落至独立基础杯口后，并不立即降至杯底，而是停在离杯底 30～50mm 处进行对位。对位的方法是用八只钢楔块从柱的四边放入杯口，并用撬棍撬动柱脚，使柱的吊装准线对准杯口的吊装准线，并使柱基本保持垂直。

对位之后，将八只楔块略施力使之固紧一些，放松吊钩，但不脱钩，让柱靠自重沉至杯底，再观察柱子与杯口的吊装准线是否保持对准，若符合要求，立即用铁锤将楔块打紧，将柱临时固定，汽车吊即可完全脱钩，拆除绑扎索具，移去吊装下一个柱子。

6. 柱子校正及定位

校正及定位柱焊接：已就位的柱子，应认真用经纬仪校正轴位、垂直度。确认不超偏差后，方可进行定位柱头定位钢板的焊接。

标高的校正要在做杯形基础的杯底抄平时同时进行。

平面位置的校正，要在对位时进行。垂直度的校正，则应在柱临时固定后进行。

柱的校正是一件相当重要的工作，如果柱的吊装就位不准确，就会影响梁的安装准确性。柱子垂直度的检查方法先用线锤来检查，再采用两架经纬仪从柱的相邻两边（视线应基本与柱面垂直），去检查柱吊装准线的垂直度。

若柱垂直度偏差值较小，可用打紧或稍放松楔块来纠正。若偏差较大，可采用撑杆校正法，撑杆长为6m左右，ϕ75mm的钢管，其两端装有方向相反的螺母，转动钢管，撑杆可以伸长或缩短。撑杆下端铰接在一块底板上，撑杆的上端与柱联结，利用撑杆伸长与缩短来校正柱垂直度。在校正过程中，要不断打紧或稍放松杯口楔块以配合撑杆校正工作。

也可以采用大吨位的螺旋千斤顶校正。

柱校正后，应立即进行最后固定，在柱脚的钢板与杯口的预埋钢板进行焊接，同时在柱脚与杯口之间的空隙灌筑细石混凝土(C28)，此时将钢楔块拔去。

（四）梁安装

在柱子安装完后，立即进行钢筋混凝土梁的吊装与固定。

1. 梁构件按吊装顺序将有关型号、规格的构件运进现场。经检验合格，弹好端头中心线，理正两端伸出的钢筋。

2. 在柱子吊完的开间内，先吊主梁再吊次梁，分间扣楼板。

3. 起吊

根据设计规定的吊环及施工设计规定的吊点位置进行挂钩，注意吊绳的角度为55°～45°，同时加保险绳，挂好勾绳后，信号指挥，慢慢提升，绷紧钩绳时停止上升，经检查钩点等无误，可吊运至就位处。

4. 安装就位：

梁在吊装前应检查柱头支点位置是否符合安装的要求（支点处、钢垫、标高），无误后方可进行这一吊装工序。梁就位时应使柱头的定位十字线同梁找好关系，使梁正确就位后，摘掉钩绳，梁两端应用支柱顶牢。

5. 浇注整体式梁柱刚性节点

先将梁端底预埋钢板与柱牛腿上的预埋钢板按设计要求进行

焊接，再将梁端负筋与柱预留钢筋按设计要求和图13-4（a）所示进行焊接，若这两搭接钢筋相距较大，满足不了按图进行焊接，经与设计人员洽商可用绑条焊接。然后用细石混凝土（C28）将柱与梁端之间缝填满，用细钢筋棍振密实，接着将梁两端迭合层浇注成整体式刚性节点。

6. 安装次梁

安装与固定次梁方法与主梁相同。

在梁柱相交节点处浇注混凝土之前，应先清理柱与梁端缝内的杂物，用水冲洗干净，再浇注细石混凝土。

7. 安装屋面板

屋面板设计采用预应力空心板，按常规方法用汽车吊进行吊装。

（五）焊接工艺

1. 梁端与牛腿预埋钢板焊接

采用手工电弧焊，焊缝形式为平角接焊缝，焊条采用T421，直径为4～5mm，焊接电流为160～210A。在焊接时尽量采用对称焊接，最好由两位焊工在梁两端同时施焊。

焊接时，必须保证焊缝长度与焊缝厚度满足设计要求。要求等速焊接，保证焊缝厚度与宽度均匀一致，从面罩内看熔池中铁水与熔渣保持2～4mm等距离。焊接电弧长度根据所用焊条牌号不同由现场确定，酸性焊条以4mm长左右为宜，碱性焊条以2～3mm长左右为宜，电弧长应尽量保持稳定不变。焊条与预埋钢板的夹角，焊条与焊接前进方向的夹角为60°～75°。起焊时，焊缝起焊点前15mm处的地方引燃电弧，将电弧拉长4～5mm，对钢板进行预热后带回到起焊点，把熔池填满到要求的厚度后开始向前施焊。一条焊缝在焊接过程中不得停弧。每条焊缝焊到结尾时应将弧坑填满，往焊接方向的反方向带弧，使弧坑甩在焊道里边，以免弧坑咬肉。整条焊缝焊完后应清除熔渣，由焊工自检。

2. 柱梁预留钢筋与梁负筋焊接

柱端预留钢筋与梁端负筋焊接，设计要求进行搭接焊，若由于施工误差，钢筋移位较大而无法进行搭接焊时，经设计人员同意可改为帮条焊，钢筋焊接同样采用手工电弧焊。

（1）基本操作工艺过程与上述钢板焊接相同，焊接前进行焊接工艺试验合格后再施焊。帮条焊两主筋端头之间，应留 2～5mm 的间隙。搭接焊时，钢筋宜预弯，以保证两钢筋的轴线在一直线上。

（2）将钢筋调直拼拢靠紧后，搭接焊采用两点定位焊固定。帮条与主筋间用四点定位焊固定。定位焊的位置应在焊道长度范围内，严禁在焊道外点焊，其点焊缝长度以 5cm 为宜，厚度不小于 5mm。定位焊缝应离帮条或搭接端部 20mm 以上。

（3）帮条搭接焊的焊缝应依次焊完首层，再分别焊其他各层，每焊完一层之后，应进行清渣。

（4）帮条接头采用双面焊，Ⅱ级钢 5d。操作不方便时，也可采用单面焊，Ⅱ级钢 10d（d 为钢筋直径）。

（5）引弧应在帮条或搭接区开始，收弧应在帮条或搭接区，弧坑应填满，防止烧伤主筋。为了保证焊缝与钢筋的良好熔合，第一层焊缝要有足够熔深，主焊缝与定位焊缝应熔合良好。

（6）尽量采用双面焊，不能进行双面焊时，可采用单面焊。

3. 质量标准

（1）保证项目

1）焊条的牌号、性能，接头中使用的钢筋、钢板、型钢均应符合设计要求。检查出厂证明及焊条烘焙记录。

2）焊工必须经考试合格。检查焊工合格证及考核日期。

3）钢筋焊接接头的机械性能试验结果必须符合专门规定。检查焊接试件报告。

（2）基本项目

1）底板焊接：焊缝外观应全部检查，应在完成焊接 1d 以后进行。焊缝表面焊波应均匀，不得有裂纹、夹渣、焊瘤、烧穿、弧坑和针状气孔等缺陷，焊接区还不得有飞溅物。不允许出现气孔，咬边深度不得超过 0.5mm。

2）钢筋焊接外观检查逐个进行，接头处严禁有裂纹，焊缝表面平整，不得有较大的凹陷、焊瘤。咬边深度不大于 0.5mm，焊缝气孔及夹渣数量及大小缺陷不得超过下述允许数值，搭接焊帮条焊在长度 2d 的焊缝表面上不多于 2 处，面积不大于 $6mm^2$。帮条接头，搭接接头的焊缝厚度 h 应不小于 $0.3d$，焊缝宽度 b 不小于 $0.7d$。

（3）允许偏差项目

1）底板焊缝尺寸允许偏差应符合表 13-1 规定。

结构钢材焊缝尺寸允许偏差　　表 13-1

项次	项　目		偏差	检验方法
1	焊缝余高（mm）	$k \leqslant 6$	0～+1.5	
		$k > 6$	0～+3	
2	焊角宽（mm）	$k \leqslant 6$	0～+1.5	
		$k > 6$	0～+3	

注：b 为焊缝宽度，k 为焊角尺寸，δ 为母材厚度。

2）钢筋焊接接头尺寸允许偏差应符合表 13-2 规定。

钢筋电弧焊接接头尺寸允许偏差　　表 13-2

项次	项　目	允 许 偏 差	检验方法
1	帮条沿接头中心线的纵向位置偏差	$0.5d$	尺量
2	接头弯折	4°	用刻槽直尺
3	接头处钢筋轴线的偏移	$0.1d$，且不大于 3mm	
4	焊缝厚度	$-0.05d$	用卡尺和尺
5	焊缝宽度	$-0.1d$	尺　量
6	焊缝长度	$-0.5d$	尺　量

注：d 为钢筋直径，单位 mm。

4．注意意项

（1）焊后不准砸钢筋接头，不准往刚焊完的钢筋上浇水。

（2）不准随意在焊缝外母材上引弧。

（3）各种构件校正好之后方可施焊，隐蔽部位的焊接头必须办理完隐蔽验收手续后，方可插入下道工序。

（4）在吊装中伸出的钢筋会出现弯曲、歪斜等现象。在焊接钢筋前应将钢筋理顺，使相接钢筋位置准确、靠紧，按设计和规范的要求进行焊接。

梁柱节点安装时，核心区做法应严格按照设计要求。主筋要满足规定的搭接长度焊接，且应避免烧伤钢筋和混凝土。定位钢板应进行周边焊。边角柱及封顶节点主筋连接焊应满足设计规定长度。

5．几种常见质量通病预防

（1）尺寸偏差大：应严格控制焊接部位的相对位置，合格后方准焊接，焊接中精心操作，不得马虎。

（2）裂纹：为防止产生裂纹，应选择合理的焊接工艺参数和次序，应该一头焊完再焊另一头，如发现有裂纹应铲除重新焊接。

（3）咬边：应选用合适的电流，避免电流过大，电弧拉得过长，控制好焊条的角度和运弧的方法。

（4）气孔：焊条按规定温度和时间进行烘焙，焊接区域必须清理干净，焊接过程中，可适当加大焊接电流，降低焊接速度，使熔池中的气体完全逸出。

（5）夹渣：多层施焊应层层将焊渣清除干净，操作中应注意熔渣的流动方向，特别是采用碱性焊条时，必须使熔渣留在熔池后面。

（六）框架安装质量标准

1．保证项目

（1）梁、柱混凝土强度以及结构承受内力的接头（接缝）混凝土强度必须符合设计要求和施工规范的规定。

（2）钢筋材质、电焊条的牌号、性能应符合设计要求和有关标准的规定。

(3) 梁柱的型号、位置、节点锚固做法必须符合设计要求，且无变形损坏现象。

(4) 接头（接缝）混凝土必须计量准确，浇捣捻缝密实，认真养护，其强度必须达到设计要求和施工规范的规定。

2. 基本项目

梁、柱接头焊接：

主筋焊接和焊缝长度、厚度应符合设计要求和施工规范的规定，外观质量要求焊缝表面平整、焊波均匀，无凹陷、焊瘤，接头处无裂纹、气孔、夹渣、咬边，焊渣和飞溅物清除干净。

3. 允许偏差项目（表 13-3）

预制框架构件安装允许偏差　　表 13-3

项次	项目			允许偏差（mm）	检查方法
1	柱子	中心线对定位轴线位移		5	尺量
2		上下柱接口中心线位移		3	尺量
3		垂直度	≤5m 柱	5	用经纬仪或吊线和尺量
4					
5			>5m 柱	10	
6		牛腿上表面及柱顶标高	≤5m	+0 −5	用水准仪或尺量
7			>5m	+0 −8	
8	梁板	中心线对定位轴线位移		5	尺量
9		梁上表面标高		+0 −5	用水准仪或尺量
10		垂直偏差		3	线板，线坠
11		相邻板下表面平整	抹灰	5	靠尺、楔形尺
12			不抹灰	3	

（七）安装注意事项

1. 柱网纵横轴线要保持贯通、清晰，安装节点的标高要注明，需要处理的要有明显的标记，不得任意涂抹更改。

2．柱子预埋件要保证标高准确，预埋时不得任意撬动移位。

3．梁的两端节点处的主筋不得歪斜、弯扭，在清理铁锈、水泥浆、污秽过程中不得猛砸。节点区的箍筋必须采用焊接封闭式，按设计及规范规定间距设置。

4．刚刚安装完的柱子，在脱钩之后，不得任意碰动钢楔子，在安装梁的时候应随时观察柱子的垂直度变化，产生偏移应及时制止或纠正。

5．构件在运输和堆放时，垫木支放位置应符合要求，堆放场地平整压实，底层垫木应用10×10方木，上几层垫木与底层垫木应互相对准，每垛构件应按施工组织设计规定的高度和层数堆放。

6．上层吊装应在下层柱梁节点焊接完后进行。

7．安装各种管线时不得任意移动和剔凿构件，后浇混凝土的钢筋应保持正确位置。

8．构件的伸出钢筋，不得任意割断和截短，也不准将伸出钢筋弯成硬弯，保证接头、接点钢筋的长度及性能。

（八）质量通病预防办法

1．由于混凝土构件缺陷，构件型号、规格使用错误，至使构件生产、运输、吊装中造成强度不够、断裂等损坏：在安装构件前应认真检查构件质量，核实构件技术质量资料应符合质量和施工规范的要求，施工中构件应科学存放，使用部位正确。

2．构件安装位置偏移：安装前构件应标明型号、位置，放线要认真并经查无误后进行安装，认真校正，使构件安装位置、标高、垂直度符合设计要求。

3．柱子错位与倾斜：用经纬仪引垂线，放出正确的楼层轴位线，保证柱子垂直度。

4．节点混凝土浇灌不密实：施工时应认真操作，使混凝土浇灌密实，浇灌部位符合设计要求。

5．主筋位移：生产、运输、吊装过程使主筋歪扭、偏位，安装时应理顺连接钢筋，保证钢筋位置。

6. 节点构造施工质量不符合设计要求：施工中应认真按图处理节点构造，相接钢筋位置应正确，搭接吻合，保证焊接质量，箍筋间距焊接应符合要求。

（九）安全交底

1. 梁柱吊装顺序与安装步骤应按施工组织设计要求进行，若须更改应经公司技术科批准。

2. 凡参于吊装的人员必须有上岗证，安排熟练的有较长工龄的老工人进行安装。汽车吊司机应熟悉和掌握吊装规程。

3. 在正常吊装前应全面检查吊装设备机具，若有缺陷及时修理，特别是吊车的油压系统是否正常。

4. 钢丝绳在吊装前应经常是否有严重磨损及断丝现象，其安全系数应大于5.5。绳卡应紧固可靠。

5. 吊钩在吊装前应检查表面有无裂纹和伤痕，其磨损不应超过原横截面的10%。

6. 汽车吊在吊装中发现问题应立即停止作业，不准"带病"作业，不准超负荷作业，特别是柱和梁与地面和其他重物联结（如钢筋拉结），司机在作业时发现起吊时间与使劲超过平常所用规定（根据经验）应立即停止检查，不得继续操作，以免发生重大事故。

7. 在固定柱子时，不得任意挪动钢楔子，在未临时固定前不得将柱子上的钢丝绳拆除。

8. 在汽车吊吊臂下不准站人。

9. 汽车吊在正式吊装前应进行全面检查和试吊，作静负荷和动负荷试验，经技术鉴定后方可使用。静负荷试验应为梁与柱重量的125%，试验时，将重物吊离地面1m左右，悬空停留10min左右，以检验起重设备的强度和起吊能力。动荷载试验应在静荷载试验合格之后进行，所用重量为起重构件重量的110%，试验时应吊着重物反复升降、变幅、旋转和移动，以检验汽车吊的各部分运行情况，如发现不正常现象，应更换和修理。试验可在现场进行。

10. 在吊装过程中，汽车吊负荷情况下尽量避免和减少起重臂的升降，绝对禁止在起重臂未落稳前作其他操作。

11. 在进行框架节点焊接时，焊工不得在框架梁上行走，特别是还未固定的梁。节点焊接应在工具式活动操作架上操作。

12. 焊工必须经过严格培训，持有上岗证才能上岗。

13. 高空施焊，应注意下方是否有人，不得顺手乱扔焊条头。

14. 非焊接工人不得任意使用电焊工具。

15. 在焊接过程中发现有漏电现象，应立即关上电源，通知电工修理。

16. 敲打熔渣时，必须戴眼镜，防止熔渣溅入眼内。

17. 焊机必须有接地线。

18. 夜间施焊加班必须有足够照明。

19. 下班前应先切断电源，将开关打下。

20. 现场应有防火消防设备，组织现场义务消防小组。

十四、预应力钢筋混凝土梯形屋架后张法预应力施工技术交底

（一）工程设计概况

某机加工车间24m屋架设计采用国家标准图《预应力钢筋混凝土梯形屋架》CG417（三），YWJ-24-5，共计13榀，屋架下弦截面为240×220mm，建设单位指定采用Ⅳ级钢筋作为预应力筋，每榀屋架为4 Φ^{L}25，混凝土为C38（400号），该屋架的腹杆由公司预制构件厂制作，在施工现场就地制作整个屋架，屋架下弦采用常规后张法预应力施工工艺进行施工。

预应力钢筋在屋架两端采用螺帽锚固，设计标准图CG417（三）中规定，4根预应力钢筋采用对角线对称分批张拉顺序，第一组张拉的两根钢筋张拉力为244.4kN，第二组张拉的两根钢筋张拉力为221.1kN。

（二）施工准备

1．预应力筋

应有出厂证明书，并经过公司试验室物理和化学试验。钢筋表面不得有锈蚀现象，存放多年锈蚀的钢筋不能使用，因该钢筋为建设单位提供，须进行严格检查，逐根进行验收。

2．在预应力筋后张法施工前，对屋架混凝土进行检查，混凝土强度达到设计强度C38后方可进行下弦预应力筋的张拉。预应力筋的预留孔道应进行检查是否有堵塞现象，灌浆孔与排水孔是否畅通。

3．张拉设备与其他设备

（1）YL60型拉杆式千斤顶2台，作预应力钢筋张拉机具，由公司试验室进行校验后方可使用。

（2）高压油泵：ZB4/500电动高压油泵两个。

(3) 压力表：最大量程为40MPa的油压表两个。

(4) 手压灰浆泵1台，作灌浆用。

(5) 电焊机：UN1—100型对焊机两台，其中1台备用。

(三) 预应力钢筋

1. 预应力钢筋下料

首先对进场的Ⅲ级钢筋逐根取样测定其冷拉率和钢筋的弹性回缩率，进场钢筋长度大约为7.5m左右。

钢筋直径为25mm，螺纹规格为M30×2，螺丝端杆长度为320mm，螺帽厚度为45mm，螺丝端杆在构件外的外露长度为120mm。建设单位提供钢筋为定长钢筋，每根钢筋长为7.5m，每一根冷拉钢筋需4根钢筋对焊而成，钢筋的冷拉率为4.2%，钢筋的下料长度为22.716m，冷拉后为23.42m，加上两端的螺丝端杆长320mm，全长为24.06m。

2. 钢筋冷拉

根据设计图纸和《混凝土结构设计规范》(GBJ10—89)，钢筋冷拉控制应力为500N/mm²，单根钢筋截面积为4.91cm²，钢筋冷拉时的控制拉力为245.5kN，冷拉时钢筋均应拉到24.156m，放松后预应力筋的长度为24.06m。钢筋冷拉在现场进行，采用简易冷拉装置。

3. 螺丝端杆

螺丝端杆采用与预应力筋相同品种的Ⅲ级钢筋制作，应先冷拉再进行切削加工，其冷拉后的机械性能，不得低于焊接的预应力钢筋冷拉后的性能指标。螺丝端杆与预应力钢筋的焊接应在预应力钢筋冷拉以前进行，焊接接头的抗拉强度不得低于预应力钢筋的抗拉强度。在冷拉两端已焊接好螺丝端杆的预应力钢筋时，其螺母的位置应在螺丝端杆的端部，经冷拉后螺丝端杆与螺母均不得发生塑性变形，对每一根钢筋进行目测检验。螺丝端杆锚具型号为LM25，螺纹d为M30×2，螺纹直径d_0为28mm，两端按c=1.5mm与45°进行加工，螺帽用Q235号钢，采用六角螺帽，D=53.1mm，S=46mm，螺帽厚H=45mm。垫板钢板厚为16mm，

正方形边长 a 为 90mm，中间开孔直径为 32mm，并开出气槽 3×3mm。

4. 预应力钢筋的焊接

预应力钢筋的焊接采用现场连续闪光焊，按本公司预应力钢筋焊接工法中的工艺要求和焊接参数进行焊接，并进行检验。现特提出如下几点注意事项。

（1）钢筋要在冷拉之前进行对焊，因为冷拉可以检验焊接接头的质量。

（2）对焊前，应在钢筋端部约 150mm 左右范围内进行去锈、除污和矫直，以保证焊接质量。在焊接过程中要注意防止烧伤钢筋表面和钢筋对焊发生轴线偏差。在操作间隙，应随时清除粘附在电极上的氧化铁。

（3）由于螺丝端杆与预应力钢筋直径不同，应注意两者中心线相重合，防止发生钢筋轴线偏差，对焊机两旁应设置带滚动传送台。

（4）每一个焊接接头完后，应待其接头处钢筋由红色变为黑红色时才能松开夹具，并应平稳地取出钢筋，防止发生接头弯折现象。

（5）焊接场地应达到防风、防雨要求，以防止在焊接区突然冷却。焊接时接头处严禁溅水，对焊室要保持干燥。

（6）焊工由工长指派，不得任意更换。

（7）在焊接过程中出现异常现象，通知现场技术人员及时消除。

（四）预应力钢筋张拉

1. 张拉工艺

采用 YL60 型拉杆式千斤顶作为张拉机具，标准图第 14 页规定采用Ⅲ级钢 4 Φ^{L}25 钢筋。4 根钢筋分两次张拉，采用对角线两根钢筋张拉顺序，第一组张拉两根钢筋张拉力为 244.4kN，张拉时钢筋伸长值为 68.5mm，其对应的高压油泵的油压表读数应为 15.45MPa，第二组张拉两根钢筋张拉力为 221.1kN，张拉时钢筋伸长值为62mm，其油压表读数应为14.0MPa。因4根预应力筋，分两组张拉，每组用两台千斤顶张拉对角线上的两根，然后张拉另两根，采用一次超张拉的张拉工艺。

2.准备工作

(1) 混凝土构件检查与清理：屋架混凝土的强度等级必须达到设计标准图规定C38，由混凝土试块来确定。

对屋架的几何尺寸、混凝土的施工质量、预应力钢筋孔道位置及其是否畅通，灌浆孔与排气孔是否畅通，各种预埋铁是否符合设计图纸等进行一次全面检查，如发现问题及时修补。

预留孔道如堵塞，造成穿预应力钢筋困难时，应用清扫器在孔道内往返拉动，直至疏通为止。屋架端部的预埋铁板应平整，该铁板上混凝土与砂浆等残渣、焊渣、毛刺均应清除干净。

(2) 预应力钢筋的检验：预应力钢筋在穿入孔道之前，对其钢材品种、规格、长度（包括螺丝端杆长度）和焊接质量、冷拉记录、试验室试验结果进行综合检验。对预应力筋端部螺丝端杆进行全面检查，包括与主筋焊接情况、螺丝及其螺帽规格、尺寸、质量等，这些是直接影响预应力钢筋张拉能否顺利进行的关键。

(3) 张拉机具校验与检查：张拉机具，包括YL60型千斤顶、高压油泵和油压表，在张拉预应力筋之前，均须由试验室进行校验，现场对校验报告进行检查，是否满足规范要求和现场需要。在正式使用前应对千斤顶、高压油泵、油压表和连接管路等进行试车检查，如发现有漏油和其他不正常现象要查明原因，及时排除，若问题较多，应送回公司机厂修理。

(4) 作业人员须有上岗证：凡是施加预应力的主要作业人员均应持有上岗证，详细了解本次作业的操作过程，熟悉作业程序。将预应力钢筋的品种、规格、张拉力和超张拉力与其对应高压油泵压力表上读数，以及与张拉力对应的钢筋张拉伸长值，均应写在木牌上，挂在高压油泵旁边醒目地方，以利于作业人员便于观察。

所有作业人员均须参与试车检查全过程。

3．预应力钢筋张拉操作步骤

（1）穿预应力钢筋：由于每根预应力筋有4根钢筋对焊而成，故中间有三个焊接接头，在穿入预应力筋之前，应使一个屋架内4根预应力筋的焊接接头互相错开，即在同一截面之内，不能有两个焊接接头并列，因此对每一榀屋架4根预应力筋在选用组合时，做到同一截面内只能有一个焊接接头。预应力筋每一个焊接接头的毛刺应整平光滑，以利于预应力筋的穿入。屋架预留孔道要清理和冲洗干净。在穿预应力筋时，先将预应力筋螺丝端杆的丝扣部分用胶布缠护，细铁丝绑牢，以防止在穿预应力筋时将丝扣磨损和损坏。其两端外露的螺丝端杆长度应相同。若有部分丝扣有损坏，可用小钢锉整修。

预应力钢筋穿入孔道后，其外露长度在100～120mm之间，当外露长度过长时，可用增加垫板解决；当外露长度稍短时，在张拉时采用多次张拉、每次少拉的办法解决，但钢筋张拉控制应力（压力表上读数）应满足本交底的参数要求。钢筋穿入后，外露丝扣涂稀机油，以备张拉。

垫板的圆孔须与预应力筋孔道及螺丝端杆中心线相重合，不得产生偏心现象，故穿入预应力筋后应调整垫板的位置，上下左右4块垫板之间的缝隙用木片垫好隔开，再将螺母拧紧固定。若垫板位置不正，张拉时会产生偏心受压，且易将丝扣损坏和垫板卡住端杆。若出现锚固时螺母无法拧动时，不能继续进行张拉。垫板上开有排气槽，安放时应将排气槽朝向外侧，且不能朝里和朝上下方向，以便孔道灌浆后，将排气槽堵死，阻止砂浆外流。

（2）预应力钢筋张拉：本屋架混凝土施工时采用两层平卧重迭施工，每榀屋架下弦有4根预应力钢筋，采用两台拉杆式千斤顶进行张拉，自上而下逐层进行张拉，每榀屋架张拉时，两端各用一台千斤顶，成对角位置各张拉一根钢筋，每根钢筋在一端张拉后，再在另一端补足张拉力。具体操作步骤如下：

1）预应力钢筋穿入孔道后，在其屋架两端套上垫板再拧紧螺母，然后拧上拉头。此时应检查垫板位置是否正确，垫板孔心、螺丝端杆中心线应与孔道中心重合，尽量减少偏心影响。

2）启动高压油泵，活塞杆伸出，将拉头套入千斤顶套碗内，然后扭转90°后卡牢，随即将千斤顶正确就位并找平，使垫板、螺丝杆端、孔道与千斤顶对中重合。

3）再启动高压油泵，活塞杆缩进，通过拉头开始张拉钢筋。开始油压表指针略有起动时，观察千斤顶是否对准孔道中心，如有偏差及时校正，然后大缸再进油张拉。

4）张拉时采用应力控制，对钢筋伸长值进行校核，故张拉时按本交底中每根钢筋张拉力与其对应高压油泵的压力表读数控制为主，以其对应钢筋伸长值来检查，以达到控制预应力钢筋施工质量。为了消除钢筋不直对测量钢筋伸长值的误差影响，当张拉到一定数值时，每一组钢筋1.5～2.0MPa，第二组钢筋1.4～1.8MPa时，停止千斤顶大缸进油，在螺杆上做好标记，作为测量预应力钢筋伸长值的起点，张拉到控制应力时（见本交低两组高压油泵压力表读数），正式量测钢筋的伸长值，且与本交底钢筋伸长值进行比较，其相差约在10％左右。

5）当高压油泵压力表读数达到本交低规定读数，且钢筋伸长值也在上述误差范围之内，可拧紧螺母，锚固预应力钢筋，然后按千斤顶操作程序，卸下千斤顶。每一根钢筋在一端张拉后，应再在另一端补足张拉应力。该根钢筋张拉结果。

（3）注意事项

1）连接预应力钢筋的拉头套入千斤顶套碗中时，应扭转90°，须使拉头两侧凸出的双耳完全套入套碗内的耳槽之中，且应紧紧卡牢，如拉头的双耳未全部套入耳槽之中，会发生双耳局部应力过大，拉头变形致使卸拉头时困难，影响以后张拉工作，甚至由于拉头双耳套入套碗过少，张拉时发生滑脱，造成严重人身安全事故，因此在正式张拉之前，应进行仔细检查。

2）在张拉过程中出现油压表指针不稳与晃动过大或指针回降、千斤顶张拉活塞不动或运动困难、油管漏油或爆裂、出现不正常噪音等故障，由现场技术员及时处理。

3）在张拉过程中或结束时，屋架下弦产生侧向变形弯曲，主要是由于4根钢筋的拉力相差过大或张拉速度不一致造成的。在张拉时两台千斤顶应加强联系，在逐步分级增加张拉力时步调一致，使对角线两根钢筋张拉力同步平衡增加。

（五）孔道灌浆

1. 灌浆之前，先用清水冲洗孔道，使孔道全部湿润，以保证灰浆的流动性，同时检查灌浆孔与排气孔是否畅通。

2. 灰浆配合比严格按照公司试验室进行灰浆制作，控制灰浆水灰比，不得随意增加水泥与水。

3. 正式灌浆前应对灰浆泵进行一次试车，检查其运转是否正常，其灌浆压力应达到设计要求，才能正式进行灌浆。灌浆应连续进行，一次灌完。如中间因故发生停顿时，应立即将已灌入孔道的灰浆用水冲洗干净，待以后重新灌浆。

4. 屋架标准图CG417（三）中总说明施工制作中对灌浆孔道位置未提具体要求，在屋架混凝土构件制作技术交底中，在屋架下弦跨中与两端设置灌浆孔，先从中间跨中灌浆孔开始灌浆，灌浆的压力开始应小一些，逐步加大并稳定在5个大气压（0.5MPa）左右范围。当屋架两端的排气孔先后排出空气、水、灰浆时，用木塞将屋架两端的灌浆孔与排气孔塞住，稍待一些时间，再从中间的灌浆孔拔出喷嘴，立即用木塞塞住。

5. 灌完浆后，留置三组灰浆试块。

6. 灌完浆后及时将灰浆泵与胶管冲洗干净，同时将屋架表面灌浆时残留的灰浆清除干净。

（六）安全交底

1. 预应力钢筋冷拉

（1）钢筋冷拉前，先进行空车试运转，待检查合格后，方可开始进行冷拉。

（2）钢筋冷拉两端后面应设防护，以防钢筋拉断或夹具失灵伤人。

（3）电动机操作由电工负责进行，其他人不得任意启动。

(4) 冷拉钢筋由钢筋组长统一指挥，按规定信号开车、停车。冷拉钢筋两端与钢筋两侧4m范围之内不准站人，以免钢筋拉断伤人。

(5) 出现故障或停电，应先关闭电路断电，以免中间来电时电动机转动发生事故。

2. 预应力钢筋焊接

(1) 对焊机由焊工专人管理、使用，并经过试焊合格，性能符合要求方可使用。

(2) 对焊机须用冷水冷却，出水水温不宜超过40℃，排水量应符合说明书规定。工作时应检查是否有漏水和堵塞现象，工作完后应关上龙头。

(3) 电焊操作人员要戴手套、防护眼镜、穿胶鞋，安装触电防护装置。

(4) 对焊机应设置焊光对焊铁皮挡板，非作业人员不得进入作业区。凡易燃、易爆物品不得存放在对焊机房内，并设置消防设备。

(5) 焊机外壳接地，电阻不大于4Ω，埋深大于500mm。

(6) 每班作业完毕应立即切断电源，定期检修电焊机。

3. 预应力筋张拉

(1) 张拉屋架附近，禁止非作业人员进入。

(2) 张拉时，屋架两端不准站人，作业人员站在千斤顶与油泵两侧，以防钢筋拉断伤人，并设置防护罩。高压油泵应放在屋架两端的左右两侧，拧紧锚固螺母和测量钢筋伸长值时，作业人员应站在预应力筋的侧面。张拉完毕，油路回油降压后，应稍等1～2min再拆卸张拉机具。

(3) 高压油泵作业人员须戴防护目镜，以防油管破裂喷油伤眼。

(4) 作业前，检查高压油泵与千斤顶之间的连接管和连接点是否完好无损，其所有螺丝应拧紧。

4. 孔道灌浆

（1）作业前应检查灰浆泵。

（2）喷嘴插入灌浆孔后，喷嘴后面的胶皮垫圈要压紧在孔洞上，胶管与灰浆泵连接要牢固，由混凝土工长检查合格后再正式启动灰浆泵。

（3）作业人员应站在灌浆孔的侧面，以防灰浆喷出伤人。

（4）作业人员须戴防护眼镜、穿胶鞋、戴手套。

十五、现浇钢筋混凝土压型钢模板支模技术交底

（一）工程概况

某省高层建筑，层高达6m，其中吊顶高度为1.8m，内装空调和专业管道，设计施工图指定采用压型钢模板施工楼板，该楼板属于无梁楼板，板厚为250mm。该压型模板是国外引进的一种新型模板，本工程采用0.75mm厚薄钢板由加工厂压制成型，模板平面尺寸有几种，如2000×1000mm，但剖面几何尺寸只有一种，高为50mm，谷峰中心距为120mm，见图15-1所示，该模板本身具有较好的强度和刚度，能确保现浇混凝土施工安全与质量，其施工荷载可达到6000N/m² 以上，其跨中挠度一般不会超过10mm。

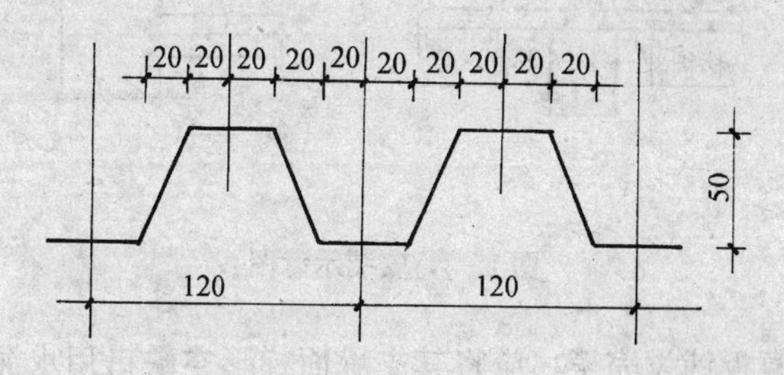

图15-1　压型钢模板剖面图

（二）施工作业准备

1. 模板验收

模板加工后进场必须经过严格交接验收，须有产品出厂合格证，并经过动荷、静荷的现场抽样检查，出检验报告，要求达到设计技术经济指标。

2. 搭设脚手架

根据压模板的平面尺寸，搭设钢管脚手架，按常规方法施工架设。

3. 压型模板的两面刷防锈漆两道。

（三）施工操作

1. 在安装模板前，应在墙上和预制梁上的支承面放置一层5mm以上的水泥砂浆作为座浆，使模板与其支承面之间有良好的搭接，其支承长度不得少于10mm，两块模板之间应有250～300mm的重迭，以保证混凝土振捣时不漏浆，以利提高整体模板的强度和刚度。

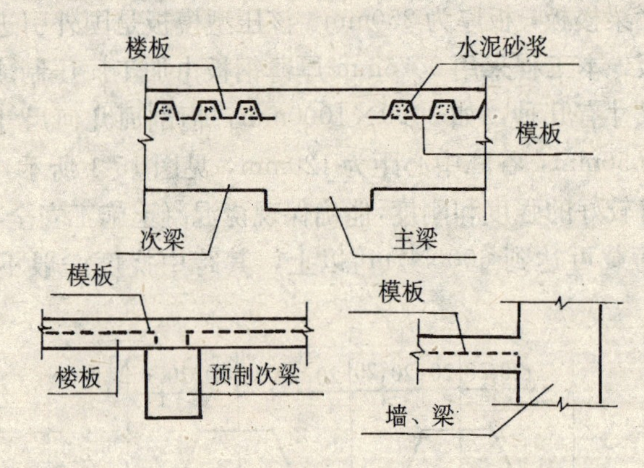

图15-2 安装示意图

2. 模板铺设完毕，应将其支承面梯形空缺口用水泥砂浆堵塞，模板之间重迭部位应用电焊连接成整体，以利于模板安装整体性，保证施工作业人员的安全。在施工时，施工操作人员应系上安全带。

3. 浇注楼板混凝土时，混凝土在模板上堆集高度一般不应超过150mm，严禁超过200mm，在一块模板上作业人员不要超过2人，严禁超过3人，混凝土振捣应用平板振捣，若采用振动棒，应平放拖拉振捣，以减少振动荷载。

（四）质量标准

1. 保证项目

模板和钢管脚手架必须有足够的强度、刚度和稳定性。

2. 基本项目

（1）一次性钢模板在梁或墙上的支承长度不少于10mm，不大于15mm。

（2）一次性模板在墙上支承面上必须有5～10mm厚的砂浆。

（3）两块模板之间搭接重迭部分应大于、等于300mm。

3. 允许偏差

（1）标高±5mm，用水准仪检测。

（2）相邻两板表面高低差2mm，用尺检查。

（3）表面平整度1mm，用尺检查。

（4）预埋件中心线±3mm，用尺检查。

（5）预埋管中心线±3mm，用尺检查。

（6）预留洞中心线±5mm，平面尺寸＋10mm，－0mm。

（五）注意事项

1. 为了保证安全，模板上不得设置运料通道的支承点，可将马道的支承点架立于主梁或墙体顶面上。

2. 在混凝土施工前，应对该模板的布设、支承和连接进行一次全面检查，特别是模板体系的稳定性，防止安全事故发生。

3. 楼板混凝土的施工缝尽量设置在预制钢筋混凝土顶面上，且该处应布置负弯矩的板面钢筋，以防混凝土裂缝出现。

4. 冬季施工期间，按常规做好混凝土楼板保温和养护工作。

十六、钢屋架制作与安装技术交底

（一）工程概况

本工程为单层两跨工业厂房，排架结构，跨度分别为21m和24m，柱距为6m，全长为96m。结构型式为钢筋混凝土杯形基础，预制钢筋混凝土工字形柱，屋架采用国家标准图集梯形钢屋架G511，选用屋架为GWJ21-1A1和GWJ24-1A1，带钢天窗架，采用国家标准图集G512，选用天窗架为GCJ6-32，屋面结构采用预应力钢筋混凝土大型屋面板。由于施工现场远离公司，只能在现场制作，钢材均由建设单位提供。设计对钢屋架并无特别要求，只是要求符合抗震要求，地震烈度为7度，经与设计人员洽商，采用国家标准图集G511抗补和G512抗补有关规定，故可按常规施工方法进行钢屋架制作。

（二）准备工作

1. 材料

（1）钢材：235号钢，钢材应附有质量证明书并应符合设计要求及国家标准的规定。钢材断口不得有分层，表面锈蚀、麻点。钢材送公司试验室进行材料试验和可焊性试验。

（2）电焊条：使用的电焊条必须有出厂合格证明。施焊前应经过烘焙，严禁使用药皮脱落、焊芯生锈的焊条。焊条采用T420。

（3）螺栓：采用45号钢，均须有出厂合格证，且进行材料试验。

（4）涂料：防腐油漆涂料应符合设计要求和国家标准的规定并应有产品质量证明书。

2. 焊接机具

（三）钢屋架制作技术交底

1. 放样

按照施工图放实样，放样时要预留焊接收缩量，采用公司钢屋架焊接工法规定的表1数值。经检验人员复验后办理预检核定手续。

根据实样制作屋架的样杆、样板，按设计图纸进行编号，并进行详细校对。

钢材矫正：钢材下料前必须先进行矫正，矫正后的偏差不应超过规范规定的允许偏差值，以保证下料的质量。

屋架上、下弦下料时不号孔，其余零件都应号孔。

号料公差：长与宽为±1.0mm，冲孔为0.5mm。

下料采用氧割或锯切，其公差定为±2mm。

2. 零件加工

（1）切割：氧气切割前钢材切割区域内的铁锈、油污清理干净。切割后断口处边缘熔瘤、飞溅物应清除。机械剪切面不得有裂纹及大于1mm的缺楞，并应清除毛刺。

（2）焊接：除应按手工电弧焊焊接要求操作外，上下弦型钢需接长时，先焊接头并矫直。采用型钢接头时，为使接头型钢与杆件型钢紧贴，应按设计要求铲去楞角。对接焊缝应在焊接的两端点焊上引弧板，其材质和坡口型式与焊件相同。焊后气割切除并磨平。

（3）钻孔：屋架端部基座板的螺栓孔应用钢模钻孔，以保证螺栓孔位置尺寸准确。腹杆及连接板上的螺栓孔可采用一般划线法钻孔。

3. 小装配及焊接

屋架端部T型基座、天窗架支承板预先拼焊组成部件，经矫正后再拼装到屋架上。部件焊接为防止变形，宜采用成对背靠背，用夹具夹紧再焊接。

4. 拼装与联接

（1）将实样放在临时装配台上，装配平台应具有一定刚度，不得发生明显变形，影响装配精度。按照施工图及工艺要求起拱，屋架GWJ21-1A1起拱45mm，屋架GWJ24-1A1起拱50mm。

（2）按照实样将上、下弦、腹杆等定位角钢搭焊在装配台上。

（3）把垫板及节点连接板放在实样上，对号入座，然后将上、下弦放在连接板上，使其靠紧定位角钢，再将腹杆放在连接板上，找正位置并靠紧定位角钢。半片屋架杆件全部摆放好后，按照施工图核对无误即可定位点焊。

定位点焊是保证屋架各杆件拼装精度的关键，这种短焊缝容易产生缺陷，在一般焊缝外观检查中不易发现，在施焊时应于重视，并及时消除这种质量通病。

定位点焊尺寸以表16-1所列为准。

定位点焊尺寸 **表16-1**

焊件尺寸（m）	点焊高度（mm）	长度（mm）	间距（mm）
4～12	3～6	10～20	100～200
＞12	6	15～30	200～300

定位点焊施焊时注意事项：

（1）电流比经常施焊增加10％～15％，以利减少点焊中夹渣；

（2）交叉焊缝最好离开50mm左右进行点焊；

（3）定位点焊的起点与终点应考虑与正式焊缝搭接，起点与终点要平缓。

在点焊之前，应进行一次杆件编号检查，经检查无误后方可进行正式点焊。

点焊所用的焊条应与正式焊接所用的焊条相同，不得任意改变，点焊高度不超过设计焊接焊缝高度的三分之二。凡点焊的焊工必须持有上岗证。

定位点焊允许误差不得超过《钢结构工程施工及验收规范》（GBJ205—83）中第3.3.2条规定。

（4）点焊好的半片屋架翻转180°，以这半片屋架作横台复制装配屋架。

（5）在半片屋架模胎上放垫板、连接板及基座板。基座板及屋架天窗支座、中间竖杆应用带孔的定位板用螺栓固定，以保证构件尺寸的准确。

(6) 将上、下弦及腹杆放在连接板及垫板上，用夹具夹紧，进行定位点焊。

(7) 将模台上已点焊好的半片屋架翻转180°，即可将另一面的上、下弦和腹杆放在连接板和垫板上，使型钢背对齐，用夹具夹紧，进行定位点焊。点焊完毕，整榀屋架总装配即完成，其余屋架的装配均按上述顺序重复进行。

5. 焊接

(1) 焊工必须有合格证。安排焊工所担任的焊接工作应与焊工的技术水平相适应，并有一年以上经验。

(2) 焊接前应复查组装质量和焊缝区的处理情况，修整后方能施焊。

焊前应对所焊杆件进行清理，除去油污、锈蚀、浮水及氧化铁等，在沿焊缝两侧不少于20mm范围之内露出金属光泽。

(3) 焊接工艺：本工程钢屋架的焊接极大部分采用平焊。

1) 国家标准图G511中跨度24m和21m梯形钢屋架的角钢与节点板的厚度极大部分为5～10mm，个别为12mm，因此焊条直径用4～5mm。

2) 根据角钢的厚度和以往施工经验，焊接电流暂定为160～200A，现场焊工进行试焊后可自行调整焊接电流。焊接电流过大，焊接容易咬肉、飞溅、焊条烧红。焊接电流过小，电弧不易稳定，不易焊透和发生夹渣，焊接效率也低，应在现场由焊工进行焊接试验，求出最佳焊接电流。

3) 焊接速度：要求等速焊接，保证焊缝厚度、宽度均匀一致，从面罩内看溶池中铁水与熔渣保持等距离（2～4mm）为宜。

4) 焊接电弧长度：根据所用焊条的牌号不同而确定，一般要求电弧长度稳定不变，酸性焊条以4mm长为宜，碱性焊条以2～3mm为宜。

5) 焊条角度：根据两焊件的厚度确定焊条的角度。焊条角度有两个方向，第一是焊条与焊接前进方向的夹角为60°～75°；第二是焊条与焊件左右夹角，有两种情况，当两焊件厚度相等时，焊条与焊件的夹角均为45°，当两焊件厚度不等时，焊条与较厚焊件一侧的夹角应大于焊条与较薄焊件一侧的夹角。

6）起焊：在焊缝起焊点前方15～20mm处的焊道内引燃电弧，将电弧拉长4～5mm，对母材进行预热后带回到起焊点，把熔池填满到要求的厚度后方可开始向前施焊。焊接过程中由于换焊条等因素而停弧再行施焊，其接头方法与起焊方法同。只是要先把熔池上的熔渣清除干净方可引弧。

7）收弧：每条焊缝焊到末尾应将弧坑填满后，往焊接方向的反方向带弧，使弧坑甩在焊道里边，以防弧坑咬肉。

8）清渣：整条焊缝焊完后清除熔渣，经焊工自检确无问题方可转移地点继续焊接。

9）屋架各杆件的焊接顺序，先焊上、下弦连接板外侧焊缝，后焊上、下弦连接板内侧焊缝，再焊连接板与腹杆焊缝，最后焊腹杆，上、下弦之间垫板。屋架一面全部焊完后翻转，进行另一面焊接，其焊接顺序相同。

（4）焊接质量标准

保证项目

1）焊条的牌号、性能，接头中使用的钢筋、钢板、型钢均应符合设计要求。检查出厂证明及焊条烘焙记录。

2）焊工必须经考试合格。检查焊工合格证及考核日期。

3）钢结构承受拉力（Ⅰ级）或压力（Ⅱ级）焊接接点。要求与母材等强度的焊缝必须经探伤检验。检查探伤报告。

基本项目

1）焊缝外观应全部检查，普通碳素结构钢应在焊缝冷却到工作地点温度以后进行。

2）焊缝表面焊波应均匀，不得有裂纹、夹渣、焊瘤、烧穿、弧坑和针状气孔等缺陷，焊接区还不得有飞溅物。

3）焊缝外观标准（表16-2）

手工电弧焊焊缝质量标准　　　表 16-2

<table>
<tr><th rowspan="2">项目</th><th rowspan="2" colspan="2">项　目</th><th colspan="3">质　量　标　准</th></tr>
<tr><th>一　级</th><th>二　级</th><th>三　级</th></tr>
<tr><td>1</td><td colspan="2">气　孔</td><td>不允许</td><td>不允许</td><td>直径小于或等于1.0mm的气孔，在1000mm长度范围内不得超过5个</td></tr>
<tr><td rowspan="2">2</td><td rowspan="2">咬边</td><td>不要求修磨的焊缝</td><td>不允许</td><td>深度不超过0.5mm，累计总长度不得超过焊缝长度的10%</td><td>深度不超过0.5mm累计总长度不超过焊缝长度的20%</td></tr>
<tr><td>要求修磨的焊缝</td><td>不允许</td><td>不允许</td><td></td></tr>
</table>

允许偏差项目（表 16-3）

结构钢材焊缝尺寸允许偏差　　　表 16-3

<table>
<tr><th>项目</th><th colspan="3">项　目</th><th>一　级</th><th>二　级</th><th>三　级</th><th>检验方法</th></tr>
<tr><td rowspan="3">1</td><td rowspan="3">对接焊缝</td><td rowspan="2">焊缝余高(mm)</td><td>$b<20$</td><td>0.5～2</td><td>0.5～2.5</td><td>0.5～3.5</td><td rowspan="8">用焊缝量规检查</td></tr>
<tr><td>$b\geqslant20$</td><td>0.5～3</td><td>0.5～3.5</td><td>0.5～4</td></tr>
<tr><td colspan="2">焊缝错边</td><td>$<0.1\delta$ 且不大于2</td><td>$<0.1\delta$ 且不大于2</td><td>$<0.1\delta$ 且不大于3</td></tr>
<tr><td rowspan="4">2</td><td rowspan="4">贴角焊缝</td><td rowspan="2">焊缝余高(mm)</td><td>$k\leqslant6$</td><td></td><td>0～+1.5</td><td></td></tr>
<tr><td>$k>6$</td><td></td><td>0～+3</td><td></td></tr>
<tr><td rowspan="2">焊角宽(mm)</td><td>$k\leqslant6$</td><td></td><td>0～+1.5</td><td></td></tr>
<tr><td>$k>6$</td><td></td><td>0～+3</td><td></td></tr>
<tr><td>3</td><td colspan="2">T型接头要求焊透的K型焊缝(mm)</td><td>$k=\delta/2$</td><td colspan="3">0～+1.5</td></tr>
</table>

注：b 为焊缝宽度，k 为焊角尺寸，δ 为母材厚度。

（5）焊接注意事项

1）焊接变形：由于屋架贴角焊缝焊量较大，收缩与角变形也较大，因此正确选择焊接顺序可减少其变形。先焊焊接变形较大的焊缝，因本工程采用手工焊接，焊缝较长时采用反向逆焊和对称施焊，同时在放样与下料时，放足电焊收缩余量。

2）严禁在焊缝外母材上打火引弧。

3）各种构件校正好之后方可施焊，并不准随意移动垫铁和支撑，以防影响构件的垂直偏差。隐蔽部位的焊接头必须办理完隐蔽验收手续后，方可插入下道工序。

4）低温焊接后不准立即清渣，应等焊缝降温后方可清渣。

5）焊接常见几个质量通病防治办法：

尺寸偏差大（焊缝长度、宽度、厚度不足，中心线偏移、弯折等）：应严格控制焊接部位的相对位置，合格后方准焊接，焊接中精心操作，不得马虎。

裂纹：为防止裂纹产生，应选择合理的焊接工艺参数和次序，应该一头焊完再焊另一头，如发现有裂纹应铲除重新焊接。

咬边：应选用合适的电流，避免电流过大，电弧拉得过长，控制好焊条的角度和运弧的方法。

气孔：焊条按规定温度和时间进行烘焙，焊接区域必须清理干净，焊接过程中，可适当加大焊接电流，降低焊接速度，使熔池中的气体完全逸出。

夹渣：多层施焊应层层将焊渣清除干净，操作中应注意熔渣的流动方向，特别是采用碱性焊条时，必须使熔渣留在熔池后面。

6）引弧与熄弧：引弧的方法有两种，划弧法易掌握，不受焊条端部有无熔渣的限制，但新焊工操作不熟练易污染焊件。另一种接触碰击法可用于困难位置引弧，污染焊件较轻，缺点焊条药皮容易脱落，造成暂时性弧偏吹，对于不熟练焊工，焊条易粘在焊件上或断弧。

引弧后应在起弧处停留一会儿，以便于预热，然后将电弧引向焊缝部，并稍作横向摆动以保证焊透与熔深。

更换焊条速度要快，应在熔池未冷却之前换好。工作间断后再焊，应先清理接头处熔渣，打火时应在弧坑前（5～20mm 金属焊缝处引弧，然后将电弧退回，等弧坑全部熔透并填满后，再继续向前施焊。

一条焊缝焊接结束熄弧时，为了保证弧坑填满，可先停止焊条向前移动，稍停片刻慢慢拉断电弧，也可回焊一小段后熄弧。也可先缩短电弧，逐渐填满熔池，然后将电焊条很快拉向一侧，提起熄弧。

每一个焊工应根据自己的焊接经验，根据实际情况，用自己熟悉和成熟的焊接手法进行施焊。在施焊前可以进行试焊，以便知道哪一种方法适合自己焊接。

6. 支撑连接板的装配与焊接

用样杆划出支撑连接板的位置，将支撑连接板对准位置装配并定位点焊。全部装配完毕，即开始焊接支撑连接板。焊完应清除熔渣及飞溅物。并在焊缝附近打上焊工钢印代号。

7. 成品检验

（1）焊接全部完成，焊缝冷却 24h 之后，全部作外观检查并做出记录。Ⅰ、Ⅱ级焊缝应作伤探。

（2）按照施工图要求和施工规范规定对成品外形和几何尺寸进行检查验收，逐榀屋架做好记录。

8. 除锈、油漆、编号

（1）成品经质量检验合格后进行除锈，除锈合格后方可进行油漆。

（2）涂料及漆膜厚度应符合设计要求和施工规范规定。

（3）安装焊缝 50mm 以内及摩擦面不得误涂油漆。

（4）在构件指定位置上标注设计构件编号。

9. 钢屋架制作质量标准

保证项目

（1）钢屋架制作进行评定前应先进行焊接质量评定，符合标准规定后方可进行。

（2）钢材的品种、规格、型号和质量必须符合设计要求及施工规范的规定。

（3）钢材切割面必须无裂纹、夹层和大于1mm的缺楞。

基本项目

构件外观表面无明显凹面和损伤，划痕不大于0.5mm。

允许偏差项目（表16-4）

钢屋架制作允许偏差 **表16-4**

项次	项目		允许偏差（mm）	检验方法
1	屋架最外端两个孔或两端支座端面最外侧距离	$L \leqslant 24m$	+3 −7	用钢尺检查
		$L > 24m$	+5 −10	
2	屋架或天窗架中点高度		±3	
3	屋架起拱	设计要求起拱	+10 0	用拉线、钢尺检查
		设计不要求起拱	$\pm L/5000$	
4	屋架弦杆在相邻节点间平直度		$l/1000$ 且不大于5mm	
5	固定檩条的连接件间距		±5	用钢尺检查
6	固定檩条或其他构件的孔中心距	孔组距	±3	
		组内孔距	±1.5	
7	支点处固定上、下弦杆的安装孔距离		±2	
8	支承面到第一个安装孔距		±1	
9	杆件节点杆件几何中心线交汇点		3	划线后用钢尺检查

注：L为屋架长度；l为弦杆在相邻节点间距离。

10. 注意事项

（1）堆放构件时地面必须垫平，避免垫点受力不均。屋架吊点、支点合理。宜立放，以防止侧向刚度差而产生下挠或扭曲。

（2）钢结构防锈底漆、编号不得损坏。

（3）构件运输、堆放变形：运输、堆放时垫点不合理，上下垫木不在一条垂线上，以及场地沉陷等原因造成变形。已发生变形应根据情况可采用千斤顶、氧乙炔火焰加热或其他工具矫正。

（4）构件扭曲：拼装时节点处型钢不吻合，连接处型钢与节点板间缝隙大于3mm应予矫正，拼装时用夹具卡紧。长构件应拉通线，符合要求后再定位点焊固定。长构件翻身时由于刚度不足有可能产生变形，这时应事先进行临时加固。

（5）起拱不准：钢屋架拼装时应严格检查拼装点角度，采取措施消除焊接收缩量的影响，并控制产生累计偏差。

（6）焊接变形：应采用合理焊接顺序及焊接工艺（包括焊接电流、速度、方向等）。或采用夹具、胎具将构件固定，然后再进行焊接，以防止焊接后翘曲变形。

（7）跨度不准：制作、吊装、检查应用统一精度钢尺。严格检查构件制作尺寸，不允许超过允许偏差。

11. 钢屋架制作安全交底

（1）焊工应严格遵守安全用电规程的规定，应持有上岗证，无证不得施焊。

（2）施焊打火前应检查附近有无易燃、易爆物品以及其他无关人员。焊条头不得顺乎随便乱扔。

（3）本工程属老厂改造工程，厂方明确规定用火和电焊等要经过建设单位保卫科审批，故在施焊前办理有关手续。

（4）下班前由班长检查现场有无余火，如有焊条头引起火苗应及时扑灭后方可离开现场。

（5）非电焊人员未经有关部门同意，不得动用焊接设备。

（6）电焊所用软线接头可自行卸接外，其他有关用电设施和电线等，均应由电工负责。

（7）下班前，应先将电源切断，开关拉断。

（8）应经常检查电源线和电焊软线是否有破损，若有应及时用胶布包好或更换。

（9）三相开关应用安全开关，操作时应用绝缘手套，动作要迅速。

（10）在使用电焊机时，不得接触电焊机上非绝缘的部分，若发现有漏电现象，应及时断电，通知电工及时修理。

（11）在潮湿地点施焊，应铺设干燥木板和穿胶鞋。

（12）敲打焊渣时，必须戴眼镜。

（13）焊机上各种开关不得合用。焊机上各部分接地线不得与外壳接地线合用。多台焊机的地线必须采用并联方式与总地线联接。

（14）夜间施焊要有足够照明。

（15）焊接工地禁止非施工人员进入。

（四）钢屋架安装技术交底

钢屋架安装前必须经过检查验收，若有变形、损坏应进行矫正和修补，被损坏油漆应补涂，并再次办理验收手续。

1. 钢屋架安装前准备

（1）复测建筑施工测量放线的轴线控制点和测量标高的水准点。放出标高控制线和屋架轴线的吊装辅助线。

（2）复验屋架支座及支撑系统的预埋件，其轴线、标高、水平度、预埋螺栓位置及伸出长度，超过允许偏差时，应做好技术处理。

（3）检查汽车吊。

（4）按照施工组织设计要求搭设操作平台或脚手架。

（5）屋架腹杆设计为拉杆，但吊装时由于吊点位置使其受力改变成压杆时，为防止杆件失稳、变形，必要时采取在平行于屋架上下弦方向通长用杉木150×200mm临时加固措施。

（6）测量用的钢尺应与钢结构制造用的钢尺校对，并取得计量单位鉴定证明。

2. 安装顺序

(1) 一般采用综合安装方法从建筑物一端开始，向另一端推进，顺序安装时注意误差累积。

(2) 安装顺序是屋架，天窗架，垂直、水平支撑系统，屋面板。

(3) 每一独立单元构件安装完之后，应具有空间刚度和可靠的稳定性。

3. 安装方法

(1) 钢屋架的扶直与就位

钢屋架的侧向刚度很差，扶直时由于受自重作用，改变了杆件原受力性能，特别是上弦杆件很易因扭曲应力而损伤屋架，特别是节点处，因此在钢屋架扶直时用杉木对上弦杆件等进行绑扎加固。

(2) 对屋架扶直时，起重机的吊钩应对准屋架中心，左右两边的绳索应对称，吊索与水平面的夹角要在45°左右。吊索应用滑轮使其受力均匀，这样可避免屋架在扶直过程中产生扭曲应力。在钢屋架接近扶直时，吊钩应对准下弦中心，以防止屋架左右摇摆。

(3) 吊装前用杉木对钢屋架加固，以减少吊装时的侧向变形，虽然国家标准图G511在总说明中提出这一点，但如何加固并没有作出具体要求。现对屋架上下弦用150mm×200mm通长方木进行加固外，再用三根150mm×200mm方木加固腹杆，绑扎点应在屋架的节点处，用8号铁丝绑扎。

(4) 采用汽车吊正向扶直方法进行扶直。

(5) 钢屋架扶直后，立即进行就位，屋架就位的位置应按施工组织设计平面布置要求进行，在吊装时考虑到屋架的安装顺序和两端朝向，钢屋架的起吊按图16-1所示进行吊装。屋架就位后，应用8号铁丝和支撑与已安装的钢筋混凝土柱和已就位的屋架相互拉牢撑紧，以保持屋架的稳定。

(6) 屋架的临时吊装绑扎：绑扎点应选在上弦的节点处，且左右对称，高于屋架的重心，使屋架吊起后能基本保持水平、不

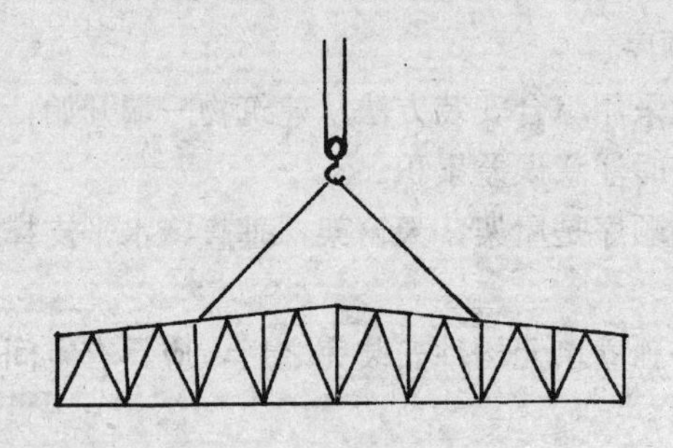

图 16-1　钢屋架吊装

摇晃、不倾翻。在屋架的两端用麻绳作为溜绳，由两名工人拉紧溜绳，以便于控制屋架转动。屋架的吊点数目与位置与设计人员商定。

吊索与水平线的夹角不能小于 45°。

（7）屋架的吊装、就位和临时固定：

屋架吊起时先将屋架吊离地面 300mm 左右，然后将屋架转至吊装位置的下方，再将屋架提升到柱顶上方 300mm 左右，然后将屋架缓缓降至柱顶，进行对位。

在屋架吊装前使用经纬仪和卡尺在柱顶放出建筑物的定位轴线，若定位轴线与柱顶混凝土截面中线偏差较大，但又在允许范围之内，应逐间调整。屋架对位应以建筑定位轴线为准，屋架对位后应立即进行临时固定，经检查固定稳妥后方可摘钩离去。

第一榀屋架的临时固定应十分小心，必须准确可靠，固定牢固。因为第二榀屋架的临时固定还要以第一榀屋架作为支撑，第一榀屋架临时固定方法可用四根缆风绳从两边屋架拉牢，再与抗风柱按设计图纸要求进行连接。

第二榀屋架的临时固定，可用工具式水平支撑与第二榀连接，以后各榀屋架与前一榀屋架采用相同方法进行连接。

工具式支撑可用 $\phi50$～$\phi60$ 钢管制作，其两端各有两只撑脚，撑脚上设有可调螺栓，利用调整螺栓将新上一榀屋架上弦两边夹紧。每榀屋架一边至少有两个工具式支撑，经反复利用调整螺栓进行调整使新上的一榀屋架位置准确，且在垂直平面内。

当屋架经过校正与柱用螺栓按设计要求固定后，再在屋架上安装若干块大型屋面板后，就可以将工具式支撑取下。

屋架设计时考虑大型屋面板需起一定的支撑作用，设计规定屋面板与屋架上弦的焊接不应少于三个角点，每个角上的贴角焊缝厚度不小于 5mm，焊缝长度不小于 60mm。

（8）屋架固定：

1)屋架两端与钢筋混凝土柱的固定，设计图纸采用螺栓固定，不必加焊安装焊缝。待屋架经过校正固定后，应将螺栓与螺母焊接以防止松动。

2）安装螺栓孔不能任意用气割扩孔，永久性螺栓不得垫 2 个以上垫圈，螺栓外露丝扣长度不少于 2～3 扣。

3）屋架支座、支撑系统的安装做法需认真检查，必须符合设计要求，并不得遗漏。

4．检查、验收

（1）屋架安装后首先重点检查现场连接部位的质量。

（2）屋架安装质量主要检查屋架跨中对两支座中心竖向面的不垂直度，及屋架受压弦杆对屋架竖向面的侧向弯曲必须保证不超过允许偏差，这是保证屋架设计受力状态及结构安全的关键。

（3）屋架支座的标高、轴线位移、屋架跨中挠度经测量做出记录。

5．除锈、油漆

（1）连接处焊缝无焊渣和油污。除锈合格后方可进行油漆。

（2）涂料及漆膜厚度应符合设计要求或施工规范规定。

6．屋架安装质量标准

保证项目

（1）钢屋架安装工程的质量检验评定，应在焊接质量检验评定符合标准规定后进行。

（2）钢屋架必须符合设计要求和施工规范规定。由于堆放、运输和吊装造成的构件变形必须矫正。

(3) 支座位置、做法正确，接触面平稳、牢固。

基本项目

(1) 标记中心和标高完备清楚。

(2) 结构表面干净，无焊疤、油污和泥沙。

允许偏差项目（表 16-5）

钢屋架安装允许偏差　　表 16-5

项次	项　目	允许偏差（mm）	检验方法
1	屋架弦杆在相邻节点间平直度	$e/1000$ 且不大于 5	用拉线和钢尺检查
2	檩条间距	±6	用钢尺检查
3	垂直度	$h/250$ 且不大于 15	用经纬仪或吊线和钢尺检查
4	侧向弯曲	$L/1000$ 且不大于 10	用拉线和钢尺检查

注：h 为屋架高度；L 为屋架长度；e 为弦杆在相邻节点间距离。

7. 注意事项

(1) 安装屋面板就位时，缓慢下落。不得碰撞已安装好的钢屋架、天窗架等。

(2) 吊装损坏的防腐底漆应涂补，以保证漆膜厚度能符合规定要求。

(3) 几个常见质量通病及防治办法如下：

1) 螺栓孔眼不对，任意扩孔或改为焊接：安装时发现上述问题应报告技术负责人，经与设计单位洽商后，按规范或洽商的要求进行处理。

2) 现场焊接质量达不到设计及规范要求：焊工须有考试合格证，并应编号，焊接部位按编号做检查记录，全部焊缝全数外观检查达不到要求的焊缝补焊后应复验。

3）不使用安装螺栓，直接安装高强螺栓：安装时必须按规范要求先使用安装螺栓临时固定，调整紧固后再安装高强螺栓并替换。

4）屋架支座连接构造不符合设计要求：钢屋架安装最后检查验收，如支座构造仍不符合设计要求时，不得办理验收手续。

8. 钢屋架安装安全交底

（1）钢屋架安装顺序与安装步骤应按本工程安装施工方案要求进行。

（2）凡参与钢屋架安装的操作人员必须持有上岗证，有较熟练的安装经验。特别是汽车吊司机，应熟悉吊车的性能、使用范围、操作步骤、安装程序，使用后应妥善保管保养。

（3）钢丝绳在使用中应经常检查：

1）磨损及断丝情况、锈蚀与润滑情况。

2）钢丝绳不得扭劲及结扣，绳股不应凸出。使用钢丝绳安全系数不得小于5.5。

3）绳卡应紧固可靠。

4）钢丝绳在滑轮与卷筒位置应正确，在卷筒上应固定牢靠。

5）钢丝绳严禁与架空电线接触，应避免与尖棱的物体摩擦。

（4）吊钩在使用前应检查：

1）表面有无裂纹和刻痕。

2）吊钩环自然磨损不得超过原断面直径的10%。

3）钩劲是否有变形。

4）是否存在各种变形和钢材疲劳裂纹。

5)凡属起重范围之内的信号指挥和挂钩工人应经过严格挑选和培训，使他们熟知本工种的安全操作规程。

（5）汽车吊不准“带病”作业、不准超负荷作业、不准在吊装中维修。

（6）在起吊钢屋架时，严禁在吊臂下站人。

（7）汽车吊司机与信号工在吊装前，应到现场熟悉吊装任务，包括屋架堆放位置、重量等，司机应与信号工互相熟悉指挥吊装信号，包括指挥时手势、旗语、哨声。吊装时做到“三不挂”，即：不明重量不挂、屋架与地面连接不挂、斜牵斜吊不挂。

(8) 吊装屋架时，钢筋混凝土柱与屋架固定，应搭设临时脚手架或活动操作架进行安装，最好使用本公司工具式吊装用操作台，自重轻，装拆及使用方便。

(9) 汽车吊在吊装时尽量避免或减少升降起重臂，尽量使用调整钢丝绳长度，以避免不安全事故发生。

十七、钢筋混凝土主梁开孔洞裂缝补强技术交底

（一）工程概况

某市综合商场，建筑面积15893m²，主楼地面以上13层，顶层标高为47.7m，顶层设水箱，其顶标高为49.7m，裙楼4层，主楼与裙楼均设地下室，结构采用钢筋混凝土框架，混凝土强度为C25，钢筋为Ⅱ级钢。

主楼底层及二、三层均为商业用房，故建筑设计采用大柱距的柱网，柱距为4.8m×7.8m，4层至12层为旅社客房，每个客房平面尺寸为4.8m×3.9m（见平面布置图17-1），底层至5层纵向柱距7.8m，4层以上用空斗砖墙分隔为两间，空斗砖墙下设钢筋混凝土次梁，截面尺寸为250×550mm，该次梁L408支承在框架梁L405上，L405梁截面尺寸为300×880mm，因客房内设厕所，设置4根次梁L407支承在主梁L405上，其设计结构配筋详见图17-2。由于每个客房均设有中央空调，其通风口穿过主梁L405，其位置在次梁L408两侧，L405梁上开孔尺寸为900×180mm，洞口尺寸与梁截面相比，属于大孔洞范围，洞口设计配筋详见图17-2。主体结构施工完后安装中央空调管道，发现主梁L405在开孔部位顶角有斜裂缝，裂缝宽度在0.8～1.2mm左右，经对设计图纸配筋验算，发现次梁L408在主梁L405的部位未设置吊筋（应为2 ф 20），而且该部位洞口加强钢筋又不足，致使主梁L405开孔的角位应力集中，出现裂缝，见图17-3。

（二）准备工作

1. 补强方案

由于该结构采用现浇钢筋混凝土梁板体系，采用角钢焊接补强方案均须对主梁进行凿孔等作业，施工比较困难，经过多方案

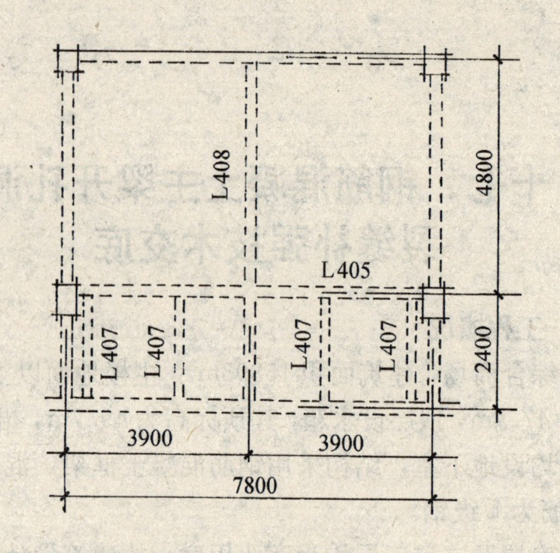

图 17-1　平面布置图

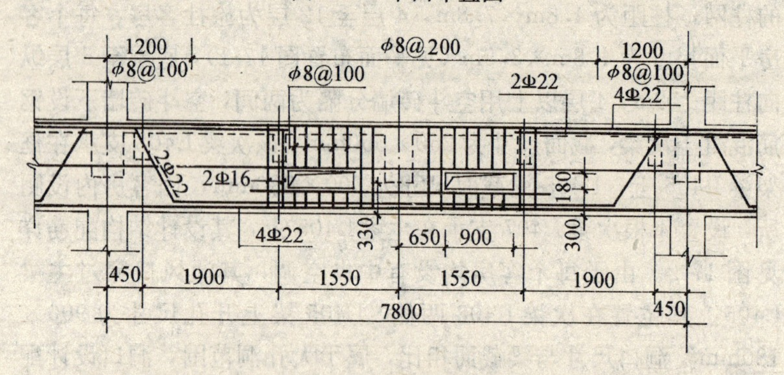

图 17-2　梁结构配筋图

比较采用高强结构胶补强方案，在梁裂缝灌浆，且表面粘贴钢板，提高主梁 L405 的抗剪能力，详见图 17-4。粘贴钢板与裂缝垂直。

2. 材料

（1）钢板：Q235 号钢，板厚 3mm。

（2）环氧树脂：E-44（6101 号），淡黄色至棕黄色粘稠透明液体，相对密度 1.1，环氧值 0.41～0.47，软化点 14～22℃。

（3）乙二胺：无色，相对密度 0.9，沸点 117℃。

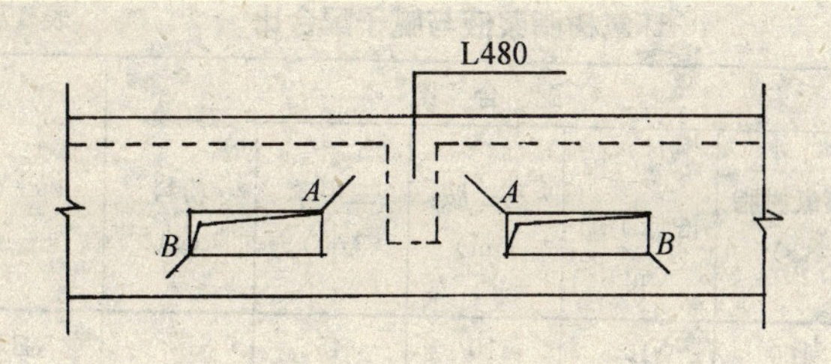

图 17-3　主梁开孔角位裂缝

(4) 二甲苯：无色，相对密度 0.86，沸点 138℃。

(5) 邻苯二甲酸二丁酯：无色，相对密度 1.05，沸点 335℃，酯含量 99.5%。

(6) 钢板胶粘剂：JGN 建筑结构胶，桶装，分甲、乙组份，按重量其配合比为甲∶乙＝4∶1。钢板与混凝土粘贴抗拉与抗剪强度大于 5MPa。

3. 机具

(1) 钢板加压架：采用匚 8 槽钢和厚 10mm 钢板焊接成 π 型支架，用手动螺栓加压，详见图 17-5。

(2) 医用玻璃注射器：医院常用细针注射器，用于混凝土裂缝灌浆之用。

4. 脚手架

采用 ϕ48×3.5 钢管在现场拼装成操作架子。

(三) 结构补强技术交底

1. 环氧树脂灌浆

(1) 环氧树脂浆液与腻子配制：环氧树脂浆液与腻子的配合比见表 17-1，配制时先将环氧树脂、邻苯二甲酸二丁酯、二甲苯按表 17-1 中所示比例称量，放入容器内搅拌均匀，然后在灌浆时加入乙二胺再搅拌均匀，配制成环氧树脂浆液作注浆之用，环氧腻子按表 17-1 中配合比要求制作，作封闭裂缝之用。

环氧树脂浆液与腻子配合比 **表 17-1**

名称	配合比					说　明
	环氧树脂 (g)	邻苯二甲酸二丁酯 (ml)	乙二胺 (ml)	二甲苯 (ml)	粉料 (g)	
环氧浆液	100	10	10	45		注浆
环氧腻子	100	10	10		50～100	封闭裂缝用

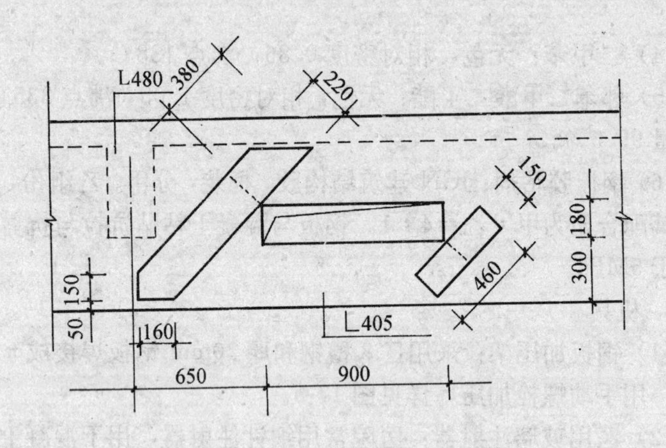

图 17-4　主梁开口角部裂缝补强方案

(2) 裂缝封闭：在图 17-3 中，梁开口顶点 A 与 B 点沿梁横截面有较大裂缝，该缝不贴钢板，用环氧腻子封闭，凡是大的裂缝均用环氧腻子封闭，留出医用注射器的针孔及出气孔。

(3) 灌浆：医用注射器内装入环氧树脂浆液，安上注射针，插入混凝土梁裂缝的针孔内，在针孔周围用环氧腻子再次封死，往梁的裂缝内注入浆液，直至出气孔流出浆液为止，然后用腻子将孔封死。

由于加入乙二胺硬化剂后，时间过长浆硬化凝固，故应按操作过程速度适量加入乙二胺随时使用，不能一次配作过多造成浪费。灌浆完毕应及时用丙酮冲洗注射管，以便以后使用。

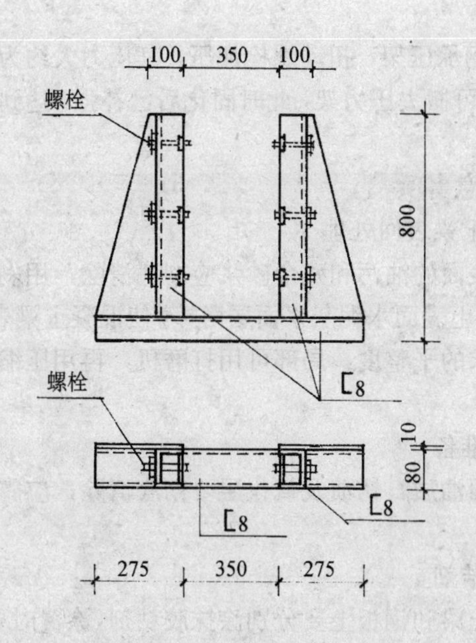

图 17-5 钢板加压架

2. 粘贴钢板

（1）粘结前应将混凝土梁裂缝表面打毛磨平，环氧树脂灌浆时的腻子等也应磨光，其表面平整度应达到 1mm 之内，再用压缩空气吹扫，使表面清洁、粗糙，便于粘贴钢板。

（2）钢板表面应清扫其油质与锈渍（包括氧化层），露出铮光白亮的洁面，可用喷砂方法，再用乙二醇和三氯乙烯冲洗除锈。

混凝土梁和钢板表面经过处理和除锈后，应立即进行粘贴补强，否则，由于混凝土表面积尘和钢板表面氧化后影响粘贴效果。

（3）按结构胶使用说明书要求进行操作，将甲、乙两组胶混合，用力搅拌。在混凝土梁裂缝粘贴部位和钢板上分别涂抹胶粘剂，涂覆要薄而均匀，厚度根据混凝土梁表面的平整程度可为 1～3mm，搅拌好的胶粘剂应在 30min 内用完。根据过去经验，胶粘剂用量为 2～4kg/m^2。涂完胶粘剂后应立即进行粘结补强，因为混合后胶粘剂在 1～2h 后开始工作，如涂抹后不马上粘贴，将会影响补强效果。钢板粘贴到梁上裂缝部位后应立刻进行加压，用图

17-5 所示的钢承压架，扭动螺栓加压，其压力大约为 0.1MPa 左右。24h 后即可撤去压力架，此时固化后已补强，达到设计承载能力。

（四）注意事项

1. 混凝土梁表面处理

混凝土表面的油污和残余砂浆应彻底清除，用剁斧石的操作方法，将混凝土表面水泥灰浆面层凿掉，使混凝土梁表面清洁、粗糙，达到要求的平整度，局部可用打磨机，再用压缩空气吹掉表面粉砂。

2. 钢板准备

钢板表面油质、锈渍及氧化层要彻底清除，应露出铮光白亮的清洁表面。

3. 涂粘结剂

在混凝土梁和钢板上要分别涂抹胶粘剂，涂覆时要薄而均匀，厚度不得大于 3mm，搅拌好的胶粘剂应在 30min 内用完。涂完胶粘剂后应立即进行粘结补强，并施加压力。

4. 混凝土梁表面和钢板板面经处理后应立即进行粘结外强，防止时间过长混凝土梁表面积尘和钢板表面氧化，影响粘结效果。

十八、轻钢龙骨石膏板隔墙施工技术交底

（一）工程概况

某高级饭店为钢筋混凝土框架结构，除加气混凝土墙面外，隔墙大部分采用轻钢龙骨石膏板作面板的轻质隔墙。由于该工程内装修属高级装修，施工要求高，在作业时必须严格遵守施工工艺标准和本技术交底的具体规定。

（二）作业准备

1．材料

该工程设计指定的轻钢龙骨和石膏板定点生产厂家，见表18-1。

2．现场作业准备

（1）轻钢骨架石膏罩面板隔墙施工前，应先安排外装修，墙板安装应待屋面、室内地面、顶棚和墙面抹灰完成后进行。

轻钢龙骨和石膏板定点生产厂　　表 18-1

材料名称	规格（mm）	生产厂家	技术标准	备注
沿边龙骨 C75-1	76.5×40×0.8	北京市建筑轻钢结构厂	镀锌，误差＜±1mm	
主龙骨 C75-2	75×50×0.8	北京市建筑轻钢结构厂	镀锌，误差＜±1mm	
横撑龙骨 C75-4	38×12×1.2	北京市建筑轻钢结构厂	镀锌，误差＜±1mm	
龙骨卡子 C75-5		北京市建筑轻钢结构厂	镀锌，误差＜±1mm	
自攻螺钉	M4×25	北京市建筑轻钢结构厂	镀锌，误差＜±1mm	

续表

材料名称	规格（mm）	生产厂家	技术标准	备注
自攻螺钉	M4×35	北京市建筑轻钢结构厂	镀锌，误差<±1mm	
石膏板	3000×1200×12	北京新型建材厂		
腻子粉 KF80-2	粉末状	中国建筑一局科研所	袋装	
贴缝纸带	穿孔牛皮纸	北京新型建材厂		
SG791 胶	桶装			
熟石膏粉				

(2) 设计要求隔墙有地枕带，应将地枕带施工完毕，并达到设计强度后，方可进行轻钢骨架的安装。

(3) 墙为加气混凝土砌体时，应在隔墙交接处，按 1000mm 间距预埋木砖。

(4) 根据设计图和施工方案提出的备料计划，查实隔墙全部材料，使其配套齐备。

(三) 施工方法

1. 根据施工图在楼地面上放出隔墙位置线及门窗洞口边框线，并弹出顶龙骨位置边线，放线后按设计要求，将隔墙的门洞口框安装完毕，用钢凿凿掉木门框脚头部分的混凝土，以便于门框固定。

2. 按照隔墙所弹墨线位置，安装顶龙骨和地龙骨，用射钉枪将射钉固定在结构主体上，其射钉间距为 1000mm。用射钉固定时，应带有橡胶垫条或泡沫塑料垫条来固定上下沿边龙骨。

混凝土导墙采用预埋木砖（按设计图要求尺寸预埋）用木螺丝固定沿地龙骨和沿顶龙骨。卫生间加气混凝土墙沿墙沿地龙骨，也应在其混凝土内预埋木砖用木螺丝固定好沿墙龙骨。

3. 将 C75—2 主龙骨（竖向龙骨）上下两端嵌入沿顶沿地龙骨，用铆钉枪固定或用电钻打眼木螺丝固定。竖龙骨布置间距为

400～600mm 左右，板材中间有一根龙骨，有利于用KF80 腻子嵌缝，靠墙或柱的竖向龙骨用射钉将其固定，钉距为1000mm。见图18-1。

4. 为了保证墙体稳定，当层高超过3m时，可在60cm一档的主龙骨空洞中穿入横撑龙骨C75—3，并用龙骨长C75—4卡紧，间距120cm为一档。门框处用双并主龙骨组成。

横向贯通横撑龙骨应按设计要求安装。门口加强龙骨的连接采用点焊焊接固定。

铝合金窗安装用自攻螺钉固定。

5. 根据层高的实际尺寸，逐块截取石膏板，并应收5～10mm，截取时只要用多用刀沿金属长尺划破纸面，下垫木条向下一弯，石膏板即断裂，反过来再一刀划破反面纸层即可。

6. 将石膏板覆盖在龙骨表面，以电钻钻孔后用M4×25～35自攻螺丝钉将石膏板固定在龙骨上。为避免钻孔时电钻对石膏面的冲击，故宜在钻头外圈套硬质橡皮圈，以缓冲龙骨钻透时电钻对板面可能造成的损坏。一张1.2m宽的石膏板横向固定为3点，纵向间距以30cm为宜。排板顺序应从一端逐块向另一端进行。所有石膏板的自攻螺丝均应作电镀防锈处理，否则不得使用。

7. 凡需要装电器开关箱的，其铁壳用扁铁电焊于龙骨上，根据开关箱部位预先在石膏板上开孔。开孔可用曲线钻进行。应注意的是一边墙有两面开关箱的隔墙不宜设置在同一部位而应错开60cm以上，这样有利于隔音。

8. 第一层板安装完毕后，板缝和板顶的缝隙均用KF80—2腻子嵌补（配合比例为水1份，KF—2腻子粉1.6份，拌合均匀即可使用），嵌平为止。第二层板的安装应与第一层板错缝以保证隔音。刮嵌缝腻子前先将接缝内浮土清除干净，用小刮刀把腻子嵌入板缝。

9. 第二层板的固定采用SG791胶粘剂固定（配合比例为SG791胶一份，石膏粉1.6份）。应先根据高度与是否要开电器箱孔等因素截取石膏板，然后平放在地面上，将拌好的SG791胶沿

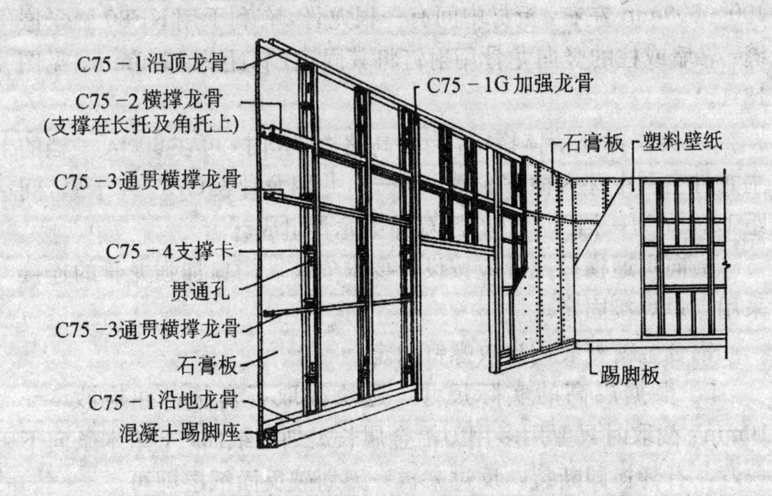

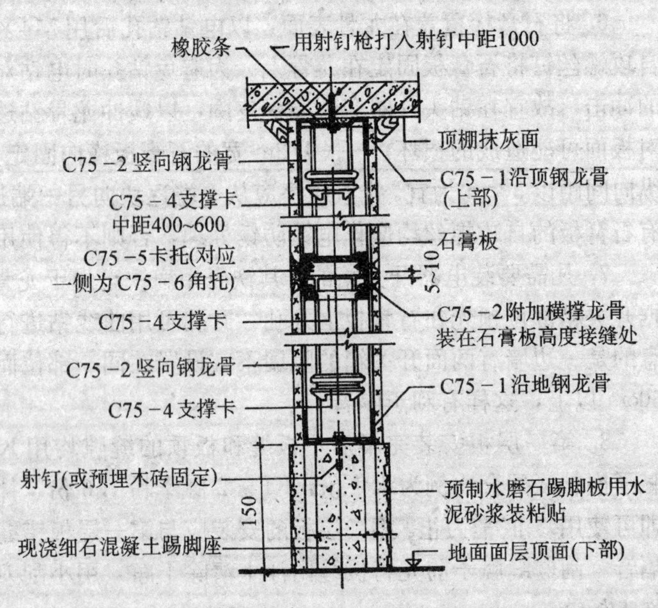

图 18-1　轻钢龙骨石膏板隔墙安装图

板四周和中段倒浆，不必满铺。随即竖起铺贴，下垫两块小对八榫（下楔法），使上口离顶约 5mm，邻缝 5mm，检查尺寸正确后用 2m 长的木条敲击，使板与基层板粘合。

10. 用托线板测量墙面平整度，误差应控制在 2mm 以内。如用自攻螺丝误差超过 2mm 应立即重新修正，如用胶粘剂者则应在凝结前用 2m 长木条敲击板面，使之符合 2mm 以内的允许误差。由于胶浆的凝结随气温而异，夏季中凝结太快来不及铺贴时可掺加适量柠檬酸延缓凝结。胶粘结第二层板者应考虑墙体厚度增加 2mm（每面），因而门框宽度或设置压条线等应妥善考虑。

11. 第二层板固定完毕后，其缝隙和与左、右、平顶相邻的墙体（或柱子）接缝处用 KF80—2 腻子嵌补外还需用纸带封闭（直角处纸带贴缝备有折角器以利施工），以利石膏板在今后长期使用过程中由于材料本身的热胀冷缩而可能形成的裂缝不被暴露。

12. 隔墙一面覆板完成后，就应由电工配合安装电线管道、开关箱等作业。待电工作业完成后才可覆盖另一面面板。

13. 当面板安装好、缝隙处理完毕后，由油漆工将自攻螺丝的钉眼用腻子批平，以防日久出现锈渍。然后用常规腻子满批或用 KF80—2 腻子粉加水调成稀浆满刷一度，以使底色均匀一致。然后做涂料或贴墙纸。

14. 石膏板之间的隔音材料采用 50mm 的岩棉，用固定于石膏板一侧的岩棉钉固定，隔墙四周粘贴橡胶条隔音。

（四）质量标准

1. 保证项目

（1）轻钢骨架、石膏罩面板必须是合格产品，其品种、型号、规格应符合设计要求。

（2）轻钢骨架不得弯曲变形；纸面石膏板不得受潮、翘曲变形、缺棱掉角，无脱层、折裂，厚薄应一致。

（3）墙体构造及纸面石膏板的纵横向敷设应符合设计要求；安装必须牢固。

2. 基本项目

（1）轻钢骨架沿顶、沿地龙骨应位置正确、相对垂直；竖向龙骨应分档准确、定位正直，无变形，按规定留有伸缩量（一般竖龙骨长度比净空短 30mm），钉固间距应符合要求。

（2）罩面板表面平正、洁净，无锤印；钉固间距钉位应符合设计要求。

（3）罩面板接缝形式应符合设计要求，拉缝和压条宽窄一致，平缝应墙面平整。

3．允许偏差项目（表 18-1）

轻钢骨架石膏罩面板隔墙允许偏差　　　　表 18-1

项次	项　类	项　目	允许偏差（mm）	检　验　方　法
1	轻钢龙骨	龙骨垂直	3	靠尺检查
2		龙骨间距	3	尺量检查
3		龙骨平直	2	2m 靠尺检查
4	罩面板	表面平整	3	2m 靠尺检查
5		立面垂直	4	2m 靠尺检查
6		接缝平直	3	拉 5m 线检查
7		接缝高低	1	用直尺和塞尺检查
8	压条	压条平直	3	拉 5m 线检查
9		压条间距	2	尺量检查
10	阴阳角	竖直偏差	2	2m 直尺检查
11		方正	2	

（五）成品保护

1．轻钢骨架隔墙施工中工种间应保证已装项目不受损坏，注意墙内电管线及设备位置不得碰动。

2．轻钢骨架及纸面石膏板入场，存放使用过程中应妥善保管，保证不变形、不破损、不受潮、不污染。

3．施工部位已安装的门窗、地面、墙面、窗台等应注意保护，防止损坏。

4. 已安装完的墙体不得碰撞，保持墙面不受损坏和污染。

（六）注意事项及质量通病预防

1. 墙体收缩变形及板面裂缝：原因是竖向龙骨紧顶上下龙骨，没留伸缩量，超过12m长的墙体未做控制缝，造成墙面变形。隔墙周边应留3mm的空隙，这样可减少因温度和湿度影响产生的变形和裂缝。

2. 轻钢骨架连接不牢固，局部节点不符合构造要求：安装时局部节点应严格按图册规定处理，钉固间距、位置应符合设计要求。

3. 墙体罩面板不平：多数由两个原因造成，一是龙骨安装横向错位，二是石膏板厚度不一致。

4. 明凹缝不匀：纸面石膏板拉缝未很好掌握，宽窄不一致。施工时注意板块分档尺寸，保证板间拉缝一致。

5. 石膏板刷涂料其表面应达到无脱皮、漏刷、流坠、皱纹，颜色应一致，无倒纹等。贴墙布或墙纸则应达到花纹图案完整，无皱纹，色泽均匀，无空鼓气泡，纸边没有离缝或搭缝。不论做涂料或墙布，成品应保持清洁，不得有任何沾污，损坏之处。

十九、吊顶施工技术交底

（一）工程概况

本工程为市内宾馆，门厅、餐厅和会议室等均采用轻钢龙骨、石膏板等罩面的吊顶，装饰标准较高，且需提前投入商业服务，各专业施工交叉进行。主要装饰材料须到设计规定厂家选购，样品要经过建设单位代表审定。该装饰均先做样板间，由经验丰富老工人承担，经过建设单位和设计人员审看之后，再作施工工艺参数调整，然后转入全面施工。

（二）准确工作

1. 材料

（1）轻钢龙骨：采用北京市建筑轻钢结构厂生产的轻钢龙骨，配件有吊挂件、连接件、挂插件。

（2）零配件：吊杆、花篮螺丝、射钉、自攻螺钉。

（3）罩面板：石膏板、铝塑板、石棉板和五合板。

（4）胶粘剂：XY-401 胶粘剂。

2. 现场作业准备

（1）在结构施工现浇混凝土楼板时，底部横向预埋 80×6mm 铁板条，拆模后在纵向弹出各吊杆的十字交点，使吊杆在纵横方向位置上都成为一条直线，直误差小于 5mm，在该吊点处焊接 $\phi 8$ 钢筋吊杆，间距与长度均按设计施工图进行设置。

（2）裙楼吊顶房间为砖砌体，应在顶棚的标高位置沿墙或柱的四周，预埋防腐木砖，间距为 1000mm。

（3）安装顶棚内各种管线及中央空调风管，确定各种吊灯的灯位、通风口及其他孔口位置。

（4）采购与验收各种吊顶材料及其配件。

（5）墙面及地面所有湿作业全部完工。

（6）准备好顶棚施工活动操作平台。

（7）预先做一样板间，先按设计图纸进行施工，顶棚起拱、灯槽洞口处理方式等先试装，设计代表与建设单位驻现场代表共同认定后，再进行大面积施工。

（三）施工工艺

1. 弹线

根据楼层标高水平线，用小钢尺竖向标出顶棚设计标高，沿墙或柱四周弹出顶棚标高水平线，并在墙上划出龙骨分档位置线。

2. 安装大龙骨吊杆

根据吊顶设计图纸和起拱要求，确定吊杆下端头的标高，将吊杆无螺栓丝扣一端与楼板底面预埋条铁焊接固定，此时应对中吊杆在预埋铁件上的十字中心。

3. 安装大龙骨

（1）配装好吊杆螺母，并在大龙骨上预先安好所有吊挂件。

（2）安装大龙骨：将组装好吊挂件的大龙骨 UC60，按分档线位置使吊挂件穿入相应的吊杆螺栓，并拧上螺母。

（3）所有大龙骨通过连接件进行连接形成一条直线，并应调整标高，使其平直，详见示意图 19-1。

（4）凡靠边龙骨采用射钉固定，其间距为 1000mm。

4. 安装中龙骨

（1）按已弹好的中龙骨分档线，预先安好中龙骨上所有吊挂件。

（2）安装中龙骨：按设计图纸中龙骨间距规定，将中龙骨 UC50 通过吊件，吊挂在大龙骨上。

（3）通过连接件将中龙骨连接成整条，同时应进行调直固定，靠墙部位应用射钉固定。

5. 安装小龙骨

（1）按已弹好的小龙骨分档线，卡装好小龙骨吊挂件。

（2）安装小龙骨：按设计图纸中小龙骨间距，将小龙骨 UC38 用吊挂件固定在中龙骨上。

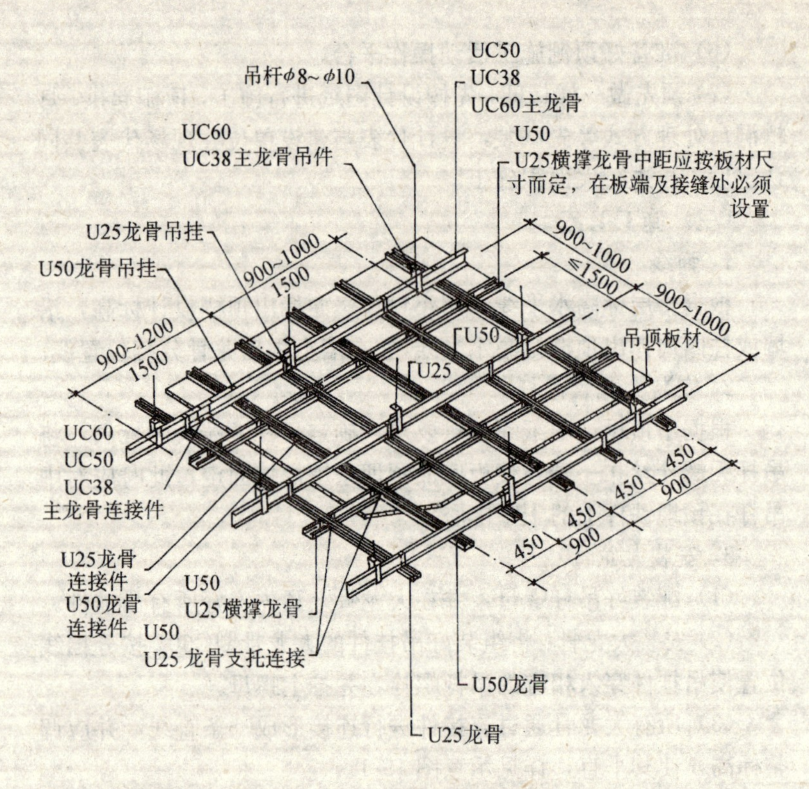

图 19-1　龙骨安装示意图

(3) 通过连接件将小龙骨连接成整条，同时进行调直固定，靠墙部位采用射钉固定。

6. 洞口部位处理

遇有送风口、照明灯具安装及下部有轻钢龙骨石膏墙时，应在吊顶相应部位按设计节点详图附加布设中龙骨或小龙骨。

7. 安装罩面板

(1) 石膏板、石棉板和五合板采用自攻螺丝与龙骨固定。按罩面板的规格尺寸、接缝间隙进行分块弹线，从顶棚中间顺中龙骨方向先开始安装一行罩面板，依此为基准和依据，然后向两侧伸延分块分行进行安装，罩面板的固定一律采用自攻螺钉，间距200～300mm，详见安装节点详图。

(2) 铝塑板采用xy-401胶结剂与底层石膏板粘结固定。在施工前应对铝塑板进行整修，使厚度、尺寸、边角楞整齐一致。先在预装部位龙骨框底面刷胶，同时在铝塑板周边宽度大约10mm范围内刷胶，经5min后，将铝塑板压粘在相应部位，安装顺序与石膏板固定相同，先从中间一行开始，然后向两侧分块分行粘贴。

(四) 质量标准

1. 保证项目

(1) 轻钢龙骨和罩面板的材质、品种、规格、式样应符合设计图纸和建设单位的要求。

(2) 轻钢龙骨安装位置必须正确，安装连接应牢固，不能有松动现象。

(3) 罩面板应经过挑选，不能有翘曲、折裂、缺楞掉角等缺陷，安装固定应牢固。

2. 基本项目

(1) 轻钢龙骨吊杆和大、中、小龙骨安装位置应正确，符合设计要求，达到平直无弯曲无变形。

(2) 罩面板表面应平整、洁净、色调一致，在施工时不得污染。

(3) 罩面板接缝应符合设计详图要求，其拉缝、压条宽窄应一致、平直整齐。

3. 允许偏差见表19-1。

轻钢骨架罩面板顶棚允许偏差　　表19-1

项次	项类	项　目	允许偏差(mm)				检验方法
			胶合板	塑料板	钙塑板	石膏板	
1	龙骨	龙骨间距	2	2	2	2	尺量检查
2		龙骨平直	3	3	2	2	尺量检查
3		起拱高度	±10	±10	±10	±10	短向跨度1/200拉线量尺
4		龙骨四周水平	±5	±5	±5	±5	尺量或水平仪检查

续表

项次	项类	项　目	允许偏差 (mm)				检验方法
			胶合板	塑料板	钙塑板	石膏板	
5	罩面板	表面平整	2	2	3	3	用2m靠尺检查
6		接缝平直	3	3	3	3	拉5m线检查
7		接缝高低	0.5	0.5	1	1	用直尺和塞尺检查
8		顶棚四周水平	±5	±5	±5	±5	拉线或用水平仪检查
9	压条	压条平直	3	3	3	3	拉5m线检查
10		压条间距	2	2	2	2	尺量检查

（五）成品保护

1. 轻钢龙骨及罩面板安装时应注意保护顶棚内各种管网。轻钢龙骨的吊杆和龙骨严禁固定和连接在中央空调管道和其他设备部件上。

2. 轻钢龙骨、罩面板及其相应材料在入库、存放、使用过程中严格执行公司材料管理规定细则，并保证不变形、不受潮、不生锈。

3. 门窗、地面与墙面均已施工完毕，故在吊顶安装过程中应注意保护，严禁损坏。

4. 在已安装好轻钢龙骨架上不得直接上人踩踏，其他工种施工时不得任意将其吊挂件直接吊挂在轻钢龙骨架上，以免发生意外坠落事故。

5. 罩面板安装之前，应先将吊顶内所有各种管网（包括保温）安装完毕，并经过加压试验和试水，待办完验收手续之后方可进行罩面板安装，以防止罩面板被污染。

（六）注意事项及质量通病预防

1. 粘贴铝塑板时应防止粘贴污染。

2. 各种罩面板应按花饰要求安装，不得出现歪斜、装反和镶接处花枝、花叶、花瓣错乱、花面不清现象，条形花饰线条偏差每米不大于 1mm，全长不大于 3mm。

3. 吊顶不平是由于大龙骨安装时吊杆未调平，从而造成各吊杆标高不一致。故在施工中应拉通线检查，保证龙骨调平且标高满足设计图纸要求。

4. 吊顶各种管网不得吊挂在轻钢龙骨的骨架上，吊杆应直接固定在现浇钢筋混凝土楼板上，并通过吊杆上的螺母来调整标高。

5. 罩面板条块间隙缝不直是由于拉线找正不符合要求，在施工时应严格按设计规定尺寸拉线找正，罩面板应测量其边长尺寸，在安装固定时保证平整对直。

6. 吊顶各种留洞口应按设计施工图节点详图进行施工，按节点构造要求设置龙骨和连接件。

二十、混凝土二次浇灌技术交底

（一）工程概况

本工程为大型钢结构工业厂房，在混凝土基础顶面安装钢柱，钢柱底板下四周垫上垫铁。在平面位置和标高进行调整后。柱底进行二次灌浆。本工程的主要设备与技术由外方引进，要埋设大量地脚螺栓，地脚螺栓的埋设精度高，且外方规定地脚螺栓不得采用预留孔的施工方法。在设备安装过程中，其平面位置和标高要求很高，外方要求设备底座下的灌浆采用压浆法（图 20-1），以减小设备运行时的振动。外方设计对二次浇灌混凝土或砂浆要求强度 1d 达到 25MPa，28d 达到 50.0MPa，膨胀率为 0.005。目前我国混凝土和砂浆施工验收规范尚无具体技术性规定。为了确保工程质量，参考有关文献资料和外方设计文件、图纸，在试验室进行多次模拟试验的基础上，对混凝土或砂浆二次浇灌施工进行如下技术交底。

（二）准备工作

1. 材料

水泥：北京市试验水泥厂生产的灌筑水泥。

石子：粒径 5～10mm 的豆石或碎石，含泥量不大于 1%，用水进行冲洗。

砂：中砂，含泥量不大于 2%。

2. 现场作业准备

（1）钢结构柱子底部必须清理干净，用水冲洗，在浇灌混凝土或砂浆时，不得有明水，留出二次浇灌混凝土施工工作面。

（2）设备底座在灌浆前进行平面位置调整。

（3）钢柱的平面位置和标高必须在施工灌浆前进行复测验收。

(三）施工工艺

1. 配合比

混凝土　水泥：砂：石子：水＝1：1：1：0.31

砂浆　水泥：砂：水＝1：1：0.265

2. 混凝土或砂浆拌制

(1）严格执行重量比计量办法，砂与石子必须过磅，水用定量漏斗。

(2）后台上料要认真按每盘的配合比用量投料，投料顺序为石子—水泥—砂子—水，严格控制用水量，搅拌必须均匀，搅拌时间不少于 2min。

3. 二次浇灌

(1）在二次浇灌处，应先清除尘土和杂物，不得残留木屑之类的杂物，若有明水应排除，不得有积水现象。

(2）在浇灌混凝土或砂浆时，应用钢钎将其振密实，由一名老工人负责，严格禁止有漏振现象。

(3）振实后用铁抹子抹平压光，刮去多余残浆。

(4）每一班作业留置三组混凝土或砂浆的试块。

(5）压浆法施工工艺（图 20-1）

1）先在地脚螺栓上点焊一根 $\phi12$ 的小圆钢，作为支承垫板的托点，其点焊位置应根据调整垫铁的升降块在最低位置时的厚度、设备底座的地脚螺栓孔深度、螺母厚度、垫圈厚度、地脚螺栓外露长度等因素来确定，点焊位置应在小圆钢的下方，点焊的强度应保持在压浆时能被胀脱为适。

2）设备用垫铁初步找正和找平。

3)将地脚螺栓用螺母稍稍拧紧，使垫铁与设备底座紧密接触，暂时固定在正确位置上。

4）垫铁下面压浆层进行灌浆，厚度控制在 30～60mm 之间。

5）压浆层达到初凝后期，手指压略有凹印，调整升降快，将压浆层压紧。

6）压浆层达到设计强度 75％后，进行设备的最后找正和找

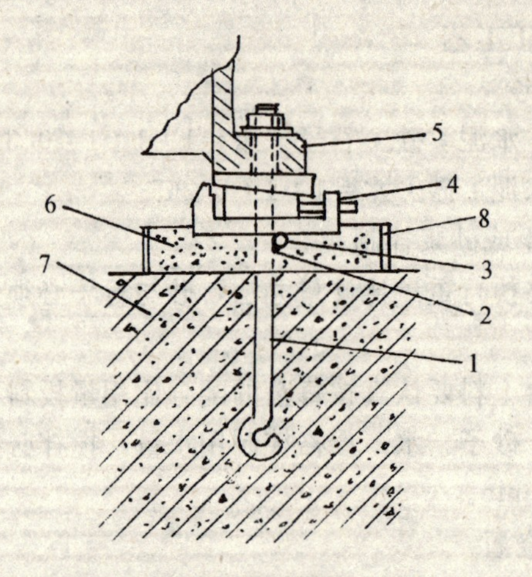

图 20-1　压浆法

1—地脚螺栓；2—点焊；3—小圆钢；4—螺栓调整铁块；

5—设备底座；6—压浆层；7—基础；8—模板

平。

4. 混凝土或砂浆养护

盖草袋浇水养护，必须有足够的水份养护情况下，才能达到外方对混凝土或砂浆强度和微膨胀的技术要求，以免发生裂纹。

（四）注意事项

1. 必须按本技术交底施工程序施工，若要修改应办理技术变更手续。

2. 灌浆工作不能间断，要一次连续灌完，在精细找平后 24h 内灌浆，否则应对安装精度重新检查。

3. 养护工作必须严格按常规施工方法进行养护。

（五）质量标准

1. 保证项目

（1）混凝土所用的水泥、砂、石、水均必须满足本技术交底和施工验收规范的要求。

（2）混凝土的配合比、原材料的计量、搅拌、浇灌、养护必须按本技术交底进行操作和符合施工验收规范的规定。

（3）每一班作业留置三组混凝土试块，按《混凝土强度检验评定标准》（GBJ 107—87）的规定制作、养护和试验，其强度要求必须符合设计图纸的规定要求。

2. 基本项目

（1）混凝土必须振捣密实，不得出现漏振现象。

（2）地脚螺栓平面位置及外露长度应满足设计要求。

（3）二次灌浆层不得有裂缝、蜂窝和麻面等缺陷，灌浆层与柱底面和设备底座底面要求紧密接触，不得有任何间隙。

二十一、塑料油膏屋面防水技术交底

（一）**工程概况**

本工程为八层住宅楼，建筑面积 $15235m^2$，混合结构，屋面防水施工面积 $1588m^2$，原设计采用两毡三油屋面防水，因市区卫生环境保护部门规定在市区不准进行沥青加热熬制，与设计代表洽商后改为塑料油膏屋面防水，并经环保部门同意。由于该项施工技术尚属首次使用，故作较详细技术交底。作业班应领回本交底的详细细节，根据以往两毡三油防水层施工经验，认真按照本交底的操作要求进行作业。

（二）**准备工作**

1. 材料

防水塑料油膏应有出厂合格证，并由公司试验室进行抽样试验（包括耐热度、粘结性、不透水性、低温柔韧性、耐裂性和耐久性试验），其试验单归入现场技术档案。

107 胶、水泥等。

2. 现场作业条件

（1）屋面找平层

1）屋面找平层必须平整、干燥、清洁，基层含水率不得大于 9%，否则应设置钢管排气孔等措施；基层表面如有裂缝和缺口、孔洞时，应用砂浆填平。

2）屋面找平层的雨水坡度应符合设计的要求，不能有积水现象。

（2）穿过屋面的管道、预埋件、烟道口、女儿墙等均应在防水层施工前完成，并应做成半径为 100～150mm 的圆弧或钝角。

（3）屋面排水应完好，排水口应畅通流水，其出口做成喇叭形的水泥砂浆套。

(4) 如蛭石保温层还潮湿应设置铁管排气孔。

(5) 搭设炉台：熔化油膏的炉台尽量接近施工地点，与铁锅相接的周边应严实，设置排烟道，炉台应远离易燃物品与木材堆放地点。

(三) 施工操作

1. 基层处理

待基层干燥后，用铁铲将找平层表面的砂浆颗粒、浮灰等铲除掉，用钢丝刷普刷一遍，然后用扫帚将杂物、灰尘和泥砂扫清，再用水冲洗干净后晒干。个别地方潮湿可用布擦干后用喷灯烘干。

找平层有裂缝、麻面、砂眼、小孔洞或缺口接槎处不光滑，用水泥素浆（加入20%水重的107胶）刮平、压光。

2. 溶化油膏

先将铁锅烘干，清除锅内的表面杂质，用刀将油膏切成小块，切好油膏块应分开放置，以免重新粘合，先放一袋（大约60kg）的油膏，用小火慢慢加热，不停地搅拌，使油膏均匀地受热慢慢地融化变成流体后，边搅拌边再放入小块油膏，每锅以四袋240kg重为宜，油膏多了搅拌困难，受热不均匀容易老化。当锅内油膏出现小泡和白烟后，应减火。当白烟较浓时应停止加热。要求油膏融化时不鼓泡，不冒黄烟。在熔化油膏时要控制好油温，不停地搅拌，使油膏温度均匀，最高温度不宜超过120℃，超过时应立即把火压小，故最好使用木柴，温度过高时可适当加入块状油膏，以便使锅内油膏温度下降。在搅拌油膏时，要贴锅底搅拌，当油膏温度超过180℃时，油膏则变成海棉状，表面油膏已老化不能使用，熬制时间大约为30～40min当锅内油膏基本融化后，可开始用油勺将油汤掏出，边掏边加入块状油膏，连续作业。

3. 涂刷油膏防水层

满涂屋面，将热油膏倾倒在屋面上，趁油膏热边浇边刮，刮子应来回刮，一次成活，厚度为3～5mm，边角泛水处用刮子反复揉擦，使油膏与基层粘结牢固，油膏泛水高度应满足设计要求，出水口处的油膏必须充分与基层粘结，做到封闭严密、流水通畅。

基层不平处油膏可适当加厚，在基层裂缝处、伸缩缝处、房屋四周雨水易积水处，其油膏厚度应适当加厚到10mm。在油膏施工留槎处，在拾边处100mm宽范围内应刮薄1～2mm，其接槎处必须充分清理干净，有起波现象一律拆起重涂。接槎拾边应不少于100mm。油膏防水层不允许露底，油膏施工时温度不宜低于60℃。

凡是有露底或起小泡的地方，应用喷灯小火慢慢地将油膏熔化后刮平刮严。出水口封闭不严的应再浇上油膏刮严。在施工时，因行走粘脚原因破损处用刀割除后，应重浇油膏且局部加厚刮平。

（四）质量标准

1. 保证项目

（1）防水塑料弹性油膏的品种、牌号必须符合设计指定的要求和有关的标准的规定。

（2）防水层及其变形缝等作业方法应符合设计图纸要求和施工验收规范的规定，不得出现渗漏现象。

2. 基本项目

（1）找平层应平整、牢固、洁净，无起砂和松动现象，阴阳角处应呈圆弧形或钝角，屋面排水坡度符合设计要求，不得有积水现象。

（2）油膏涂刮应均匀，不得有漏刮之处。

（3）油膏施工接槎处应平整，接槎拾边不得小于100mm，应粘结严密，接缝封严，不得有损伤、空鼓、起泡等缺陷。

泛水、水落口等处油膏涂刮时应封盖严密，适当加厚。

3. 允许偏差

不允许出现直径大于20mm的气泡。

（五）成品保护

1. 凡已做好油膏防水层的屋面，不再上人，采取保护措施，防止损坏。出入口处加锁封闭，出入登记。

2. 穿过屋面和墙面的钢管不得撞碰、损坏和移位。

3. 在施工油膏时，排水口、变形缝等处应用水泥纸袋、棉丝和塑料布等临时堵塞，施工完后清除干净。

（六）注意事项及质量通病预防

1. 基层必须清理干净，表面应平整，如有小麻面、砂眼、凹坑应用水泥素浆补平。因油膏施工时，刮油膏不可能将其孔中空气排走，形成空气腔，受热后会出现气泡，若基层不干燥，保温层中的水气与孔相通，这种气泡会扩展到100～200mm的大气泡。

2. 涂刮热油膏时，温度不能太高，以100～110℃为宜，过热也会形成气泡。

3. 油膏熔化时要注意油温，及时对锅底油膏搅拌，使油温均匀，最高不得超过130℃，若过高应采取措施，如把火压小，或加入块状油膏以调节油温。

4. 在施工期间，屋面找平层不得有开裂现象，雨水从裂缝中渗入保温层，使保温层处于潮湿状态，不仅拖延屋面防水层施工时间，而且极易产生油膏防水层气泡。若有此情况，不能对屋面找平层和保温层进行处理，则应采取措施，通过沟槽和有孔排气铁管将水气排走，以免防水层出现鼓泡现象。

5. 施工时如局部出现鼓泡或损坏时，可将该部分用刀切除，用喷灯把其基层部分烘烤干燥，将熔化的油膏浇灌刮平，四周须搭接100mm即可。

（七）劳动组织

1. 后台三人，负责油膏切割、搅拌、看火，控制油温。

2. 前台两人，负责清扫、浇油膏和刮平。

（八）安全交底

1. 作业时必须戴口罩、手套，前台两人应穿高筒靴。

2. 施工作业时应小心，谨防烫伤。

3. 在搅拌油膏时，注意切勿把油膏溢出锅外，加油膏不能加得太多，防止因溢出油膏引起锅内油膏着火。为防止火灾发生，施工时在锅边备放一桶砂子，一旦着火用砂子将火扑灭。

4. 熔化油膏的锅台应远离易燃物品（包括木材）和电线，现场应准备消防器具。

5．屋面作业，凡有高血压、心脏病等不适于高空作业的人员不得参与施工。

6．屋面作业设置临边防护栏杆，禁止酒后上岗，禁止穿塑料硬底鞋和高跟鞋。施工时应集中精神，禁止在施工中玩要打闹取笑。

7．一旦发生中毒应及时抢救。

二十二、办公楼楼地面施工技术交底

（一）工程概况

本工程为六层混合结构办公楼，建筑面积为5206m²，建筑装修设计属一般水平，设计图纸注明采用华北地区《建筑配件通用图集》78J，楼地面设计采用该图集第一册78J1，办公室为水泥砂浆楼地面，地面采用该图集第一册第13页第⑤节点大样，楼面采用第18页第①节点大样；厕所与洗水间设计采用混凝土楼地面，地面采用第13页第②节点大样，楼面采用第18页节第③节点大样；门厅与会议室为水磨石楼地面，地面采用第14页第⑤节点大样，楼面采用第18页第⑥节点大样。

（二）准备工作

1. 材料

（1）水泥：425标号普通硅酸盐水泥。

（2）砂：中砂，过8mm孔径的筛子，含泥量不得大于2%。

（3）豆石：粒径为0.5～1.2cm，含泥量不大于3%。

（4）石渣：水磨石面层所用的石渣，应用坚硬可磨的大理石，粒径为4～12mm。

（5）玻璃条：平板普通玻璃裁制而成，3mm厚，10mm宽，长度以分块尺寸而定。

（6）其他：草酸，白蜡，22号铅丝。

2. 现场作业准备

（1）楼地面部位结构验收完，并做好屋面防水层，墙面上弹好+50cm标高水平线。

（2）立好门框并加防护，堵严、堵牢管洞口，与地面有关各种设备和埋件安装完。

（3）做完地面垫层，按标高留出磨石层厚度5cm。

（4）地漏处找好泛水及标高。

（5）各种立管和套管，孔洞肥边位置应用豆石混凝土灌好修严。

（6）石渣应分别过筛，并洗净杂物。

（三）水泥砂浆楼地面施工技术交底

1. 施工步骤

（1）基层清理：地面基层，地墙相交的墙面，踢脚板处的粘杂物清理干净，影响面层厚度的凸出部位应剔除平整。

（2）洒水润湿：在施工前一天洒水润湿基层。

抹踢脚板：有墙面抹灰层的踢脚板，底层砂浆和面层砂浆分两次抹成。

踢脚板抹底层水泥砂浆：清理基层，洒水润湿后，按标高线向下量尺至踢脚板标高，拉通线确定底灰厚度，套方，贴灰饼，抹1∶3水泥砂浆，刮板刮平，搓平整，扫毛浇水养护。

踢脚板抹面层砂浆：底层砂浆抹好，硬化后，拉线贴粘靠尺板，抹1∶2水泥砂浆，抹子压抹上灰后用刮板紧贴靠尺垂直地面刮平，用铁抹子压光，阴阳角、踢脚板上口，用角抹子溜直压光。

（3）刷素水泥浆结合层：在垫层或楼板基层上均匀撒水后，再撒水泥面，经扫涂形成均匀的水泥浆粘结层，随刷随铺水泥砂浆。

（4）冲筋贴灰饼：根据＋50cm标高水平线，在地面四周做灰饼。大房间增加冲筋。

（5）铺水泥砂浆压头遍：紧跟贴灰饼冲筋铺水泥砂浆，配合比为水泥∶砂＝1∶2，稠度应小于3.5cm，用木抹子赶铺拍实，木杠按贴饼和冲筋标高刮平，上木抹子搓平，待反水后略撒1∶1干水泥砂子面，吸水后铁抹溜平。上述操作均在水泥砂浆初凝前进行。

第二遍压光：在压平头遍之后，水泥砂浆凝结，人踩上去有脚印但不下陷时，用铁抹子压第二遍。要求不漏压，平而出光。

第三遍压光：水泥砂浆终凝前进行第三遍压光，人踩上去稍有脚印，抹子抹上去不再有抹子纹时，用铁抹子把第二遍压光留下的抹子纹压平、压实、压光，达到交活的程度。每一遍完后都要自检。

(6)养护：地面压光交活后24h，铺锯末撒水养护并保持湿润，养护时间不少于15d。养护期间不允许压重物和碰撞。

2. 质量标准

(1) 保证项目

1) 水泥、砂的材质必须符合设计要求和施工及验收规范的规定。

2) 砂浆配合比要准确。

3) 地面面层与基层的结合必须牢固无空鼓。

(2) 基本项目

1) 表面洁净，无裂纹、脱皮、麻面和起砂等现象。

2) 踢脚板高度一致，出墙厚度均匀与墙面结合牢固，局部有空鼓长度不大于200mm，且在一个检查范围内不多于两处。

(3) 允许偏差项目（表22-1）

水泥地面的允许偏差　　表22-1

项　目	允许偏差 (mm)	检验方法
表面平整度	4	用2m靠尺和塞尺检查
踢脚板上口平直分格缝平直	4 3	拉5m线尺量检查

(四) 混凝土楼地面施工技术交底

1. 施工步骤

(1) 清理基层：基层表面的浮土、砂浆块等杂物应清理干净；如楼表面有油污，应用5%～10%浓度的火碱溶液清洗干净。

(2) 洒水湿润：提前一天对楼板表面进行洒水湿润。

(3) 刷素水泥浆：浇灌细石混凝土前应先在已湿润后的基层表面刷一道1：0.4～0.45（水泥：水）的素水泥浆，并进行随刷随铺，如基层表面为光滑面还应在刷浆前将表面凿毛。

(4) 冲筋贴灰饼：小房间在房间四周根据标高线做出灰饼，大房间还应冲筋（间距 1.5m）；有地漏的房间要在地漏四周做出 0.5%的泛水坡度；冲筋和灰饼均应采用细石混凝土制作（软筋），随后铺细石混凝土。

(5) 铺细石混凝土：细石混凝土配合比为 1∶2∶3（体积比），坍落度应不大于 3cm；每一层制作一组试块。铺细石混凝土后用长刮杠刮平，振捣密实，表面塌陷处应用细石混凝土补平，再用长刮杠刮一次，用木抹子搓平。

(6) 撒水泥砂子干面灰：砂子先过 3mm 筛子后，用铁锹拌干面（水泥∶砂子=1∶1），均匀地撒在细石混凝土面层上，待灰面吸水后用长刮杠刮平，随即用木抹子搓平。

(7) 第一遍抹压：用铁抹轻轻抹压面层，把脚印压平。

(8) 第二遍抹压：当面层开始凝结，地面面层上有脚印但不下陷时，用铁抹子进行第二遍抹压，注意不得漏压，并将面层的凹坑、砂眼和脚印压平。

(9) 第三遍抹压：当地面面层上人稍有脚印，而抹压无抹子纹时，用铁抹子进行第三遍抹压，第三遍抹压用力要稍大，将抹子纹抹平压光，压光的时间应控制在终凝前完成。

(10) 养护：地面交活 24h 后，及时满铺湿润锯末养护，以后每天浇水两次，连接养护 7d。

2. 质量标准

(1) 保证项目

1) 细石混凝土面层的材质、强度（配合比）和密实度必须符合设计要求和施工规范规定。

2) 面层与基层的结合必须牢固无空鼓。

(2) 基本项目

1) 细石混凝土表面密实光洁，无裂纹、脱皮、麻面和起砂等现象。

2) 一次抹面砂浆面层表面洁净；无裂纹、脱皮、麻面。

3）有地漏和带有坡度的面层，坡度应符合设计要求；不倒泛水，无渗漏，无积水；地漏与管道口结合处应严密平顺。

踢脚线的高度要一致，出墙厚度要均匀；与墙面结合牢固，局部空鼓的长度应不大于 200mm，且一个检查范围内不多于 2 处。

（3）允许偏差项目

1）表面平整度允许偏差 5mm。

2）踢脚线上口平直允许偏差 4mm。

3）地面分格缝平直允许偏差 3mm。

（五）水磨石楼地面施工技术交底

1. 施工步骤

（1）基层处理

检查基层的平整度和标高，超出规定进行处理，对落地灰、杂物、油污等应清刷干净。

（2）浇水润湿

地面抹底灰前一天，将基层浇水润湿。

（3）拌制底子灰

底子灰配合比，地面为 1∶3 干硬性水泥砂浆：踢脚板为 1∶3 塑性水泥砂浆。要求配合比准确，拌合均匀。

（4）冲筋

地面冲筋：根据墙上＋50cm 的标高线，下反尺量至地面标高，留出面层厚度沿墙边拉线做灰饼，并用干硬性砂浆冲筋，冲筋间距一般为 1.5m。

踢脚板找规矩：根据墙面抹灰厚度，在阴阳角处套方、量尺、拉线确定踢脚板厚度，按底层灰的厚度冲筋，间距一1.5m。

（5）底灰铺抹

在装灰前基层刷 1∶0.5 水泥浆。

按底灰标高冲筋后，跟着装档，先用铁抹子浆灰摊平拍实，用 2m 刮杠刮平，随即用木抹搓平，用 2m 靠尺检查底灰表面平整度。

踢脚板冲筋后，分两次装档，第一次将灰用铁抹子压实一薄层，第二次与筋面取平、压实，用短杠刮平，用木抹子搓成麻面并划毛。

(6) 底层灰养护

底层灰抹完后，次日浇水养护，视现在气温情况，要充分浇水养护 2d。

(7) 分格

按设计要求进行分格弹线；在已做完底层灰上表面，一般间距为 1m 左右为宜，有镶边要求的应留出镶边量。

水磨石地面分格采用玻璃条。玻璃条为 10mm 高，镶条时先将平口板尺按分格线位置靠直，将玻璃条就位紧贴板尺，用小铁皮抹子在分格条底口，抹素水泥浆八字角，八字角高度为 5mm，底角宽度为 10mm。折去板尺再抹另一侧八字角，两边抹完八字角后，用毛刷蘸水轻刷一道。分格条应拉 5m 通线检查，其偏差不得超过 1mm。

镶条后 12h 开始浇水养护两天，在此期间严加保护以免碰坏。

(8) 抹石渣面层灰

地面石渣灰配合比为 1∶2～2.5（水∶石渣）；踢脚板配合比为 1∶1～1.5（水泥∶石渣）。要求计量准确，拌合均匀。

装石渣灰：先把地面底层养护水清扫干净，撒一层薄水泥浆并涂刷均匀，随即将拌好的石渣灰先装抹分格条边，后装入分格条中间，用铁抹子由分格中间向边角推进、压实抹平，罩面石渣灰应高出分格条 1～2mm。

抹平滚压：水磨石面层装入、摊平、抹压后，随即用滚碾横竖碾压，并在低洼处撒拌合好的石渣灰找平，压至出浆为止；两小时后再用铁抹子将压出的浆抹平。

踢脚板抹石渣灰面层：先将底子灰用水润湿，在阴阳角及上口，用靠尺按水平线找好规矩，贴好靠尺板，先涂刷一层素水泥浆，随即踢脚板石渣灰上墙、抹平、压实；刷水两遍将水泥浆轻轻刷去，达到石子面上无浮浆，切勿刷得过深，防止脱落石渣。

水磨石罩面灰养护：石渣罩面灰完成后，次日进行浇水养护，常温时养护 7d。

(9) 磨光酸洗

水磨石面层开磨前应进行试磨，以不掉石渣为准，经检查确认可磨后方可正式开磨。

磨头遍：用粒度60～80号粗砂轮石机磨，使机头在地面上走横八字形，边磨边加水、加砂，随磨随用水冲洗检查，应达到石渣磨平无花纹道子，分格条全部露出（边角处用人工磨成同样效果)。清洗后检查合格后，浇水养护3d。

磨第二遍：用粒度120～180号砂轮石磨面方法，磨完擦浆，养护2d。

磨第三遍：用180～240号细砂轮石，机磨方法同头遍，边角处用人工磨，并用油石出光。

撒草酸粉洒水，经油石进行擦洗，露出面层本色，再用清水洗净，撒锯末扫干。

踢脚板石渣灰罩面后，常温24h后即可人工磨面。头遍用粗砂轮石，先竖磨再横磨，应石渣磨平，阴阳角倒圆，擦头遍素浆，养护2d。用2号砂轮石磨第二遍，同样方法磨完第三遍，用油石出光打草酸。

(10) 打蜡

酸洗后的水磨石地面，须晾干擦净。

打蜡：用布或干净的麻丝沾稀糊状的成蜡，涂在磨石面上，应均匀，经磨石机压麻，打第一遍蜡。

上述同样方法涂第二遍蜡，要求光亮，颜色一致。

踢脚板人工涂蜡，擦磨，二遍出光成活。

2. 质量标准

(1) 保证项目

1) 选用材质、品种、强度及颜色应符合设计要求和施工规范规定。

2) 面层与基层的结合必须牢固，无空鼓、裂纹等缺陷。

(2) 基本项目

1) 表面光滑；无裂纹、砂眼和磨纹；石粒密实，显露均匀；

图案符合设计，颜色一致，不混色；分格条牢固，清晰顺直。

2）踢脚板高度一致，出墙厚度均匀；与墙面结合牢固，局部虽有空鼓但其长度不大于200mm，且在一个检查范围内不多于2处。

3）地面镶边的用料及尺寸应符合设计和施工规范规定；边角整齐光滑，不同面层颜色相邻处不混色。

（3）允许偏差项目（表22-1）

现制水磨石地面允许偏差 **表22-1**

项 目	允许偏差（mm）		检验方法
	普通	高级	
表面平整度	3	2	用2m靠尺和楔尺检查
踢脚线上口平直	3	3	拉5m线或通线尺量检查
缝格平直	3	2	

3. 注意事项

（1）施工操作时应保护已做完的工程项目，门框要加防护，避免推车损坏门框及墙面边角。

（2）地面上铺设的电线管、暖、卫立管应设保护措施。

（3）施工时保护好地漏、出水口等部位的临时堵口，以免灌入砂浆等造成堵塞。

（4）施工后的地面不准再上人剔凿孔洞。

（5）不得在已做好的地面上拌合砂浆。

（6）地面养护期间不准上人，其他工种不得进入操作，养护期过后也要注意成品保护。

（7）油漆工刷门窗口、扇时不得污染地面与墙面及明露的管线。

（8）面层装料等操作应注意保护分格条，不得损坏。

（9）磨面时将磨石废浆及时清除，不得流入下水口及地漏内，以防堵塞。

（10）磨石机应设罩板，防止溅污墙面设施等，重要部位应加苫盖。

（11）楼地面施工的温度低于＋5℃，应及时将门窗玻璃安装好，封严后用电炉加温。

二十三　架空地板施工技术交底

（一）工程概况

本工程为某矿务局科技大楼中电子计算机和通讯枢纽房内地面工程，由于电子计算机和通讯作业条件要求高，作业环境要求达到防静电要求，设计要求采用航空航天工业部保定螺旋桨制造厂生产的 JD－A 型抗静电活动地板，以便达到防潮、阻燃、防腐和抗静电的要求。

（二）施工作业准备

1．材料

（1）标准地板：规格 600mm×600mm，板厚 32mm。

（2）异形地板：JDT－5 可调风口地板，JDT－1，2，3，4 走线口地板。

（3）地板附件：JDT－1 橡胶垫、JDT－3－1 橡胶条、JDT－2－1，2 横梁、JDT－10－200 支架组件。

2．作业准备

（1）各种管线和空调设备已安装完毕。

（2）吊顶和墙面壁纸应已完成，一切油漆活均已完，灯具安装完毕，并已通过试灯。

（3）水泥地面的含水率应少于 8%，用 2m 靠尺检查表面平整度小于 4mm。在正式架设活动地板前应将地面用水清扫干净，但不得污染墙面。

（三）施工操作工艺

1．对地面的各种预埋件和电缆敷设进行一次检查，应符合设计图纸要求，凡不符合之处进行一次调整。

2．弹线、找规矩：按设计图纸的要求弹活动架空地板支架的十字中心线、通风器和进出线口的位置。

3. 安放活动架空地板支架 JDT－10－200。

4. 安放横梁 JDT－2－1，2，并进行调整。

5. 安放橡胶条 JDT－3－1。

6. 安放橡胶垫 JDT－1。

7. 安放和调整标准地板和异形地板。

8. 对照设计图纸进行适当调整。

（四）质量标准

1. 保证项目

架空地板的品种和质量必须符合设计和厂家产品说明书上的标准。

机械性能：600mm×600mm 型板，均布荷载可达到 2750kg/m^2，集中荷载可达到 1000kg，在板中心作用 300kg 集中荷载的挠度在 2mm 以下。

电性能：板的系统电阻 $10^5 \sim 10^8\Omega$，静电起电电压＜10V，半衰期为＜0.5s。

几何尺寸：内边尺寸为－0.25mm，厚度为＜0.2mm，相邻边不垂直度为＜0.2mm。

2. 基本项目

（1）面层表面洁净，图案清晰，色泽一致，接缝均匀，周边顺直，板块无裂纹等缺陷。

（2）通风口及进出线口平面位置应准确。

（3）周边与踢脚板相接的接缝应平整均匀，高度一致。

3. 允许偏差项目（表 23-1）

架空活动地板地面允许偏差　　　　表 23-1

项次	项　　目	允许偏差（mm）	检 验 方 法
1	表面平整度	0.4	用 2m 靠尺检查
2	缝格平直	0.3	拉 5m 线，不足 5m 拉通线检查
3	接缝高低差	0.3	尺量检查
4	踢脚线上口平直	1	拉 5m 线，不足 5m 拉通线检查

（五）注意事项

1．行走时有响声：活动地板的支承支架的标高应调整好。

2．拼缝不严：对活动地板的几何尺寸和横梁尺寸应先进行检查。

3．周边与踢脚线上口不平直：在安装之前应进行标高测定，适当调整支承支架的高度。

（六）成品保护

1．活动架空地板应码放整齐，使用时应轻拿轻放，不可乱扔乱堆，以免碰坏棱角。

2．在作业时应穿软底鞋，且不得在板面上敲砸，防止损坏面层。

3．施工安装完后应及时覆盖塑料薄膜。

4．房门加锁，闲人不得任意进入，凡进入者均须进行登记。

二十四、门厅镜面安装

（一）工程概况

本工程门厅内共有比利时进口镜面12块，每块镜面平面几何尺寸为2100mm×3100mm，前厅大镜面平面尺寸为6200mm×6300mm，大厅大镜面平面尺寸为8400mm×6200mm，均由比利时镜面组合而成，成为大厅主要内装饰项目。由于镜面系进口材料，质量好，价格极为昂贵，且在安装时极易损坏，故安装与运输均须谨慎小心，特作如下技术交底。

（二）准备工作

1. 材料

（1）面镜：设计指定供货地点取货，由建设单位派代表共同前往，当时就地进行检验，表面应平整、颜色清晰、尺寸准确、边角整齐。

（2）木材：采用东北红松、含水率小于12%，其板材表面不得有裂缝、扭曲现象。

（3）沥青：60号普通石油沥青。

2. 现场作业准备

（1）安装大镜面墙上部位应按设计详图S—018建69要求预埋木砖。

（2）顶棚、地面、门窗、其他墙面部分均应施工安装完毕。

（3）大镜面铝合金镜柜由春光铝合金门窗厂安装完毕，胶条应有足够弹性，铝合金窗平面尺寸及质量应与订货合同条款要求一致，并应经三方（建设单位、厂家、施工方）检查验收合格。

3. 运输

大镜面的平面面积较大，且易碎，价格又极为昂贵，为了减少和防止在运输过程中损坏，派专人运输，运输时搬运和上下车倒运采取自制专用木架，每块镜面自重大约为120kg，在运送时既要防止镜面掉落、碰撞、弯折，还要防止伤人。人工搬运的木架见图24-1，在现场和汽车上安放镜面的支承架子见图24-2，采用截面为50mm×80mm东北红松制作，架上铺设五合板和300mm厚泡沫塑料板，以达到防振要求。

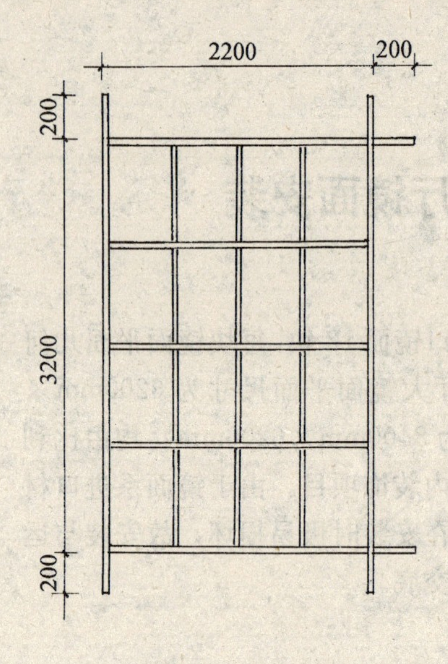

图24-1 人力抬架

运送人员六人，配备4副橡胶真空吸盘，在供货地点由4人用4副真空吸盘吸住大镜面，抬至人力运送架上，此时两人扶稳人力架，以免人力架倾倒，由4人抬人力运送架将镜面抬到汽车上安放在镜面的支承架上，每块镜面之间填放泡沫塑料。在汽车运送时应扶好架子，严防倾倒。汽车行驶要平稳，行车速度要慢，转弯时要减速，在行驶时应躲开高低不平的路面，特别是进入施工现场时，凡是地面不平处均用素土填平夯实，以防损坏镜面。到达施工现场后，再

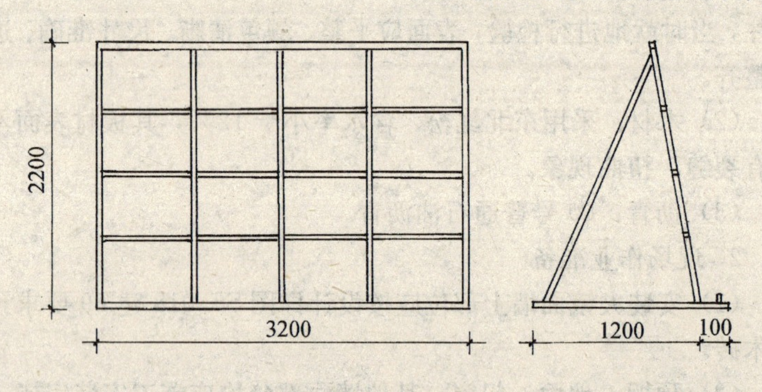

图24-2 支承架

将大镜面从支承架上用真空吸盘移到运送架上，由4人抬至大厅内，在倒换时均须使用真空吸盘，不得使用任何其他工具，切勿使硬劲。抬至大厅门口时，应注意大厅门应设专人打开并扶住门框弹簧回弹。在两个木架子倒换时，应将人力架翻转90°角，不能直接将大镜面翻转90°角，以避免大镜面发生折断或损坏。大镜面运至大厅内安装地点后，应先检查大镜面在运输过程中是否有损坏。

（三）安装大镜面

1. 检查大镜面部位的预埋木砖是否符合设计要求。

2. 制作与安装镜面木龙骨

镜面的基层竖直方向设置50mm×50mm的木楞，间距为500mm，水平方向设置30mm×50mm的木楞，间距为400mm，从而组成贴墙面的木骨架，竖向与水平方向的木楞均用钉子固定在墙上木砖。龙骨架必须平整牢固，表面应刨平，其平整度用2m的铝合金靠尺检查，应小于0.5mm，再在木龙骨上贴五合板，其钉帽应砸扁，打入五合板内不小于1.0mm。在木楞上应涂乳胶，使五合板与木楞紧密连接。

安装木龙骨时应找方找直，必须留出五合板的板面厚度，当骨架与木砖之间存有空隙时应用木板垫实，用钉子钉牢，每块木砖上至少钉两个钉子。

3. 在五合板上满涂热沥青，沥青层厚薄要求均匀，切勿过厚，上粘贴厚为30mm的海绵，以达到镜面既可防腐隔气，又可作为镜面缓冲垫，在安装时也不易损坏大镜面。

4. 安装大镜面时，先拆下镜框下部的铝合金压框，垫上厚为5mm、宽为10mm的胶条，然后由人力用真空吸盘将大镜面从人力抬架上移到框边，将大镜面倾斜缓缓地推入框内，在其下部进行临时固定。在安装时，应先安装镜框两侧的大镜面，再安中间的，因上部和两侧镜框均不取下，待所有大镜面全部安装完毕，最后固定下部铝合金框的压框，压框与镜面之间须填3mm厚的胶条，此时要特别小心，切勿用力过大，将镜面折碎。

由于大镜面平面尺寸很大，安装完后会在镜面中部出现弯曲，致使镜面的人、物影图变形，失去和损坏大厅内装饰效果，而且易于使镜面发生裂缝破坏，为此在两块镜面之间留出20mm的缝隙，用铝合金压条固定，以达到消除安装上难以克服的缺陷，改善大镜面的装饰观光效果。

（四）质量标准

1. 保证项目

（1）木材：必须采用东北红松，含水率小于12%，经过防腐处理，其他要求同木门窗。

（2）沥青：材质要求与本工程地下防水层相同。

（3）镜面：符合设计图纸要求。

2. 基本项目

（1）木龙骨：表面平直光滑，楞角方正，不露钉帽。

（2）沥青、海绵防潮层：涂刷均匀，无漏涂，海绵粘结牢固，结合紧密。

3. 允许偏差

（1）木龙骨安装：相邻两木楞之间平整度为0.5mm，所有木楞平整度为1.0mm，使用2m铝合金靠尺检查。

（2）上口平直：水准仪测量，允许偏差不大于2mm。

（3）镜面垂直度为0.8mm，用靠尺检验。

（4）框对角线长度差：2mm，尺量检查。

（五）成品保护

1. 大镜面安装为大厅施工最后一道工序，施工完后，用塑料薄膜封闭好，防止杂物进入。前面5m处用木栏杆围出一个方块，并悬挂警示牌，严禁入内参观碰摸。塑料膜应在交工验收时才揭开，要轻撕，不得使用任何剪子和刀之类硬物，以防划伤表面留下刀迹影响美观。塑料膜揭开后，镜面上有胶状圈时，可用棉纱沾专用洗涤剂轻轻擦拭干净。

2. 大厅设专人看管，夜间加锁，建立严格成品保护制度。

（六）注意事项

1. 大镜面交货时进行严格检查验收，且须由建设单位驻工地代表参加。

2. 大镜面运输设运输小组，明确奖罚条例，包括大镜面运输、翻转、上贴等各道工序，严禁在运输和安装过程中发生破损。

3. 镜框下部橡胶垫条应垫塞严实，不得外露，安装下镜框时，防止损坏镜面。

4. 严防用硬物清理和碰撞镜面，以防镜面划痕而影响美观。

（七）劳动组织

1. 木龙骨安装 2 人，涂刷沥青 2 人。

2. 大镜面运输组 6 人。

3. 大镜面安装 6 人。

由一位工长负责整个安装工作。

二十五　水池施工技术交底

（一）工程概况

本工程属于水处理站的单位工程，处理能力为10000t/d，包括1号水池，平面尺寸为4000mm×6000mm，基底标高为－3.60m，池壁顶标高2.90m，池底板与池壁均为350mm厚C25混凝土。2号水池平面尺寸为1000mm×15000mm，基底标高－4.10m，池壁顶标高1.20m，底板厚400mm，壁厚350mm，混凝土强度等级C25。3号水池平面尺寸5200mm×12000mm，基底标高－2.38m，池壁顶标高3.90m，混凝土底板厚400mm，池壁厚300mm，混凝土强度等级C25。4号水池平面尺寸5100mm×12000mm，底板标高－3.00，其他与3号水池同。5号水池为圆形水池，内径9000mm，基底标高－3.80m，池壁顶标高4.60m，池壁与底板均为300mm厚C20混凝土。6号水池平面尺寸为8200mm×12000mm，基底标高－2.80，池壁顶标高3.20m，底板与池壁均为400mm厚C25混凝土。以上水池均设100mm厚C10混凝土垫层，底板面、立壁内外均抹20mm厚1∶2水泥砂浆防水层，立壁外刷聚氨酯涂膜防水处理。混凝土防渗标号设计要求达到B6以上。

（二）现场施工准备

1. 材料

水泥：525普通硅酸盐水泥。

砂：中砂，含泥量不得大于3%。

石子：卵石，最大粒径不宜大于40mm、含泥量不大于1%、吸水率不大于1.5%。

钢筋：须有出厂证明书和钢筋试验证明，性能指标符合规范规定。

聚氨酯：北京三原建筑粘合材料厂生产的聚氨酯防水材料，分甲、乙两组，分别用桶包装。

辅助材料包括以下几种：

磷酸或苯磺酰氯：作缓凝剂用。

二月桂酸二丁基锡：促凝剂。

二甲苯：清洗工具。

醋酸乙酯：清洗手上凝胶用。

107 胶：修补基层用。

2. 现场作业条件

(1) 完成灰土地基检查验收工作。

(2) 各项原材料需经检验，公司试验室已提交混凝土与砂浆配合比，其抗渗强度等级符合设计要求，并提高 0.2MPa。

（三）防水混凝土施工操作

1. 施工顺序

浇灌 C8 混凝土垫层→弹出池壁内外底线→绑扎底板钢筋池壁插筋→支模板→焊接止水钢板→浇筑底板混凝土→搭设钢管支撑架→绑扎池壁钢筋→组装池壁内外模板→浇筑池壁混凝土→拆模

2. 垫层

混凝土垫层强度等级为 C10，要求严格控制垫层厚度和表面平整度。弹好池壁内外边线。

3. 绑扎钢筋

底板为双层钢筋，上层钢筋应设铁马凳作钢筋支撑，其间距为 1500mm，采用 $\phi16$ 钢筋制作。池内壁吊模下设铁马凳作模板支撑。

事先弹好底板钢筋的分档标志，并摆好下层钢筋。绑扎钢筋时，除靠近外围两行的相交点全部扎牢外，中间部分的相交点可相隔交错扎实，但必须保证钢筋不位移。

摆好钢筋马凳后即可绑上层钢筋的纵横两个方向定位钢筋，并在定位钢筋上画出分档标志，然后穿放纵横钢筋，绑扎方法与下层钢筋相同。

底板上下层钢筋有接头时，应按规范要求错开，其位置与搭接长度要符合设计要求，钢筋搭接处，应在中央与两端按规定用铁丝扎实。

池立壁钢筋插筋按图纸要求伸入基础深度要符合设计要求，并绑扎固定牢固，以确保位置准确，必要时可采用电焊焊牢。

底板钢筋绑扎后应随即垫好砂浆垫块。

待底板混凝土灌筑后，在底板上放线，再校正预埋立壁插筋，凡位移严重应进行处理。先绑2～4根立壁钢筋，并画好分档标志，然后在其下部和齐胸处绑两根横向钢筋进行定位，在横筋上画好分档标志，然后绑其余竖筋，最后绑其余横筋。墙筋应逐点绑扎，其搭接长度、位置及绑扎方法与底板相同。立壁双排钢筋之间应绑间距支撑，双排钢筋的外侧绑扎砂浆垫块，保证钢筋保护层厚度。

配合其他工种安装各种预埋铁管件、预留洞口，其位置、标高均应符合设计要求。

4. 支模

在底板混凝土浇筑前，在距壁内表面1m处每隔1m设置一个ϕ20钢筋桩，长120～150mm，以便于在池壁支模时作支顶之用。

池立壁外模的支撑方法：地面以下采用直接支撑在土坡上的方法，地面以上采用地面支设斜撑的方法，当池壁在地面以上较高的水池采用钢管支撑架加固外模板。

池立壁内模的支撑方法：在池内设置钢管脚手架，并设水平撑杆、斜撑杆，加短木、木楔等进行支撑。钢管脚手架里皮立杆离池壁300mm，外皮立杆离池壁2800mm，纵立杆间距1200mm，每排立杆均设剪刀撑，大横杆间距1200mm，小横杆支撑模板的100mm×100mm方楞。

模板一律采用定型组合钢模板，选用P3012、P3019、P3006等。矩形水池的模板沿长度方向水平布置，池壁与池壁相交是八字角的水池，在该处采用厚3mm的钢板制作特制模板，见图25-1，且用圆形锁卡与组合钢模板连接，以增加内壁模板的整体性和稳定性。

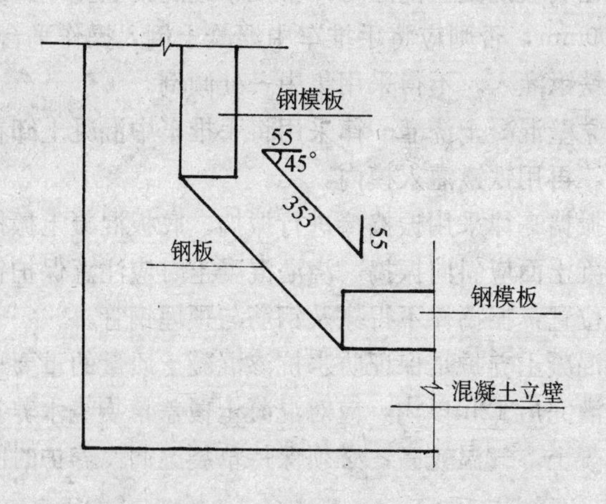

图 25-1　八字角立壁支模

由于模板是水平方向放置，故竖向用 100×100mm 楞木固定模板，间距 1000mm，用 8# 铁丝与模板连接固定。

内外模板用 ϕ12 钢筋拉杆固定，以抵抗混凝土的侧压力该钢筋拉杆用 ϕ12 钢筋在其两端压扁至 1.20～1.50mm，再在上钻 ϕ13 的孔，用回锁卡与模板连接。为了达到防渗的目的，该钢筋拉杆应进行除锈处理。

5. 混凝土灌注

(1) 混凝土搅拌：搅拌机棚应设置公司试验室提交的混凝土配合比标志板，按配合比要求分别固定水泥、砂、石子各个磅秤的标量，磅称要经过检查，定期校验，以保证后台上料计量精确。加水必须严格控制计量。加料顺序：先倒石子，再倒水泥，后倒砂子，最后加水，外加剂按定量与水一并加入。第一盘混凝土搅拌应多加一袋水泥。混凝土搅拌时间不少于 1.5min。每台班应做两次混凝土坍落度试验。按规定填写混凝土施工日志。

(2) 混凝土自搅拌机卸出后，用手推车及时运至浇灌地点，运送时应防止水泥浆流失，混凝土从搅拌机卸出至浇灌完毕的延续时间，由于气温较高，不得大于 60min。

（3）在底板混凝土浇灌时，手推车距混凝土操作面的高度不得大于 600mm，否则应将手推车中混凝土倒入操作平台铁板上，再人工用铁锹灌入。不得采用集中一处倾倒。

水池立壁混凝土浇灌一律采用将手推车中混凝土卸在操作平台铁板上，再用铁锹灌入模内。

（4）振捣一律采用振捣棒进行振捣。底板混凝土振捣时，振捣棒与混凝土面应斜向振捣。浇灌混凝土时应注意保护钢筋与预埋钢管的位置，振捣棒不得碰及钢筋与预埋钢管。

（5）混凝土养护是保证防水抗渗混凝土质量的重要一环，在混凝土浇灌完后 12h 以内，应对混凝土覆盖草袋浇水养护，特别是底板混凝土，气温较高，必须保持草袋湿润，养护时间不得少于 7 昼夜。

（6）填写混凝土施工记录，按规范留置混凝土试块，每班为一组。

（7）混凝土施工缝按设计要求采用如图 25-2 的接缝形式，采用钢板止水带－1.2×300mm，与钢筋进行点焊固定，其他地方不留水平施工缝，池立壁一律不留垂直施工缝。为了达到以上要求，浇灌池立壁混凝土采用分层赶浆法连续施工，不产生水平与垂直施工缝，以保证混凝土的施工质量。

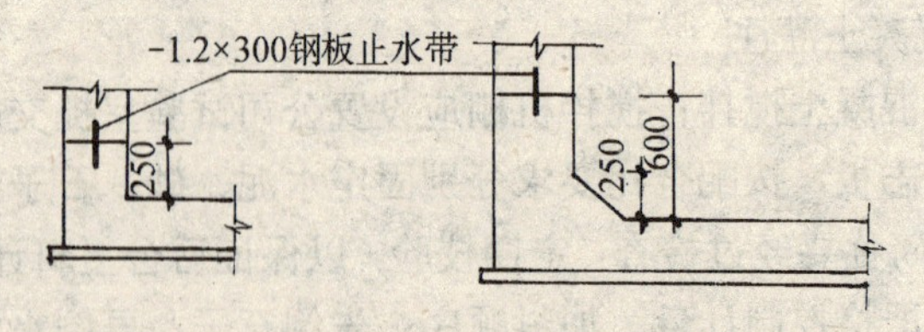

图 25-2　施工缝接缝方式

混凝土作业组共 8 个，施工中各作业小组依次投入后，在立面上形成台阶形分层流水作业、同步等速前进的作业方式。在时间和空间上保证施工的严密性、规律性和连续性。

分层高度的确定，第一层施工时要处理施工缝，工序较多，操作条件差，为保证与其他层等速前进，应比中间层稍薄一些，故第一层浇灌高度定为900mm，中间层浇灌高度为1200mm，最上一层因池顶下料，操作条件比较好，灌筑高度为1400mm。

流水步距，即分段长度，指上下层两个作业小组相继投入同一施工段工作的间隔时间，分层赶浆法采用固定节拍的流水施工，根据现场搅拌机和运输能力确定为3～4m，气温高时可适当缩短。

施工时，由A与A′两个小组从起点朝相反方向推进，在A与A′小组完成第一个施工段后，B与B′小组投入施工，在B与B′小组施工完第一个施工段后，C与C′小组投入施工。所有小组投入施工后，池壁立面形成阶梯型流水施工。

（四）水泥砂浆防水层

1．水泥底板水泥砂浆防水层

（1）清理基层：将松散混凝土清洗干净，凸出的鼓泡剔除。

（2）刷水泥素浆：用水泥∶防水油＝1∶0.03（重量比）加上适量的水拌合成粥状，铺摊在地面上，用扫帚均匀扫一遍。

（3）底层砂浆：底层砂浆用1∶3水泥砂浆，掺入水泥重量3%～5%的防水粉。拌好的砂浆倒在地上，用杠尺刮平，木抹子顺平，铁抹子压一遍。

（4）刷水泥素浆：24h后刷水泥素浆一道。配合比为水泥∶防水油＝1∶0.03，加适量水。

（5）面层砂浆：刷素水泥浆后接着抹面层砂浆，配合比及做法同底层。

（6）刷水泥素浆：面层砂浆初凝后刷最后一遍素浆，配合比为水泥∶防水油＝1∶0.01加适量水，与面层砂浆紧密结合在一起压光、压实。

（7）养护：待地面有一定强度后，表面盖麻袋或草袋经常浇水湿润，养护时间为7d。

（8）五层做法总厚度控制在15～20mm左右，每层连续施工，各层紧密结合不留施工缝。

2．水池立壁水泥砂防水层

混凝土墙面如有蜂窝及松散混凝土要剔掉，用水冲刷干净，然后用1：3水泥砂浆抹平表面有油污应用掺有10%的火碱水溶液刷洗干净。所有混凝土表面应凿毛。

（1）刷水泥素浆：配合比为水泥：水：防水油=1：0.8：0.025（重量比），先将水泥与水拌合，然后加入防水油搅拌均匀，再用软毛刷子将基层表面涂刷均匀，随即抹第二层水泥防水砂浆。

（2）抹底层砂浆：底层用1：2.5水泥砂浆，加水泥重量3%～5%防水粉水灰比为0.6～0.65，稠度为7～8cm。先将防水粉和水泥、砂子拌匀后再加水拌合。搅拌均匀后进行抹灰操作，底层抹灰厚度7mm左右，在抹灰未凝固之前用扫帚扫毛。砂浆要随拌随用，拌合及使用砂浆不得超过60min，严禁使用隔夜砂浆。

（3）刷水泥素浆：在底子灰抹完后隔1d再刷水泥素浆，配合比及做法和第一层相同。

（4）抹面层砂浆：在刷素浆后，紧接着抹面层，配合比同底层砂浆，抹灰厚度在7mm左右，凝固前要用木抹子搓平，用铁抹子压光。

（5）养护与水池底板防水水泥砂浆同。

（五）聚氨酯防水涂膜

1. 施工工具

电动搅拌器、拌料桶、小型油漆桶、橡皮刮板、塑料刮板、铁皮刮板、磅秤、油漆刷、长把刷、小抹子、油工铲刀、笤帚、墩布。

2. 作业条件

（1）防水基层不平处用1：3水泥砂浆做找平层，其表面要求抹平压光，其平整度可用2m直尺检查，基层与直尺之间最大空隙不应大于10mm。

（2）基层砂浆必须牢固、无裂缝，不允许有空鼓、松动、鼓包、凹坑、起砂掉灰等缺陷存在，基层的阴阳角一律做成半径约10mm平整光滑的小圆角。

（3）凡与基层相连的管件、排水口必须安装牢固，接缝严密，收头圆滑，不允许有松动现象。

(4) 基层表面要求基本干燥，含水率不大于9%。

(5) 在晴天时施工。

3. 清理基层

先用铲刀和笤帚等工具将基层表面突起物、砂浆疙瘩等异物铲除，并将尘土杂物彻底清扫干净，对阴阳角、管根部部位更应认真清理，如发现油污、铁锈等要用钢丝刷、砂纸和有机溶剂清除干净。

4. 涂布底胶

相当于传统的刷冷底子油工序。其目的是隔断基层潮气，防止防水涂膜起鼓脱落；加固基层，提高涂膜与基层的粘结强度，不使涂层发生剥离等现象，防止涂膜出现针眼气孔等缺陷。

涂布底胶的步骤：

(1) 聚氨酯底胶的配制：将聚氨酯涂膜防水材料按甲∶乙∶二甲苯=1∶1.5∶2的比例配合搅拌均匀，即可进行涂布施工。

(2) 涂布施工：小面积的涂布施工可以用油刷进行。大面积的施工，可先用油刷蘸底胶在阴阳角，管子根部等复杂部位均匀涂布一遍，然后改用长把刷进行涂布施工。涂布底胶时必须均匀甩湿，不得过厚或过薄，更不允许露白见底。一般涂布量以0.15～0.2kg/m^{2}为宜。在涂布底胶后要干燥固化4小时以上，才能进行下道工序的施工。

5. 防水涂膜的施工

(1) 涂膜防水材料的配制：JYM—115型，甲料∶乙料=1∶1.5；JYM—125型，甲料∶乙料=1∶2.5。将聚氨酯涂料按上述比例配合，注入拌料桶中，用电动搅拌器搅拌均匀。如粘度过大可适当加入甲苯（或二甲苯）稀释，混合5min左右及时送往施工场所。

(2) 第一度涂膜的施工：在底胶基本干燥固化后，用塑料或橡皮刮板均匀刮一层涂膜材料。涂刮时要求均匀一致，不能过厚或过薄。涂刮厚度一般以1.5mm左右为宜（即涂布量以1.5

kg/m^2）。开始涂刮时，应根据施工面积大小，形状和环境，统一考虑施工退路和涂刮的顺序。

（3）第二度涂膜的施工：在第一度涂膜固化24h后，均匀涂刮第二度涂膜。涂刮的方法与第一度相同，但涂刮方向与第一度的涂刮方向垂直，涂布量以$1kg/m^2$为宜。重涂时间的间隔，由施工环境的温度和涂层固化的程度（以手感不粘）来确定，不得小于24h，也不大于72h。

6. 注意事项

（1）涂料过于粘稠，不便进行涂刮施工时，可加入少量的二甲苯稀释，但加入量不得大于乙料的10%。

（2）当甲、乙料混合后固化太快影响施工时，可加入少许磷酸或苯磺酰氯作缓凝剂，但加入量不得大于甲料的0.5%。

（3）当涂膜固化太慢时，可加入少许二月桂酸二丁基锡作促凝剂。

（六）质量标准

1. 防水混凝土质量标准

（1）保证项目

1）防水混凝土的原材料、外加剂及预埋件等必须符合设计要求和施工规范及有关标准规定。

2）防水混凝土必须密实，其强度和抗渗标号必须符合设计要求[1]。

3）施工缝、止水片（带）、穿墙管件、支模铁件等设置和构造均必须符合设计要求和施工规范规定，严禁有渗漏。

（2）基本项目

混凝土表面应平整，无露筋、蜂窝等缺陷，预埋件的位置、标高正确。

（3）允许偏差（表25-1）

---

[1] 抗渗试块单位工程不得少于2组，1组标准养护，1组同条件养护，养护期不少于28d，不超过90d。

允许偏差　　表 25-1

项次	项　　目	允许偏差（mm）	检　验　方　法
1	轴线位移	5	尺量检查
2	标高	±5	用水准仪或尺量检查
3	立壁	5	用 2m 托线板检查
4	表面平整	8	用 2m 靠尺和楔形尺检查
5	预埋钢板中心线位置偏移	10	尺量检查
6	预埋管、预埋螺栓中心线位置偏移	5	

2. 防水砂浆质量标准

（1）保证项目

1）原材料、外加剂及其配合比必须符合设计要求和施工规范规定。

2）水泥砂浆防水层与基层必须结合牢固。

（2）基本项目

1）外观表面平整、密实，无裂纹、起砂、麻面等缺陷，阴阳角呈圆弧形或钝角，尺寸符合要求。

2）留槎位置正确，按层次顺序操作，层层搭接紧密。

3. 聚氨酯防水涂膜质量标准

（1）保证项目

1）所用涂膜防水材料的品种、牌号及配合比，必须符合设计要求；每批产品应附有出厂证明。

2）涂膜防水层及其变形缝、预埋管件等细部做法，必须符合设计要求和施工规范的规定；并不允许有渗漏现象。

（2）基本项目

1）涂膜防水层的基层应牢固、表面洁净，平整，阴阳角处呈圆弧形或钝角，聚氨酯底胶应涂布均匀，无漏涂。

2）聚氨酯底胶、聚氨酯涂膜附加层的涂刷方法、搭接、收头应符合施工规范规定，并应粘结牢固、紧密，接缝封严，无损伤、空鼓等缺陷。

3)聚氨酯涂膜防水层应涂刷均匀，保护层和防水层粘结牢固，紧密结合，不得有损伤、厚度不匀等缺陷。

（七）施工注意事项

1. 防水混凝土

（1）支模的模板位置应正确，水池底板上层钢筋不得任意踩踏。

（2）在拆模或吊运其他物件时，不得撞动止水钢板。

（3）保护好穿水池立壁的钢管，防止振捣时挤偏。

（4）振捣时应防止漏振现象，设专人在固定部位挂牌作业。

（5）施工缝及止水钢板严格按本交底要求和规范施工。

2. 防水砂浆

（1）架子要离开立壁15cm。拆架子时不得碰坏立壁。

（2）落地灰要及时清理使用，做到活完脚下清。

（3）水池底板抹完水浆后上人不能过早。

（4）抹灰时间掌握不当，跟得太紧，出现流坠。素浆抹上后干的太快，抹面层砂浆粘结不牢造成渗水。立壁预埋管处抹砂浆不好等质量通病要预防，必须按交底和规范进行认真操作。

3. 聚氨酯防水涂膜

（1）已涂刷好的涂膜防水层，应及时采取保护措施，不得损坏，操作人员不得穿带钉子鞋作业。

（2）穿过水池立壁的铁管不得碰损、变位。

（3）涂膜防水层施工后，未固化前不允许上人行走踩踏，以免破坏涂膜防水层造成渗漏。

（4）质量通病预防

1）空鼓：防水层空鼓，发生在找平层与涂膜防水层之间以及接缝处，其原因是基层潮湿，找平层未干，含水率过大，使涂膜空鼓，形成鼓泡；施工时要控制基层含水率，接缝处应认真操作，使其粘结牢固。

2）渗漏：立壁铁管松动或粘结不牢、接触面清理不干净，产生空隙，接槎、封口处搭接长度不够、粘贴不紧密；施工过程中应认真仔细操作，加强责任心。

二十六　疗养院地面施工技术交底

（一）工程概况

本工程为某海滨疗养院，均为2至3层砖混结构，内部装饰高级，部分装饰材料系国外进口。地面施工项目包括：大理石地面、拼花硬木地板、化纤地毯地面、塑料板地面、马赛克地面、现制水磨石地面。由于建设单位和设计图纸要求比较高，施工进度又比较紧，为了便于施工管理和提高工程质量，特作如下详细技术交底，在施工中严格按照本交底要求进行施工，凡是要变换材料和修改施工工艺，均须经施工项目负责人同意。每一项作业之前均须先作样板间，经过建设单位和设计代表鉴定合格之后，方可大面积施工。在施工中严格执行三检制，加强施工检查，并进行严格成品质量保护，以保证整体施工质量。

（二）大理石地面

1. 施工准备工作

（1）材料：

1）大理石板由甲方代表到设计指定厂家选购，其品种、规格、质量、花纹色调应符合设计图纸规定要求。

2）水泥：425号普通硅酸盐水泥，并备少量嵌板缝用的白水泥。

3）砂：中砂或粗砂。

4）矿物无机颜料、草酸、蜡。

（2）现场作业准备：门厅大理石地面尽可能往后安排施工，在交工之前突击施工，并进行打蜡后成品保护。

1）大理石板块进场后在指定库房内堆放，侧立放置，底下应加垫木。并详细核对品种、规格、数量、质量、花纹色调是否与设计要求一致，凡有裂纹、缺棱掉角的均设置一旁不得使用。

2）设加工棚，安装好台钻及砂轮锯，并接通水电源。需要切割钻孔的板，在安装前加工好。

3）室内抹灰、水暖电设备管线等均已完成。

4）门厅四周墙上弹好＋50cm 水平线。

5）施工前由现场技术员放出铺设大理石地面的施工大样图。

2. 施工顺序与操作方法

1）熟悉图纸：施工操作之前以施工图和加工单为依据，熟悉了解各部位尺寸和作法，弄清各部位之间关系。

2）试拼：在正式铺设前，对门厅的大理石板块，应按图案、颜色、纹理试拼。试拼后按两个方向编号排列，然后按编号码放整齐。并请建设单位代表亲临现场观看。

3）弹线：在房间的主要部位弹互相垂直的控制十字线，用以检查和控制大理石板块的位置，十字线可以弹在混凝土垫层上，并引至墙面底部。

4）试排：在房内的两个相互垂直的方向，铺两条干砂，其宽度大于板块，厚度不小于 3cm。根据图纸要求把大理石板块排好，以便检查板块之间的缝隙，核对板块与墙面、柱的相对位置。

5）基层处理：在铺砌大理石板之前将混凝土垫层清扫干净（包括试排用的干砂及大理石块），然后洒水湿润，扫一遍素水泥浆。

6）铺砂浆：根据水平线，定出地面找平层厚度，拉十字线，铺找平层 1∶3 的干硬性水泥砂浆，砂浆从里往门口处摊铺，铺好后刮大杠、拍实，用抹子找平，其厚度适当高出根据水平线定的找平层厚度。

7）铺大理石块：应先里后外进行铺设，按照试拼编号，依次铺砌，逐步退至门口。铺前将板块预先浸湿阴干后备用，在铺好的干硬性水泥砂浆上先试铺合适后，翻开石板，在水泥砂浆上浇一层水灰比为 0.5 的素水泥浆，然后正式镶铺。安放时四角同时往下落，用橡皮锤或木锤轻击木垫板（不得用木锤直接敲击大理石板），根据水平线用铁水平尺找平，铺完第一块向两侧和后退方向顺序镶铺，如发现空隙应将石板掀起用砂浆补实再行安装。

大理石板块之间，接缝要严，一般不留缝隙。

结合层水泥砂浆应一次铺成并拍实找平，在拍实找平的结合层上铺砌大理石块能保证大理石地面的平整和不空鼓。若采用在基层上一面做下面的结合层，一面铺砌上面的水磨石板块，铺一块板只做一块板下面的结合层，结果将不能保证地面的平整，空鼓也较多。这是由于这种施工方法，不能保证结合层的密实和平整，相邻两块板在施工时尚好，面积稍大，距离稍远或时间稍长，就因结合层不平而使面层不平，不密实处下沉则造成面层不平或空鼓。

8）灌浆、擦缝：在铺砌后 2d 进行灌浆擦缝。根据大理石颜色选择相同颜色矿物颜料和水泥拌合均匀调成 1∶1 稀水泥浆，用浆壶徐徐灌入大理石板块之间缝隙，并用小木条把流出的水泥浆向缝隙内喂灰。灌浆 1～2h 后，用棉丝团蘸原稀水泥浆擦缝，与地面擦平，同时将板面上水泥浆擦净。然后面层加以覆盖保护。

9）打蜡：当各工序完工不再上人时方可打蜡达到光滑洁光。

10）贴大理石踢脚板：根据墙抹灰厚度，用 1∶3 水泥砂浆打底找平并在面层划纹，干硬后再把湿润阴干的大理石踢脚板的背面，刮抹一层 2～3mm 厚的素水泥浆（加 10％左右 107 胶）后，往底灰上粘贴，并用木锤敲实根据水平线找平找直。24h 后用同色水泥浆擦缝，将余浆擦净，与地面同时打蜡。

3. 质量标准

保证项目

大理石的品种、规格、质量必须符合设计和建设单位要求，面层与基层的结合（粘结）必须牢固、无空鼓（脱胶）。

基本项目

1）大理石表面洁净，图案清晰，光亮光滑，色泽一致，接缝均匀，周边顺直，板块无裂纹、掉角和缺楞等现象。

2）踢脚线表面洁净，接缝平整均匀，高度一致；结合牢固，出墙厚度适宜，基本一致。

3)镶边用料及尺寸符合设计要求和施工规范规定，边角整齐、光滑。

允许偏差项目（表 26-1）

允 许 偏 差　　表 26-1

顺序	项　　目	允许偏差 (mm)	检 验 方 法
1	表面平整度	1	用 2m 靠尺和楔形塞尺检查
2	缝格平直	2	拉 5m 线，不足 5m 拉通线和尺量检查
3	接缝高低差	0.5	尺量和楔形塞尺检查
4	踢脚线上口平直	1	拉 5m 线，不足 5m 拉通线和尺量检查
5	板块间隙宽度不大于	1	尺量检查

4. 成品保护

1）存放大理石板块应在室内采取板块立放，光面相对。板块的底面应支垫松木条，板块下面应垫木方，木方与板块之间对垫软橡胶皮。

2）运输大理石板块、水泥砂浆时，应采取措施防止碰撞已做完的墙面、门口等。

3）试拼应在操作棚内进行。调整板块的人员宜穿干净的软底鞋搬动调整板块。

4）铺砌大理石板块过程中，操作人员应做到随铺砌随揩净。揩净大理石板面应该用软毛刷和干布。

5)新铺砌大理石当操作人员和检查人员踩踏新铺砌的大理石板块时，要穿软底鞋，并轻踏在板中。

6）在大理石地面上行走时，找平层水泥砂浆的抗压强度不得低于 1.2MPa。

7）大理石地面完工后，门厅加锁封闭，并在其表面覆盖橡胶或塑料布保护。

5. 注意事项和几个质量通病预防

1）板面与基层空鼓：由于混凝土垫层清理不干净，没有浇水湿润、找平层砂浆过薄、上人过早将板面踩活等造成。混凝土垫层表面应用钢丝刷清扫干净；浇水湿润扫一遍素水泥浆；找平层水泥砂浆最薄处不得少于 2cm。

2）尽端出大小头：由于门厅尺寸不方正，不同操作者在同一行铺设时掌握板块之间缝隙大小不一致造成。因此在门厅抹灰前必须找方后冲筋，应按互相垂直的基准线找方，严格按控制线铺砌。

3）相邻两块板高低不平：大理石板平整偏差大于±0.5mm 的应剔出不予使用。

4）过门处石板活动：铺砌时没有及时将铺砌过门石板与相邻的地面相接。在工序安排上，大理石地面以外的地面应先完成。过门处大理石板与地面同时铺砌。

5）踢脚板出墙厚度不一致：在镶贴踢脚板时必须要拉线加以控制。

（三）拼花硬木地板

1．施工准备工作

（1）材料

1）龙骨料及毛地板：红松，规格尺寸按设计要求加工，并经干燥和防腐处理后方可使用。不得有扭曲变形。

2）拼花硬木地板：建材商店外购，厚度、长度尺寸一致，要求拼花木板含水率不超过10％，同一批材料树种，花纹及颜色力求一致。

3）硬木踢脚板：宽度及厚度应按图施工，其含水率不应超过10％，背面应满涂防腐剂，花纹和颜色力求和面层地板一致。

4）其他材料：防潮纸，氟化钠，#8～#10 镀锌铅丝，5～10cm 长钉子，镀锌木螺丝，1mm 厚钢垫，隔声材料等。

（2）现场作业准备

1）外购材料已进场，且须符合设计图纸要求。

2）钢筋混凝土楼板施工时已按设计图纸间距预埋好镀锌铅

丝，其横向间距300mm，纵向700mm，将镀锌铅丝缠绕在板的钢筋上，露出混凝土面层的铅丝长度不小于300mm。

3）空调设备已安装完毕。

4）门窗玻璃安装好。

5）地板条应检查挑选，将有节疤、劈裂、腐朽、弯曲等弊病不合要求的挑出，不得使用。

6）拼花地板应先试拼，找方，挑好的长条地板条成捆绑好，拼花地板装箱待用。

7）弹好＋50cm 水平线。

2. 施工顺序与操作方法

硬木拼花地板由搁栅、毛木板、油纸、硬木地板条组成，见设计图纸建 2-18。

（1）在砖墙的预埋铅丝上捆绑沿缘木并在沿缘木表面划出各搁栅的中线，在搁栅的端头也划出中线，然后把两边的搁栅对准中线先摆上，离墙面留 30mm 的缝隙，再依次摆正中间部分搁栅。搁栅的表面应平直，当顶面不平时，可用垫木垫平，并将其钉牢在沿缘木上。为防止搁栅走动，应在固定好的木搁栅表面临时钉设木拉条，使之互相牵制，搁栅摆正后，在搁栅上按剪刀撑间距弹线，移线逐个将剪刀撑斜钉于搁栅侧面，同一行剪刀撑要对齐呈一直线，上口齐平。

（2）从墙的一边钉木板，靠墙的一块板应离开墙面有 10～20mm 缝隙，以后逐块排紧。用钉从板面钉入，钉长为 25～30mm，钉帽要砸扁，木毛板要钉牢、排紧。钉到最后一块木板时，可用明钉钉牢，钉帽要砸扁，冲入板内。

板的接头要在搁栅中间，各接头要互相错开，板与板之间应尽量排紧。搁栅上临时固定的木条，应随钉木板随时拆去。板铺完后要及时清扫干净，先按垂直木纹方向粗刨一遍，再按顺木纹方向细刨一遍。

毛地板与搁栅成 45°或 30°方向铺钉，每一相交处钉 2 个钉。

（3）毛地板钉好后，清扫干净，就可铺钉硬木地板，为使地板图案匀称，一般应在房间中央画出图案，弹上墨线，再按墨线从中央向四边铺钉，各块木板要相互排紧。设计为企口缝的硬木地板，钉长为25～30mm，从板的侧边斜向钉入毛地板中，钉头不要露出；当木板长度小于30cm时，侧边应钉两个钉，长度大于30cm时应钉三个钉。板的两端应各钉一个钉固定。铺钉完后，清扫干净。硬木地板拼缝除企口外，尚有槽口缝，应在凹槽内设嵌榫。

（4）踢脚板安装：舞厅房间四周应设木踢脚板，踢脚板应预先刨光，在靠墙的一面开成凹槽，并每隔1m钻直径6mm的通风孔，在墙内应每隔75cm砌入防腐木砖，在防腐木砖外面钉防腐木块，再把踢脚板用明钉钉牢在防腐木块上，钉帽砸扁冲入板内。踢脚板板面要垂直，上口呈水平线，在踢脚板与地板交角处，钉上三角木条，以盖住缝隙。踢脚板在墙的阴阳角处，应将板锯成45°，踢脚板接头应在防腐木块上。

（5）地板刨光：采用DMM－135木地板磨光机，由于硬木地板条表面较好，安装铺设以后表面较平整，固此地板刨光只需要经过精磨工艺即可，磨削木材采用树脂砂布，精磨粒度180～220白刚玉磨粒，砂布带宽度为900mm。砂布在使用前应进行必要的悬挂、柔处理。在往磨光筒上卷绕砂布时应注意使磨光滚的旋转方向与砂带上所标的方向一致。成卷砂布在使用前尽量不要开卷，保存时温度尽量控制在18～22℃，湿度控制在55％～65％，以免影响砂带的磨削性能。

在使用前应仔细检查电源引入接头是否连接可靠，绝缘性能是否良好。注意和检查磨光滚的旋转方向是否符合使用要求。开机前应将磨光滚抬离地面，待运转正常后再投入施工。关机前也应将磨光滚抬离地面，然后停机，以防划伤地面。砂布应绷紧绷平，磨光方向及角度应与木纹成45°斜磨。

磨光机运转时，操作者不得在扶手部位向下压动，以防止机头抬起影响整机正常工作。为保证生产效率，操作者应及时调整磨头高度，并及时更换砂布带。在更换砂布时，一定要将砂布压紧螺钉压入磨光滚槽内，螺钉头部不得离开滚筒外径，以防发生机械事故。在短途转移时应将磨头升起离开地面后拉走。长距离转移时应用小车运走。

磨光机在运转时，其前方不得有人停留与施工，以免发生意外。更换纱布时应切断电源，严禁在通电情况下更换砂布。

磨光机工作条件较差，木粉尘较重，因此每六个月应拆检磨光机一次，检查两端轴承是否运转正常，在使用过程中应经常加注油滑润。定期检查传动装置是否运转正常。由于该机电器系统没有设置熔断器，故要求工地电源的熔丝能起到对该机电机的保护。

（6）按木作业中清色油漆技术交底要求进行刷油作业，并打蜡。

3．质量标准

（1）保证项目

1）木材的材质和铺设时含水率必须满足规范要求。

2）垫木、木搁栅、毛地板经过防腐处理，木搁栅安装应牢固、平直。

3）面板铺钉应牢固，粘结牢固无空鼓。

（2）基本项目

1）木地板面层磨光应无刨痕和毛刺等现象，木纹清晰，清油面层颜色均匀一致

2）木地板面层接缝应对齐，粘结牢固，缝隙均匀一致，表面洁净。

3）踢脚线表面光滑，接缝严密，高度与出墙厚度一致。

（3）允许偏差（表 26-2）

4．成品保护

（1）地板应码放整齐，使用时轻拿轻放，不可以乱扔乱堆，以免碰坏棱角。

（2）铺设地板时，不应损坏墙面。

（3）在地板上作业应穿软底鞋，且不得在板面上敲砸，防止

损坏面层。

（4）地板施工应注意施工环境和湿度变化。施工完毕及时覆盖塑料薄膜，防止开裂和变形。

拼花硬木地板允许偏差　　表 26-2

项次	项　目	允许偏差（mm）	检　验　方　法
1	表面平整度	2	用 2m 靠尺及楔尺检查
2	踢脚线上口平直	3	拉 5m 线，不足 5m 拉通线检查
3	板面拼缝平直	3	拉 5m 线，不足 5m 拉通线检查
4	缝隙宽度不大于	0.2	尺量检查

（5）地板磨光后及时刷油和打蜡。

5. 质量通病预防与注意事项

（1）行走时有响声：钉毛地板前先检查龙骨是否垫平、垫实、捆绑牢固，人踩龙骨检查有无响声后方可铺钉面层地板。

（2）拼缝不严：铺钉硬木地板时要插严钉牢，施工时严格控制拼缝。

（3）铺钉时注意木板与墙，木板与木板碰头缝的处理，按规范要求留缝；不应硬挤，防止地板受潮起拱。

（4）铺设时注意弹线、套方、找规矩。

（5）木搁栅与地面和墙接触应进行防腐处理。

（6）木板施工前必须经过干燥处理，其含水率应满足规范要求。

（四）化纤地毯地面

1. 准备工作

材料与施工工具

（1）化纤地毯：设计图纸无具体规定，指出由建设单位派人协助施工单位选购，由现场主管工程师和建设单位代表到厂家采购，使化纤地毯的材质与色调完全满足建设单位要求。

化纤地毯的性能要求：

应具有良好的抗拉强度、湿强度和耐磨性，脚踩上地毯以后要有明显的脚感，有蓬松感和回弹性，且有优良的耐磨性能，其表面绒毛不易脱落和起球绒，色彩应鲜艳且又大方高雅，易为高层次人士所接受。其次化纤地毯应具有摩擦产生静电小的特点，多次行走其织纹能保形，不会走样变形。毯面的平整性要好，地毯毯面纤维密度均匀致密。

（2）胶粘剂：地毯与地毯连接拼缝用的胶粘剂采用公司自制XT－1天然乳胶（已添加增稠剂和防腐剂），具有无毒、不霉、快干的特点，半小时之内有足够的粘结强度，使用张紧器时不脱缝。

（3）工具与地毯夹具：裁边机现场施工裁边用，高速转动裁边，以3m/min的速度裁边。

张紧器采用公司自制手拉式和脚蹬两种。

木卡条：在房间四周固定地毯。

门口压条：门框边的地毯固定用。

一般性施工工具与材料：麻条、割刀、裁剪剪刀、熨斗、弹线粉袋、角尺、手枪钻等。

现场作业准备

（1）暖气管线已安装完毕，且已通过打压试验。

（2）墙面作业已都全部完成，包括油漆工程作业。

（3）细木装饰作业、灯具安装已完成，并已通过试灯。

（4）混凝土地面其含水率已小于8%，且通过验收，平整度达到规范要求。

（5）地毯材质与色调已满足建设单位要求。

2. 施工工序与操作方法

（1）基层表面处理：地面表面必须平整，打扫干净，表面的落地灰浆残渣必须清除铲平。若有油污等物，须用丙酮或松节油擦揩干净，高低不平处用1∶3水泥砂浆填嵌平整。

（2）地毯裁剪：按房间平面尺寸形状用裁边机断下地毯料，每段地毯的长度要比房间长约20mm，宽度要以裁去地毯的边缘线后的尺寸计算。弹线裁去地毯边缘部分。

（3）地毯拼接：用麻布狭条（宽为100mm），在其上用粘结剂均匀涂刷（按0.8kg/m的涂布量），衬在两块待拼接的地毯之下，将地毯压住拼接粘牢。用同样方法将地毯逐一拼成一整片。拼接地毯时须用张紧器将地毯张拉平整，铺服贴，不得有拱起现象。两条地毯间的缝隙要尽可能小到看不见背衬条，用螺丝局部暂时固定。

（4）固定地毯：将整片地毯四周依房间踢脚修剪整齐，用倒钩钉（见图26-1）将地毡四周固定。倒钩钉是在一块木卡条上朝天钉两排钉，在靠近墙脚约10～20mm的地面处设置木卡条，用螺丝将木卡条与地面上预埋木砖固定，或用射钉枪方法固定，该木卡条沿墙脚布置。

门口处地毯固定采铝压条固定法，门口压条是用于门框下的地面处，该处为地毯的敞边缘，门口压条的作用压住地毯，防止地毯被踢起和边缘处受损坏，又符合美观整齐的要求。门口压条用厚度为2mm的铝合金板制成，如图26-2所示，使用时将上面的铝板轻轻地压下，紧压住地毯的面层。铝压条板的下层板用螺丝加以固定。

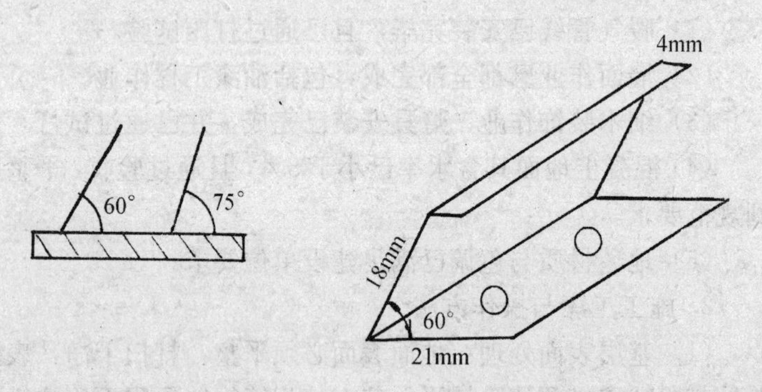

图26-1 朝天钉角度　　图26-2 门口铝压条

走廊的地毯铺设，采用上面类似方法，靠近走廊两侧的墙脚处，使用木卡条固定，其间距为2m。

（5）铺设地毯完后用吸尘器将地毯上的灰尘杂物清除干净。

（五）塑料板材地面

1. 准备工作

材料及作业工具：

（1）塑料板：材质与颜色符合设计和建设单位要求。

外观质量：板面应平整、光滑、无裂纹、无伤痕、色泽均匀、厚薄一致、边缘平直，板面不允许有杂质和气泡。产品各项指标应与说明书相符合。表面花纹，产品应与样品提供的纹样一致。塑料板块几何尺寸要求如下，300、333mm，厚1.5～3.0mm 的正方形块材，厚度允许偏差为±0.15mm；长与宽允许偏差为±0.3mm；直角度，用钢制直角尺测量检查，块材一边与直角钢尺重合，另一边与钢尺间的最大间隙应在±0.25mm 以内。塑料板块几何尺寸不符合规格，现场铺贴时很难校正，因该误差是系统误差，会使拼缝宽窄不匀，直接影响铺贴的工效与观感质量，在采购时应进抽样检查。

板块弹性：塑料地面应有一定弹性，行走时应有脚感舒适和柔软感觉，能在长期荷载作用下保持较好弹性回复率，长期不变形。

几何尺寸稳定性：在室内温度、水分与湿气、长期荷载作用下有良好几何尺寸不变的特性。

耐水性：长期用水冲洗不变形，不膨胀、不褪色、不失光的特性。

另外还有耐磨性、耐燃性、耐久性等要求，在采购时应予以注意。

（2）胶粘剂：采用水乳型氯丁胶胶粘剂。胶粘剂应存放在阴凉、通风、干燥的室内，出厂三个月后应取样试验，合格后方可使用。

（3）聚醋酸乙烯乳液、107 胶，修补水泥地面使用。

（4）水泥、软蜡、丙酮、汽油等。

（5）铺贴工具：梳型涂刮刀、橡胶滚筒、橡皮锄头、橡胶压边滚筒、裁切刀、钢卷尺、盛胶容器等。

现场作业准备

（1）暖管线已安装完毕，暖气试压完工后进行。

（2）已完成顶面喷浆或墙面壁纸的粘贴，一切油漆活已完。

（3）细木装饰及油漆已完，灯具安完，并已通过试灯。

（4）水泥地面其含水率不应大于8%。

（5）施工前作出样板，且经建设单代表认可再施工。

2. 施工顺序与操作方法

（1）基层处理：预制大楼板，施工前应将凹坑补平。板面清理干净，用10%火碱水刷净，晾干。刷粘结剂（配合比：1∶3＝乳液∶水重量比）随后紧跟刮一道水泥乳液腻子（配比∶普通水泥∶乳液∶水＝100∶20～30∶30重量比）。其水的掺量根据刮腻的干湿稠度适宜为度。刮后其表面的平整度不得超过2mm（用2m靠尺检查）。第二天腻子干后磨纱纸，将其接槎痕迹磨平磨光。

首层基层为水泥地面抹面，其表面应平整、坚硬、干燥，无油脂及其他杂质（包括砂粒），如有麻面、裂缝和地面起砂等宜采用107胶水泥腻子修补，使地面砂浆的强度不低于10MPa，再涂刷一道乳液，使其增加整体及粘结力。在铺贴前必须彻底清除基层表面上的残留砂浆、尘土和油污等物。

（2）弹线，找规矩：按房间长宽方向在地面上弹十字中心线，弹的墨线要细而清楚。如塑料板的规格与房间长宽方向不合适时，应沿地面四周弹出加条边线，其宽度一致。图纸如有镶边要求时，应提前弹出镶边位置线。并按规矩试铺塑料地面。塑料地面铺贴后，从地面往上返出踢脚板高度，在墙的两边各粘贴一块，以此为起点，拉线铺贴。

（3）配粘结剂：配料前应由专人对原材料进行检查，变色及杂质时不能使用。使用稀料对胶液进行稀释时亦应随拌随用，存放间隔不应大于1h，在拌合、运输、贮存时应用塑料或搪瓷容器，严禁使用铁器，防止发生化学反应，胶液变色。

（4）刷底胶：刷一道薄而均匀的结合层底胶。

（5）铺贴塑料板：可采用十字铺贴法和对角形斜铺法，先将靠近十字线塑料板背面朝上，错开一块板的位置，先用干布将板面上的粉尘擦净，然后用3英寸油刷沿地面塑料板的原位置和塑料板的背面同时涂刷一道胶。刷胶要薄且均匀无漏刷，待胶液稍干燥不粘手为宜，按照中心线和横竖两个边线对准铺贴。然后沿第一块铺好的塑料板四周用压边小辊子滚压严实；再进行第二块塑料板的粘贴，板的一边按线，另一边紧对第一块塑料板的一边进行铺贴，用同样的方法以小辊子滚压严实，以后逐块进行。

对缝铺贴的塑料板，缝子必须做到横平竖直，对缝严实，大小一致。

水乳型胶粘剂挥发较快，故涂胶面不要太大，稍加曝露就应马上铺贴。

塑料地面铺贴时，切忌将整张一下子贴下，应先将塑料地面块材一端对齐粘合，然后轻轻地用橡胶滚筒将其平整地粘贴在地面上，务必正确就位。为了使粘贴可靠，应有压滚筒压实或用橡胶锄头敲实。

(6) 裁边拼角：当铺贴到靠近墙角和踢脚线附近时，可能会出现需要拼块和拼角现象，应正确量取尺寸，在现场裁切，一并粘贴完毕，然后用橡胶压边滚筒赶走气泡和压实。

(7) 铺贴塑料踢脚板：地面铺贴后，以同样的方法，按弹好的踢脚上口线及铺贴好的踢脚为准，挂线粘贴，先铺贴阴阳角，后铺贴大面，用辊子反复压实为止，注意踢脚板上口及与地交接阴角的滚压，要压实，防止空鼓。

(8) 清理：最后铺贴完毕后应及时清理塑料地面的表面，用棉纱蘸少量松节油或200号溶剂汽油擦去从拼缝里挤出来的多余的胶。由于使用水乳型胶粘剂，可用湿布及时擦去即可。最后用墩布擦干净。

(9) 上蜡：用豆包布包裹已配好的上光软蜡，满涂1～2道(重量配合比为软蜡：汽油＝100∶20～30)。另掺1%～3%同地板相同颜色的颜料。稍干后用墩布擦拭，直至表面光滑，光亮一致。

3. 质量标准

保证项目

各种面层所用板块的品种、质量必须符合设计要求；面层与基层粘结必须牢固，无空鼓（脱胶）。

基本项目

（1）面层表面洁净，图案清晰、色泽一致，接缝均匀，周边顺直，板块无裂纹、掉角和缺楞等缺陷。

（2）观感质量：从600mm距离外目测，不可有凹凸不平、光泽和色调不匀、纹痕等现象。

（3）踢脚板铺设表面洁净，接缝平整均匀，高度一致；结合牢固，出墙厚度适宜，基本一致。

（4）地面镶边用料及尺寸符合设计要求和施工规范的规定；边角整齐、光滑。

允许偏差项目（表26-3）

塑料板地面允许偏差　　　　表26-3

项次	项　目	允许偏差（mm）	检　验　方　法
1	表面平整度	2mm	用2m靠尺及楔尺检查
2	缝格平直	3mm	拉5m线，不足5m拉通线和尺量查
3	接缝高低差	0.5mm	尺量和楔尺检查
4	踢脚线上口平直	2mm	拉5m线，不足5m拉通线和尺量查

4. 成品保护

（1）塑料地面铺贴完后，房间应设专人看管，非工作人员严禁入内，必须进入室内工作时应穿拖鞋，且须登记姓名。

（2）及时用塑料薄膜盖压好塑料地面，以防污染。

（3）电工、油工作业使用木梯者，凳腿下要包泡沫塑料保护，防止划伤，且须登记作业性质和作业者姓名。

（4）贴好以后，如发现油渍等沾污，应立即清洗掉，用皂液擦洗，切勿用酸性洗液。

（5）未正式交工移交之前，检查质量和参观等人员不得抽烟，烟蒂等不得扔在塑料地面上，以免烧焦、烫坏。

5. 质量通病预防

（1）塑料板地面翘曲、空鼓：主要原因基层不平，刷胶不匀或有漏刷之处，铺设时滚压不实，或没等胶干燥便急于铺贴，干缩后翘起，或局部空鼓。

（2）踢脚板上口空鼓和上口不齐：粘贴踢脚板时不挂线。上口刷胶不够，滚压不实，收缩干燥后空鼓。

（3）踢脚板阴阳角空鼓：煨弯的尺寸角度与实际不符，贴上后滚压不实。

（4）地面污染：成品保护差，油浆活污染严重不易清理，或施工时刷胶太厚，滚压时胶液外流，污染面层，接缝处胶痕太多，面层污染。

（5）面层有凹坑或小包：铺贴面层前，对基层处理修补不力，凹坑没用水泥腻子分层补平；楼面混凝土小包没剔平处理。

（6）新铺设的水泥地面在夏季要有 15～20d 的干燥时间。

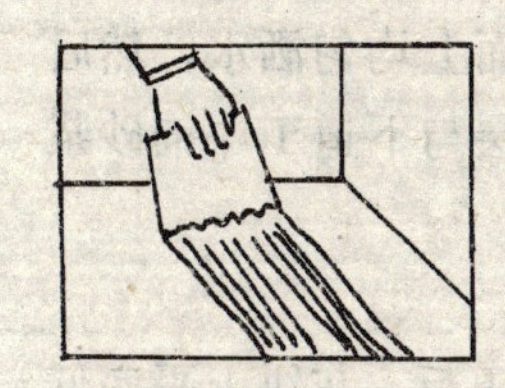

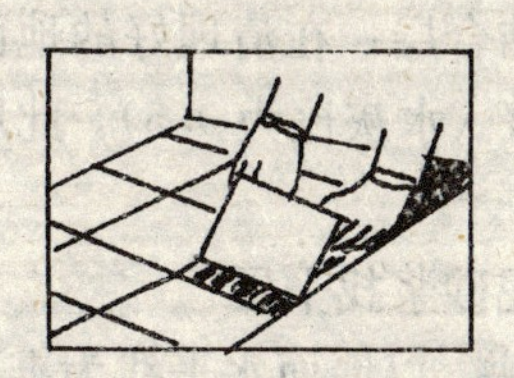

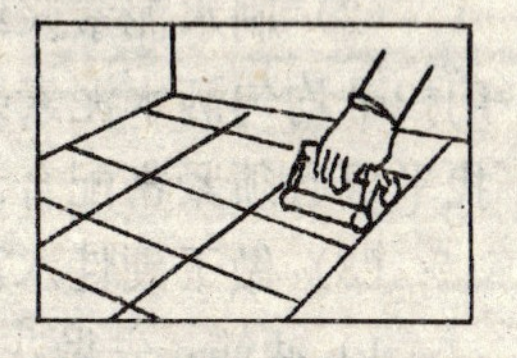

图 26-3　塑料地板铺贴示意

6. 劳动组织

一个房间铺贴人员需 3～4 人，由 2 人分别在地面和块材背面上涂胶，由 1～2 人铺贴塑料地面，待整间铺贴完毕后，一起进行塑料地面的清理工作。

（六）马赛克地面

1. 准备工作

材料

（1）水泥：425 号普通硅酸盐水泥。

（2）砂：粗砂或中砂。

（3）马赛克：进场后应拆箱检查颜色、规格、形状、粘贴的质量等是否符合设计要求和有关规范的规定。

（4）107 胶：须有产品合格证和商标。

现场作业准备

1）墙面抹灰及墙裙作完。

2）弹好＋50cm 水平线。

3）穿地面管作完，保护好门框。

工艺流程：

施工准备→基层处理→清扫、浇水湿润→结合层抹灰→选马赛克→镶贴（弹线、浇水）→润水→揭纸→检查调整→擦缝→养护

2. 施工顺序与操作方法

（1）清理基层、找规矩：将基层清理干净，落地灰浆、表面灰浆皮要铲掉、扫净。

（2）刷水泥素浆结合层：在清理好的地面上均匀洒水，然后用扫帚均匀洒水泥素浆（水灰比为 0.5）。此层与下道工序铺砂浆找平层必须紧密配合。

（3）做干硬性水泥砂浆找平层：

1）冲筋：先做灰饼，以墙面水平线为准下反，灰饼上平底低于地面标高一个马赛克厚度。然后在房间四周冲筋，房间中间每隔 1m 冲筋一道。若有地漏，冲筋应朝地漏方向呈放射状。

2）装档：冲筋后，用 1∶4 干硬性水泥砂浆（干硬程度以手捏成团，落地开花为准）铺设，厚度约为 20～25mm，砂浆应拍实，用大杠刮平，要求表面平整并找出泛水。

（4）铺贴马赛克：

1）对铺设的房间检查净空尺寸，找好方正，在找平层上弹出方正的垂直控制线。按施工大样图规划所要铺贴的张数，余下不足整张的应用在边角处，不能铺设到显眼的地方。

2）做水泥浆结合层：先洒水湿润后刮一道厚 2～3mm 厚的水

泥浆（掺水泥重20%的107胶）。

3）在水泥浆尚未初凝时开始铺马赛克，从门口开始，用方尺由墙面兜方拉控制线然后镶铺。操作者站在已铺好马赛克的垫板上，按上述程序往前进行铺到尽端。如稍紧或松时，可用开刀切开纸均匀挤或展缝，当调缝解决不了时，则需用合金凿子裁条嵌齐。

整个房间铺完后，由一端开始用锤子和拍板依次拍平拍实，拍至素水泥浆填满缝子，然后洒水至纸面完全浸湿，水多会使粒片浮起，水少不易揭纸，20min左右揭纸并用开刀清除纸毛。

4）揭纸后进行灌缝、拨缝，第一次用1∶1水泥砂浆（砂子要过窗纱筛）把缝子灌满扫严，适当淋水后，用锤子和拍板拍平，拍板要前后左右平移找平，将马赛克拍至要求高度，然后用拨板和抹子先调缝后调横缝，边拨边拍实，地漏处须将马赛克剔裁镶嵌。最后再用拍板拍一遍并局部调缝，然后轻轻扫掉余浆，如果湿度太大，可用干灰面扫一遍，用干锯末扫净。

5）马赛克地面镶铺24h后，铺干锯末养护，4～5d后方准上人。

3．质量标准

保证项目

马赛克品种、规格、颜色、质量必须符合设计要求，面层与基层的结合必须牢固，无空鼓现象。

基本项目

1）马赛克地面表面洁净，图案清晰，色泽一致，接缝均匀，周边顺直。

2）地漏坡度符合设计要求，不倒泛水，无积水，与地漏（管道）结合处严密牢固，无渗漏。

3）与各种面层邻接处的镶边用料及尺寸符合设计要求和施工规范规定；边角整齐、光滑。

允许偏差（表26-4）

马赛克地面允许偏差 **表 26-4**

项　目	允许偏差（mm）	检 验 方 法
表面平整度	2	用2m靠尺和楔形塞尺检查
缝格平直	3	拉5m线，不足5m拉通线和尺量
拉缝高低差	0.5	尺量和楔形塞尺检查
踢脚线上口平直	3	拉5m线，不足5m拉通线和尺量检查
板块间隙宽度不大于	2	尺量检查

4．成品保护

（1）镶铺后应上铺覆盖物对面层加以保护。

（2）推车运料时应注意保护门框及已完地面，小车腿应用胶布或布包裹。

（3）操作时不要碰动管线，不要把灰浆或板块掉落在地漏管口内。

（4）做油漆时不得污染地面。

（5）质量通病预防及注意事项

1）地面标高超高：楼板施工时应严格掌握板面标高，防水层厚度也要严格控制，镶铺时要按水平线镶铺。

2）缝格不匀：操作前应进行挑选。

3）面层空鼓：找平层做完之后应跟着做面层，防止污染、影响与面层的粘结。铺前刮的水泥浆应防止风干，薄厚要均匀。

4）地面渗漏：厕浴间地面防水层施工时注意保护，穿楼板的管洞应堵实并加套管，与防水层连接严密以防止造成渗漏。

5）面层污染严重：擦缝时应将余浆擦干净。

6）地漏处马赛克修补不规矩：作找平层时应找好地漏坡度，当大面积铺完后，再铺地漏周围的马赛克；根据地漏直径预先计算好粒数，试铺合适后再正式粘铺。

7）要严格掌握好垫层的施工，垫层必须平整，并且向地漏处找好泛水，当房间大需冲筋时，冲筋必须朝地漏方向呈放射状，未冲筋时应在四面墙上弹线找好泛水坡度，所贴灰饼必须由地漏向远处逐步增高，只有垫层符合要求了，面层才可能符合要求。

镶铺地漏处时，要将马赛克剔裁镶嵌，进行细致的处理，应使马赛克盖在地漏的外沿上，但不能将地漏堵塞，还要保证美观。

8）小方马赛克使用效果不如大方马赛克。在同样的施工条件下小方脱落的可能性要大于大方。

5. 劳动组织

两个操作小组，每个小组 15 人，其中合灰工 2 人（包括地面运输），楼内运输工 1 人，基层抹灰工 3 人，铺贴马赛克技工 6 人，壮工 3 人。每个小组内分三个作业组分开在一个房间内施工。

（七）现制水磨石地面

饭店的大会议室和餐厅是现制水磨石地面，面积分别为 $300m^2$ 和 $450m^2$，会议室采用特大八厘石子，餐厅采用中八厘石子。

1. 准备工作

材料

（1）水泥：425 号白水泥。

（2）砂：中砂，过 8mm 孔径的筛子，含泥量不得大于 3%。

（3）石渣：采用凤凰绿石子，粒径为特大八厘和中八厘。

（4）铜条：1～2mm 厚铜板，裁成 10mm 宽，长度以分块尺寸而定，经调平使用。

（5）颜料：采用氧化铬绿矿物颜料，其掺量宜为水泥用量 5%。

（6）其他：草酸，白蜡，22 号铅丝。

现场作业准备

（1）地面部位结构验收完，并做好屋面防水层，墙面上弹好 +50cm 标高水平线。

（2）立好门框并加防护，堵严、堵牢管洞口，与地面有关各种设备和埋件安装完。

（3）做完地面垫层，按标高留出磨石层厚度至少 3cm。

（4）石渣应分别过筛，并洗净无杂物。

2. 施工顺序与操作方法

（1）基层处理：检查基层的平整度和标高，超出进行处理，对落地灰、杂物、油污等应清刷干净。

（2）浇水润湿：地面抹底灰前一天，将基层浇水润湿。

（3）拌制底子灰：底子灰配合比，地面为1∶3干硬性水泥砂浆；踢脚板为1∶3塑性水泥砂浆。要求配合比准确，拌合均匀。

（4）冲筋：

地面冲筋：根据墙上+50cm的标高线，下反尺量至地面标高，留出面层厚度沿墙边拉线做灰饼，并用干硬性砂浆冲筋，冲筋间距一般为1m～1.5m；有地漏的地面，应按排水方向找0.5%～1%的泛水坡度。

踢脚板找规矩：根据墙面抹灰厚度，在阴阳角处套方、量尺、拉线确定踢脚板厚度，按底层灰的厚度冲筋，间距1～1.5m。

（5）底灰铺抹：

在装灰前基层刷1∶0.5水泥浆。

1）按底灰标高冲筋后，跟着装档，先用铁抹子将灰摊平拍实，用2m刮杠刮平，随即用木抹槎平，用2m靠尺检查底灰表面平整度。

2）踢脚板冲筋后，分两次装档，第一次将灰用铁抹子压实一薄层，第二次与筋面取平，压实，用短杠刮平，用木抹子搓成麻面并划毛。

（6）底层灰养护：底层灰抹完后，于次日浇水养护，充分浇水养护2d。

（7）镶分格条：按设计要求进行分格弹线：在已做完底层灰上表面，间距为1m，铜条为10mm高，镶条时先将平口板尺按分格线位置靠直，将铜条就位紧贴板尺，用小铁皮抹子在分格条底口，抹素水泥浆八字角，八字角高度为5mm，底角宽度为10mm。折去板尺再抹另一侧八字角，两边抹完八字角后，用毛刷蘸水轻刷一道。铜条分格，应预先在两端下部1/3处打眼，穿入22号铅丝，锚固于下口八字角素水泥砂浆内。

分格条应拉5m通线检查，其偏差不得超过1mm。

镶条后12h开始浇水养护，最少两天，在此期间严加保护，应视为禁区以免碰坏。

(8) 抹石渣面层灰：施工前，先将颜料掺入水泥，其掺量为水泥重量的5%，然后与石子进行干拌，体积比为1：3最后加水成为石渣浆。要求计量准确，拌合均匀。

装石渣灰：先把地面底层养护水清扫干净，撒一层薄水泥浆并涂刷均匀，随即将拌好的石渣灰先装抹分格条边，后装入分格条中间，用铁抹子由分格中间向边角推进、压实抹平，罩面石渣灰应高出分格条1～2mm。

在找平后的石渣浆表面，均匀撒一层大中八厘石渣，填补特大八厘石子不易填充的部分，然后用石滚子横竖碾压至出将均匀为止，2h后再横竖压一遍，并用铁抹子将石滚子压出的浆抹平。

踢脚板抹石渣灰面层：石渣采用中八厘石子，先将底子灰用水润湿，在阴阳角及上口，用靠尺按水平线找好规矩，贴好靠尺板，先涂刷一层素水泥浆，随即踢脚板石渣灰上墙、抹平、压实；刷水两遍将水泥浆轻轻刷去，达到石子面上无浮浆，切勿刷得过深，防止脱落石渣。

水磨石罩面灰养护：石渣罩面灰完成后，于次日进行浇水养护，常温时养护5～7d。

(9) 磨光酸洗：

1) 水磨石面层开磨前应进行试磨，以不掉石渣为准，经检查确认可磨后方可正式开磨。

2) 磨头遍：用粒度80号粗砂轮石机磨，使机头在地面上走横八字形，边磨边加水、加砂，随磨随用水冲洗检查，应达到石渣磨平无花纹道子，分格条全部露出（边角处用人工磨成同样效果）。清洗后检查合格，擦一层水泥素浆；美术磨石应用同色灰擦素浆，次日继续浇水养护2～3d。

3）磨第二遍：用粒度150号砂轮石磨面方法，磨完擦素水泥浆，养护同头遍。

4）磨第三遍：用240号细砂轮石，机磨方法同头遍，边角处用人工磨，并用油石出光。

磨光时，磨石机在地面走“8”字形，边磨边加水冲洗并用2m靠尺板检查平整度，浇水速度不宜过快，浇水量不宜过大，以保证磨浆水具有一定的浓度。前两遍磨光后，均需用色灰擦素浆并养护5d以上，第三遍磨完后以细油石出光。

5）出光酸洗，经细油石出光，即撒草酸粉洒水，经油石进行擦洗，露出面层本色，再用清水洗净，撒锯末扫干。

6）踢脚板石渣灰罩面后，常温24h后即可人工磨面。头遍用粗砂轮石，先竖磨再横磨，应石渣磨平，阴阳角倒圆，擦头遍素浆，养护1～2d；用2号砂轮石磨第二遍，同样方法磨完第三遍，用油石出光打草酸。

（10）打蜡：

1）酸洗后的水磨石地面，经晾干擦净。

2）打蜡：用布或干净的麻丝沾稀糊状的成蜡，涂在磨石面上，应均匀，经磨石机压麻，打第一遍蜡。

3）上述同样方法涂第二遍蜡，要求光亮，颜色一致。

4）踢脚板人工涂蜡，擦磨，二遍出光成活。

3．质量标准

保证项目

（1）选用材质、品种、强度（配合比）及颜色应符合设计要求和施工规范规定。

（2）面层与基层的结合必须牢固，无空鼓、裂纹等缺陷。

基本项目

（1）表面光滑；无裂纹、砂眼和磨纹；石粒密实，显露均匀；图案符合设计，颜色一致，不混色；分格条牢固，清晰顺直。

（2）踢脚板高度一致，出墙厚度均匀；与墙面结合牢固，局部虽有空鼓但其长度不大于200mm，且在一个检查范围内不多于

2处。

（3）地面镶边的用料及尺寸应符合设计和施工规范规定；边角整齐光滑。

允许偏差项目（表26-5）

现制水磨石地面允许偏差 **表26-5**

项目	允许偏差（mm）		检验方法
	普通	高级	
表面平整度	3	2	用2m靠尺和楔尺检查
踢脚线上口平直	3	3	拉5m线或通线尺量检查
缝格平直	3	2	

4. 成品保护

（1）铺抹打底和罩面灰时，各种设备不得损坏。

（2）运料时注意保护门口、栏杆等，不得碰损。

（3）面层装料等操作应注意保护分格条，不得损坏。

（4）磨面时将磨石废浆及时清除。

（5）磨石机应设罩板，防止溅污墙面设施等。

5. 质量通病预防

（1）空鼓：分格块四角最易出现，主要是基层表面及镶分格条时，条高1/3以上部位有浮灰，扫浆不匀造成。操作中应坚持随扫浆随铺灰，压实后注意养护。

（2）漏磨：边角、炉片、管根等处易漏磨，应在磨完头遍后全面检查并将漏磨处及时补磨。

（3）磨纹、砂眼：磨光时按本交底要求，并注意养护后按工艺卡操作。

（4）面层石渣粒不匀：石渣规格不好，粉石铺抹不平，滚压不实。应认真操作每道工序。

（5）强度偏低：严格掌握配合比，拌合均匀，拌合好的灰应掌握铺抹滚压时间，注意养护。颜料用量不能超过水泥重量5%。

(6) 分格条掀起，显露不清晰：分格条应镶压牢固、平整；石渣灰铺抹后，滚压应高出分格条，高度一致，磨光严格本交底操作顺序。

二十七、网架施工技术交底

（一）工程概况和施工方案

本工程为某工厂主厂房屋盖，设计采用正放四角锥平板网架，见图 27-1 所示，上弦采用 $\phi108\times3$、$\phi102\times2.5$、$\phi83\times2$、$\phi51\times2$；下弦采用 $\phi95\times2$、$\phi83\times2$、$\phi51\times2$，腹杆采用 $\phi83\times2$、$\phi51\times2$；球节点采用 $\phi280\times6$，加肋板为 270×2，支座为弧形支座，肋板为 -204×8，底板为 -150×12；上弦节点顶管为 $\phi70\times2$，顶板为 $-140\text{mm}\times6\text{mm}$，所有钢材均采用 Q235 号钢，焊接设计指定采用 T426，网架总重为 8.681t，每平方米耗钢量为 13.02kg，网架起拱为 50mm。设计原起拱为双向起拱，施工时制作比较困难，与设计人员洽商后改为短跨方向起拱，其值不变，各杆件长度均须重新进行计算。

球节点制作采用热压工艺，先将钢板加热，呈现枣红色，温度约为 850～900℃，半球冲压采用上下闭合的凹凸模具，在加工厂进行制作和焊接。网架钢管杆件采用机床下料，杆件长度在下料时须预加焊接收缩量，每条焊缝放 1.5mm。上弦和下弦在短跨方向，尽量将球节点与上弦或下弦杆件焊接或“哑铃式”的单元，以便减少现场焊接工作量。

根据现场塔吊提升能力的限制，施工组织设计采用分块安装法，将网架分成六块，每块在地面上组装，然后在厂房现场将这六块网架在高空就位搁置，并进行焊接连接成整体网架。为了保证网架的安装精度和顺利拼接，在每块网架的下弦节点处，由于每块网架具有相当大的刚度，仅设置一至二个支撑点或拼装支架（图 27-2），合拢时用千斤顶和 3t 的倒链，将网架单元块顶到设计标高和平面坐标后进行拼接。

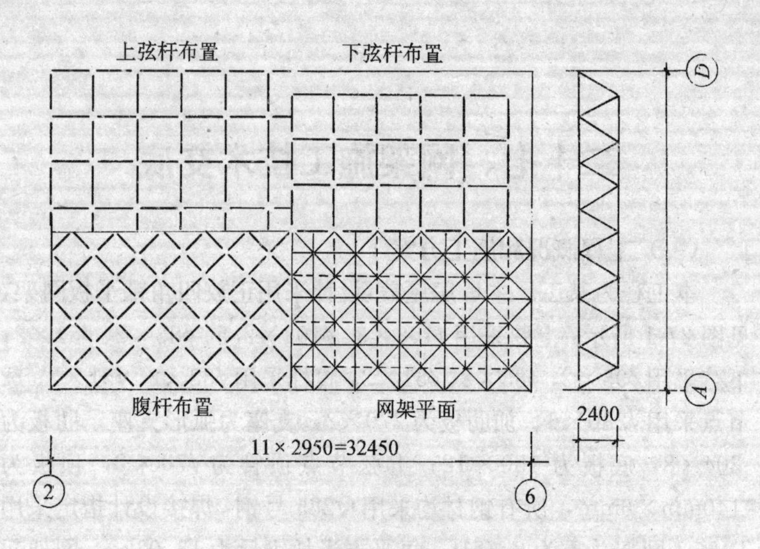

图 27-1　正放四角锥平板网架

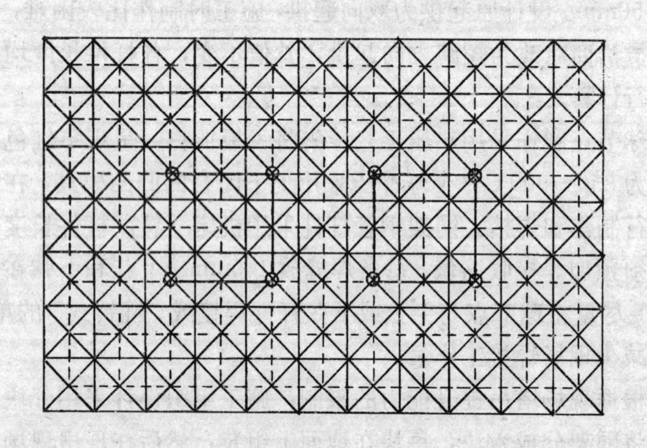

图 27-2　网架拼装支架布置

（二）准备工作

1．材料

（1）钢材

1）钢管：Q235 号钢，无缝钢管。

2）钢板：Q235 号钢。

钢材须有出厂合格证，并经公司试验室进行材料试验。钢材断口不得有分层、表面锈蚀、麻点、裂缝、划痕等缺陷，钢管壁厚和钢板厚不得有负偏差。

（2）焊条：T426，须有出厂合格证等质量证明，凡药皮脱落、焊芯生锈的焊条严禁使用。

（3）涂料：防腐调合漆应符合国家标准的规定，并须有产品质量证明书。油漆颜色与建设单位商定后定为苹果绿。

2．现场作业准备

（1）交流电焊机

（2）现场块状网架制作胎模

（3）拼装支架

（4）技术准备：焊接工人进行焊接考核，并将试件抽样进行设计要求材料抗压与抗拉试验。

设计要求对球节点进行试验，包括无加肋板球节点，肋板平行与受力方向球节点和肋板垂直于受力方向球节点的试验，如图 27-3 所示，其破坏力应符合设计要求。

图 27-3 球节点试验

（三）球节点制作

1．下料

先在板厚为 6mm 的钢板上用圆规绘出直径为 403mm 的圆，再用气焊进行切割下料，气割后用扁铲打掉毛刺。

2．冲压

先将半球钢坯圆板加热到 850～900℃，钢坯呈枣红色，每块钢板加热应均匀，使钢板冲压后变形均匀。

冲压工艺采用工具钢制成的凹凸模具，上模直径 D_1＝268mm，下模内径 D_2＝293mm。下模口应做成圆角，因尖角将增加模具对钢板滑移的摩阻力，使钢板拉薄和球壳厚度不均匀，其圆角半径取18mm。为了避免冲压过程中胎模较冷，冲压后的半球由于冷缩紧贴在上模上，出现不易取下的缺点，在正式冲压前，反复用烧红的铁板进行多次试冲压，使上模底部呈蓝色，温度大约达到400℃后进行正式冲压。冲压成型的半球应用圆形样板检查其形状是否成圆球面。

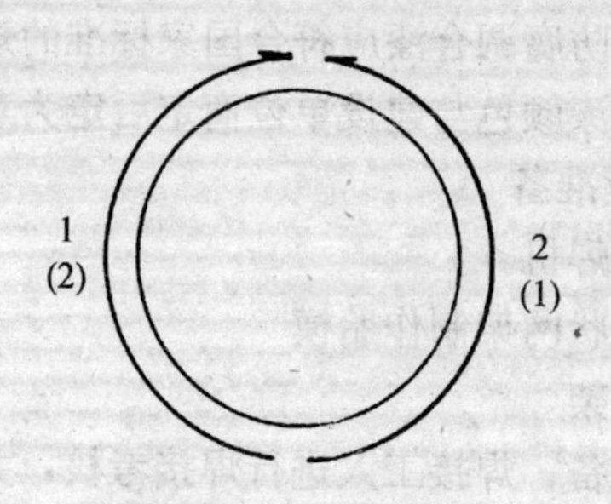

图 27-4　焊接顺序

3. 切边

冲压成形的半球需将多余的毛边切去，应用车床进行切割剖口，其半球的口边应切成30°的坡口，口边不得有毛刺。

4. 焊接成型

带肋的节点球应先将肋板与一个半球点焊，焊点为6～8点，再与另一个半球对装焊接。因本钢球壁较薄，用细焊条进行焊接，分两遍焊成，焊接顺序见图27-4。焊口凸出与凹进应小于0.3mm，若大于此值应用砂轮打平。在焊接时，可将对装好的球体放在槽钢上，由焊工边焊边转。焊成的球节点其表面应光滑平整，不能有局部凸起与褶皱，且应进行随机抽样检验。

（四）钢管杆件制作

下料钢管必须顺直，不得有弯折现象。下料表已考虑钢管与球节点之间的焊口间隙和焊接收缩量，均为1.5mm。

为了保证钢管端面与管轴垂直，也就是为了钢管中心轴线通过球节点的球心，采用车床切割下料。

考虑到以后网架安装对接时的误差，杆件长度不足，按钢管加工表预先加工一部分衬管，长为100mm，衬管外径比杆件钢管的内径小0.5mm，衬管壁厚为3mm。由于本工程钢管杆件壁薄，钢管的管端不加工成坡口形式。每种杆件进行分类编号，挂牌堆放。

（五）哑铃式构件制作

胎模如图27-5所示，C为螺栓，使短钢管B可移动，调到网架两球节点所要求的尺寸后，用螺栓C扭紧固定，P_1为调节不同管径的钢管高度的钢板。胎模基础为砖基，50号机制砖，M2.5混合砂浆砌筑，胎模顶部为C13混凝土，短钢管采用普通钢管。

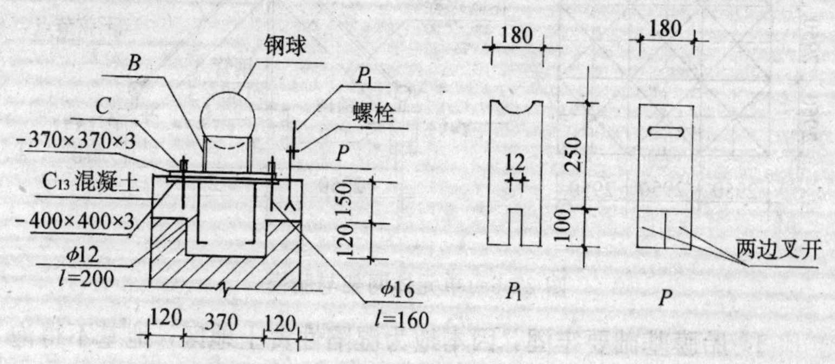

图27-5　胎　模

先将钢球分别放入两个胎模中，在两个钢球之间放入钢管，调节p_1使钢管与钢球对中，钢管与钢球之间的焊口间隙在1～1.5mm之间，再用带有橡皮的夹子（带有手柄）夹住钢管，由焊工进行施焊，并由焊工自己操作转动手把，边焊边转。此项工序在加工厂内制作。哑铃式构件按施工组织设计中构件分类编号挂牌堆放。

（六）网架块状单元体制作

钢球、钢管杆件与哑铃式构件由加工厂运到现场后应分类编号进行堆放。不得混杂堆放，以免在安装网架时因错用、错放而造成重大质量事故。所有钢球、钢管和哑铃式构件不得露天堆放，不得放在有积水的和潮湿的地方。

块状单元体在现场制作，为了使块状单元体几何尺寸达到设计的精度要求，在现场制作块状体拼装胎模，每一个球节点均用钢管作支承点，见图 27-6 所示，上弦节点的支承杆还用 ϕ10 钢筋拉杆和花篮螺栓调整其平面位置。由于块状单元体拼装胎模的精度直接决定和影响块状体的精度，这是网架能否顺利进行整体拼装的关键，故采取以下技术措施。

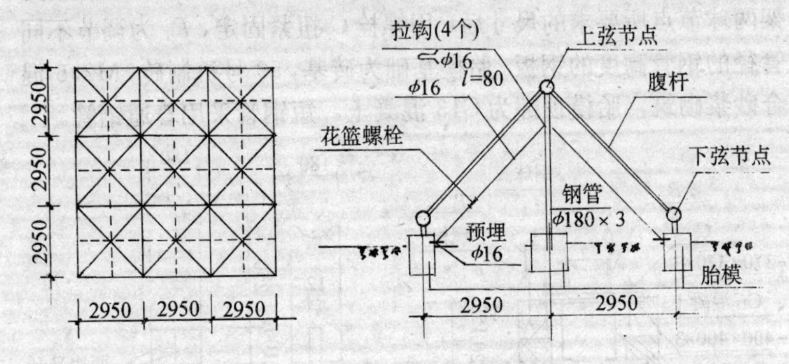

图 27-6　单元体网架与胎模

1. 胎膜基础要牢固，因本地为湿陷性黄土地区，地基不得泡水，地表水应及时引入雨水沟中。地面做一层 C8 混凝土面层，厚为 80mm。

2. 上下两层球节点的球顶面标高要严格控制，按设计图纸和施工方案的具体数据，用水准仪进行测设，其误差不得超过 1mm。

3. 球节点之间的水平距离，用钢尺进行丈量，钢尺要经过计量部门检验，尽量减小系统误差，块状网架整体几何尺寸要作最后检查，其外边长要满足设计要求。

4. 由于上弦球节点平面位置容易移动，在拼装过程中，要及时检查，在点焊之前，应用倒链或花篮螺栓调整其平面位置。

5. 由于网架起拱的影响，每个块状单元体的几何尺寸均不相同，特别是标高，在制作单元体时，严格按图进行量测，由工长进行检查，现场工程师进行复测，并进行测量记录和签字。确认无误后方可进行点焊和施焊。

网架制作质量标准

（1）保证项目

1）钢材的品种、型号、规格和质量必须符合设计要求和施工验收规范的要求，须有出厂合格证、质量保证书和公司试验室的试验报告，包括钢材抗拉、抗压等材料试验和化学成分分析，可焊性试验。

2）钢管在车床切割后，抽样检查切割截面无有裂纹、夹层和大于1mm的缺口。用目测或钢尺量测。

（2）检验项目

1）钢球与钢管外观检查；

合格：构件正面无明显凹面和损伤。

优良：构件表面无明显凹面和损伤，表面划痕不超过0.2mm。

检查数量　按各种构件件数各抽查10%，但均不少于3件。

焊接后的成品球表面应光滑平整，不能有局部凸起或褶皱。

2）钢管在车床切割后，其切割面应与钢管轴线垂直。

检验方法：用观察和尺量。

（3）实测允许偏差

1）钢管制作成品长度误差规范定为±1mm，公司内控标准定为0.8mm。

2）焊接后成品钢球的允许偏差：

①直径为±2mm。

②不圆度为2mm。

③球壁厚不均匀度为0.5mm。

④两半球对口焊接的错边量为1mm。

3）块状单元体网架允许偏差

①四面单锥体上弦长度、单元体网架高度误差为±2mm。

②上弦对角线长度误差为±3mm，下弦对角线长度误差为±2mm。

③球心与钢管中心线不在一条直线上偏差为2mm。

④块状单元体网架拼装后其边长允许误差为4mm。

检查方法:

①单锥体的上弦长度、高度、上弦对角线和下弦对角线长度、球心与钢管中心线不在一条直线上偏差，均用钢尺丈量。

②块状单元体网架边长误差检查采用全部检查方法。

以上所有质量检查均列表记录。

网架制作注意事项:

(1)钢管下料时要反复核实，每一种规格应一次完成下料，下料完后要挂牌成堆放置，以免发生错乱，特别是钢管直径和壁厚不得出现差错。

(2)钢球制作时，冲压模具使用前要进行检查，包括模具的曲率半径、光洁度，其误差应在0.1mm之内。下模口必须为圆角，其圆角半径为18mm，曲面要光滑。上模在冲压前应加热，大约为400℃，呈蓝色。

(3)钢管和哑铃式杆件在运输过程中不得发生变形，严禁任意扔下和野蛮装卸。运到现场后要按加工标牌成堆放置，地面应干燥，不得受潮生锈，放入指定的库房内。

(4)块状单元体网架制作时，应严格控制尺寸，胎模应经检查后方可使用。

(七)网架现场整体拼装

1. 在地面上拼装好块状单元体网架由塔吊吊到安装预定位置。

2. 在吊装前应预先搭设钢管拼装支架，见图27-6所示，上铺设钢跳板，用手动油压千斤顶调整网架下弦节点标高，包括网架起拱。

3. 网架四周支座的安装与调整

网架四周钢筋混凝土支承大梁在施工时应预埋铁件，网架安装队应在大梁施工前提交预埋件的预埋要求，并亲临现场检查，以免发生遗漏和错位，待混凝土达到设计强度70%时，在预埋钢板上量出网架支座的平面位置和量测标高，若有差错及时调整，再将网架支座安装好，待网架整体组装时作最后调整。

4. 待块状单元体网架都安放在预定位置上后，量测连接上弦节点之间、下弦节点之间的距离，其误差是否在允许误差±3mm之内，若超过此误差范围，应进行处理，若连接钢管过长应在现场车间加工切削，若过短应用衬管处理。

5. 将连接球节点和钢管安置在预定位置上，钢管与球节点之间有1mm左右的间隙，然后进行施焊。

6. 焊接上弦节点顶座，包括钢管和顶板。

网架拼装质量标准：

（1）保证项目

1）网架的焊接质量必须符合设计和施工验收规范，包括外观检查和x射线检验。

2）安装前钢管和块状单元体网架经过检验，在运输过程中不得有变形。

3）网架支座平面位置与做法须符合设计要求，接触面应平稳、牢固，严禁有脱空现象。

（2）基本项目

1）网架节点处焊缝表面干净，无焊疤、油污和泥砂。

2）网架支座标高、网架下弦各节点的挠度记录完备清楚。

（3）允许偏差

1）网架纵向与横向长度的偏差为±10mm。

2）每一个支座中心偏差为±5mm。

3）相邻两支座高差为10mm，最高与最低支座高差为20mm。

4）网架上弦节点相邻高差为10mm，最高与最低高差为20mm。

5）网架高与设计高度之差为±5mm（内控标准）。

网架拼装注意事项

（1）块状单元体网架起吊，其吊点必须是上弦球节点处，不得在上弦中间设吊点，吊点设4个，受力应均匀，绳索应对称，吊索与网架上弦平面的夹角要在45°左右。

块状单元体起吊时，应先将网架单元体吊离地面 300mm 左右，看起吊是否有异常现象，若有应将网架放下，一切正常才将网架吊到预定位置的上方，然后缓缓地降下，要找准平面位置，尽量减少支座的中心偏差。

(2) 拼装用的钢管支撑，在使用之前应进行检查，包括扣件是否拧紧，剪刀撑是否牢固。在网架屋面板吊装完毕，且经检查之后方可开始拆除支撑。

(3) 在网架拼装中使用千斤顶来调整网架的高差，此时应用水准仪来控制网架上弦节点的标高，使上弦节点的标高之差应符合设计的要求和在本交底的误差范围之内。在用倒链调整块状网架的平面位置时，用力不能太猛，不能强行就位，以免发生网架变形。

(4) 网架最后固定应符合设计要求，各支承点为简支，不得焊接成为固定支座。在调整时，各支座的平面位置应满足设计要求，其平面位置与高差应符合本交底的要求

(八) 油漆作业

在网架下弦杆之间铺设木板进行油漆作业。

(九) 焊接工艺

1. 因钢管壁厚为 2～3mm，焊条直径用 2mm。

2. 根据以往网架焊接经验，焊接电流暂定为 55～60A，焊工进行现场试焊再自行调整焊接参数。

3. 所有焊条焊接之前必须烘干，否则不允许使用，因为使用受潮焊条会使电弧的稳定性变差，焊渣飞溅增大，且易产生气孔、裂纹等焊接缺陷。

4. 焊接速度要求等速焊接，保证焊缝厚度、宽度均匀一致，从面罩内看熔池中铁水与熔渣保持等距离 2～3mm。

5. 焊接电弧长度要求稳定不变，以 3mm 左右为宜。

6. 一般在周圈下部起焊引燃电弧，把熔池填满到要求的厚度后方可开始向前施焊。在焊接过程中由于换焊条而停弧时，其接头方法同上，应注意先把熔池上的熔渣清除干净后方可引弧。

7. 收弧时到起焊点向前 15mm 左右，将弧坑填满，往焊接方向的反方向带弧，使弧坑甩在焊缝里边，以防弧坑咬肉。

8. 清渣。整条焊缝焊完后清除熔渣，焊工进行自检。

9. 最后整体网架拼装焊接，由块状单元体之间中心，由 4 位焊工同时向 4 个方向进行焊接，以减少由于焊接温度高产生网架整体不均匀收缩产生误差。

10. 在焊接之前，钢管与钢球之间应有 1mm 左右的间隙。对于这种环型焊缝的可采用习惯操作顺序，这种焊缝的特点为斜、仰、立、平焊连续过渡，一般从底部开始，分别左右自下而上环绕半径进行。

焊接质量标准

(1) 保证项目

1) 焊条必须符合设计要求，应有出厂合格证、烘焙记录。

2) 焊接必须由经过考核的焊工担任，包括平焊、横焊、立焊、仰焊。

3) 网架中受拉杆件的焊缝属施工规范中一级焊缝，必须进行超声波、x 射线探伤检验拍片。

4) 焊接焊缝表面严禁有裂纹、夹渣、焊瘤、烧穿、弧坑、针状气孔和熔合性飞溅等缺陷。由焊接工长与现场工程师进行观察，用焊接量规和钢尺检查，发现重大疑点应进行探伤检查。

(2) 检验项目

焊缝外观质量标准：

合格：焊波较均匀，明显处的焊渣和飞溅物清除干净。

优良：焊波均匀，焊渣和飞溅物清除干净。

检查数量　按焊缝数量抽查 5%，每条焊缝检查 1 处，但不少于 5 处。

检验方法　观察检查。

(3) 允许偏差

1) 焊缝余高小于 1.0mm。

2) 焊脚宽小于 1.0mm

用焊缝量规检查，每条检查一处，由工长与现场工程师负责。

（十）拆除整体组装拼装支架

从中间开始逐个放松千斤顶，用水准仪量测各拼装支架上网架下弦节点挠度变化值，若网架因自重下挠度超过30mm，应停止放松千斤顶，由现场主管工程师分析原因，若不是施工原因所致，应及时书面通知网架设计人员到现场进行原因分析和处理。在设计人员未作出处理之前，不得放松千斤顶和拆除支架，现场对网架各施工部位进行再次检查，以免发生重大事故。网架的挠度在设计允许范围之内，且进行24h的观察，可按正常程序由长方向两边逐个拆除拼装支架。

（十一）网架屋盖预制屋面板安放

1. 由塔吊将预制屋面板吊放到设计指定的部位，吊装顺序为从网架边缘向中心一圈圈进行。

2. 每一块屋面板安放就位后，四角应平稳，否则应用钢板填充，并须焊接；每一块屋面板四个支点，须有三个以上焊接点，即与网架三个上弦节点上的顶座平板进行焊接；每一个支点两个方向的焊缝长不小于40mm。

3. 在屋面板安装过程中，应对网架中心的挠度进行观测，可用挂垂线的方法。若发现网架的挠度增加速度较快，网架的总挠度超过50mm，应停止吊装屋面板，且应通知设计人员，因已超过设计图纸的挠度数值。若网架停止吊装屋面板，荷载并不增加而挠度还是增加，应将拼装支架上千斤顶重新顶紧下弦节点，但不必往上顶升网架，以免发生网架坠落重大事故，由设计人员进行网架内力分析和处理。

（十二）网架施工安全交底

1. 网架制作安全交底

（1）焊工应经过培训，持证上岗，严格遵守安全用电规程的规定。

（2）焊条头不得任意乱扔。下班前应检查有无电焊余火，由工长负责检查。

(3) 非电焊工不得随意动用电焊设备。

(4) 在使用前应检查电源线和电焊软线有无破损现象，发现应及时更换或用胶布包好。

(5) 应用安全开关，操作应用绝缘手套。

(6) 在使用电焊机时，如发现漏电现象应及时断电，及时通知电工修理。

(7) 在施焊时，焊工应穿胶鞋，敲打焊渣时，必须戴眼镜。

(8) 电焊机各种开关不得合用，其接地线应分开，不得与外壳地线合用。

(9) 下班前应切断电源，由电焊工长负责检查。

(10) 钢球制作，其冲压工艺应专人负责，不得任意代换，严格遵守该工种安全操作规程。半球压好后切边应用车床切割，应严格遵守车床操作规程，不得任意离开岗位。

(11) 钢管和球节点搬运应用吊车。

2. 网架安装安全交底

(1) 网架安装应严格按照本技术交底的安装顺序与安装步骤进行。

(2) 凡参加网架拼装的作业人员必须有上岗作业证。高空作业人员应经过体检，凡有心脏病等疾病者不准进行高空作业，年轻人也不准带病进行高空作业。

(3) 高空作业不得作冒险作业，严禁在网架上或支承梁上跳蹦穿越。

(4) 高空作业衣着要灵便紧身，禁止穿硬底（包括塑料底）和带铁钉易滑的鞋。

(5) 高空作业无论时间长短和干何种工作，必须系好安全带或腰绳，并将其固定在牢靠的地点。

(6) 高空作业人员要精神集中，禁止嬉戏打闹玩耍。

(7) 进入现场一律戴安全帽。

(8) 高空作业传送器材、工具，须用绳子拴好传送，禁止扔投。

(9) 网架中间拼接部位作业时，下弦节点处应设置安全网，网架周边脚手架内外应挂安全网。

(10) 作好防火措施。

(11) 风雨天应停止吊装。

(12) 网架拼装，非作业人员严禁进入施工现场，参观人员应经审批，并有专人带领。

(13) 塔吊吊装网架前应经过检查，包括塔吊机械、油压系统等性能是否可靠，钢丝绳、绳卡、滑轮、卷筒、吊钩是否满足吊装要求。

(14) 塔吊司机应经过培训，持有上岗证，且熟悉吊装程序。

(15) 塔吊不准带病作业，上班后应先检查塔吊是否正常。刮大风前应作好预防措施。

(16) 在塔吊作业时，严禁在吊臂下站人。

(17) 塔吊司机与信号工在吊装前，应到网架安装地点进行观看，熟悉现场作业条件，互相熟悉指挥吊装信号，包括指挥手势、旗语和哨声。吊装时做到"三不挂"，即不明重量不挂、网架或屋面板与地面联结不挂、斜牵斜吊不挂。

(18)网架拼装临时支撑在使用前应检查。网架吊装时要平稳，徐徐地下放，严禁有冲击现象。在屋面板安装好以后，由现场主管工程师同意方可拆除该临时支撑。

二十八、玻璃幕墙施工技术交底

（一）工程概况

本工程为市工贸大楼，建筑面积13890m²，地下1层，地面13层，裙楼临街部分均采用玻璃幕墙，面积为866m²，其中ZLMC-1立面布置见图28-1。主龙骨采用铝合金H701、H704、H705和H716组合而成，次龙骨由H702、H705、H713组合而成。该玻璃幕墙玻璃固定方式采用胶结，每块玻璃之间无铝合金装饰压条，故除要求建筑物本身沉降与变形较小外，玻璃幕墙主龙骨安装误差要小，平整度要求高，使玻璃板四周胶结固定良好，减少玻璃板平面扭曲变形。底层营业厅进口大门采用无框玻璃门，其两边边柱采用角钢组合柱，且外包不锈钢皮，见图28-2。底层营业厅临街面不采用铝合金龙骨，而采用玻璃砖砌筑的立柱（原设计采用12mm厚，180mm宽的白色玻璃板），达到建筑上全玻璃艺术要求。玻璃幕墙的玻璃采用6mm厚蓝色装饰玻璃，玻璃与铝合金或不锈钢包皮的胶结均采用粘接密封胶。

（二）施工准备

1. 材料

（1）玻璃：由建设单位陪同到指定商场采购，派专人负责运输，损耗率按2%计。

（2）铝合金龙骨：由建设单位提供，在交接验收时，应认真验收，入库后应分类堆放。

（3）钢构件：Q235号钢，由本公司加工厂按设计图纸要求制作，运到现场后入库分类堆放。

（4）胶粘剂：硅酮密封剂。

2. 机具

电焊机1台、焊钉枪1把、手枪钻2把、电动改锥2把、手

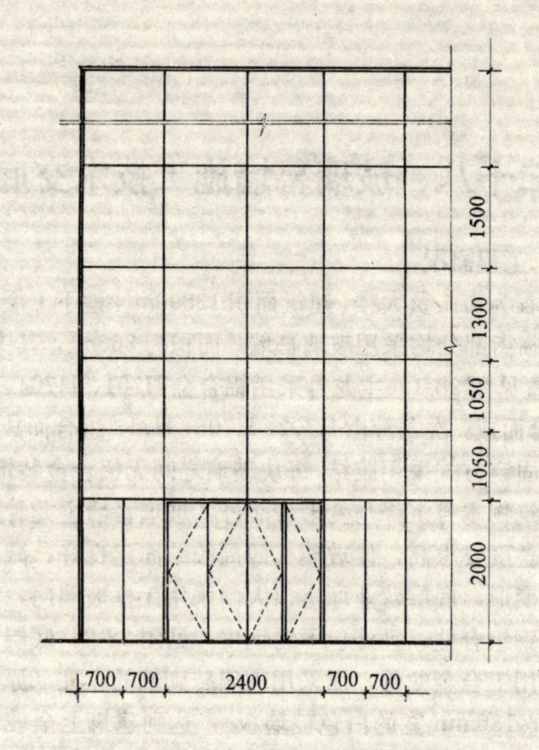

图 28-1　ZLMC-1 立面

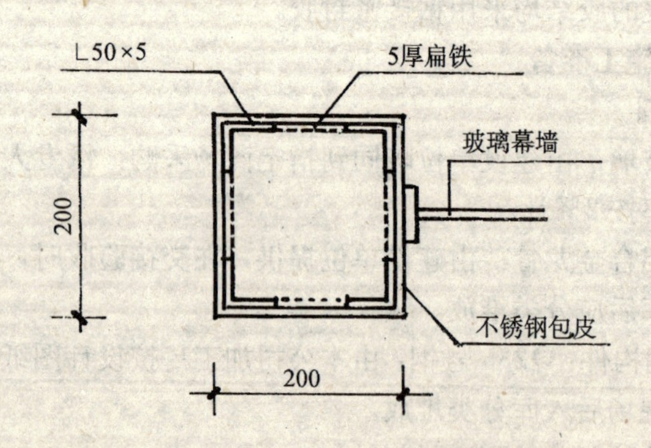

图 28-2　门柜立柱

吸盘器 8 个、运玻璃小车 1 辆、活动扳手 3 把，测量仪器和外脚手架配合使用。

3．劳动组织

配备一个专业作业组，从制作、拼装、运输、安装、成品保护、质量安全到交工验收全面负责，分工明确。材料运输2人、测量放线3人（由测量组兼）、竖向龙骨定位、找平、校正3人、装配安装5人、普工3人，管理人员2人。

4．施工作业准备

先对土建施工进行检查，凡是钢筋混凝土楼板悬挑板有裂缝者均需先进行补强。建筑物轴线和标高误差应在允许误差范围之内。凡是有误差作好适当调整。

（三）测量定位

由测量组根据各楼层轴线放出楼层玻璃幕墙主龙骨预埋件的中心位置，由地面放置经纬仪垂直逐层校核，再由土建施工员进行复核，填写测量记录。

（四）连接件安装

1．连接件安装前，应对每一个连接件*P*-1～3进行检查，凡是与设计图纸不符，特别是焊缝高度与质量不符合要求不得进行安装。

2．用电钻对混凝土楼板或梁进行钻孔，安装螺栓或胀锚螺栓，见图28-3。

3．安装联接件*P*1～3。

（五）主次龙骨装配

均在相应室内就地装配，包括竖向主龙骨需要装配好与紧固件之间的连接件、与横向次龙骨的连接件、主龙骨之间接头的内套管与外套管、安装镀锌钢板连接件、横向次龙骨装配及与主龙骨的连接的配件等，并准备好密封材料。

（六）竖向主龙骨安装

主龙骨在每层楼板通过联接角钢*P*-1～3进行连接，在安装过程中通过螺栓调节位置，尽量将土建施工误差调整到最小限度。主龙骨安装1层后用水平仪进行水平方向校平后予以固定。

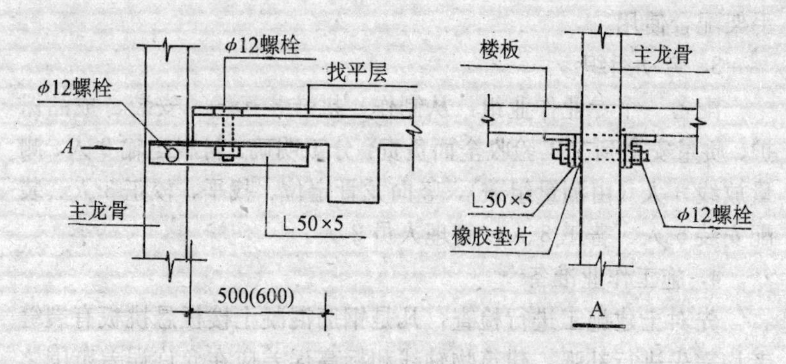

图 28-3 玻璃幕墙铝合金主龙骨固定

连接件角钢 P-1～3 与铝合金主龙骨之间放置橡胶夹片，以防止铝合金与角钢不同材质接触产生电解与腐蚀。

（七）横向次龙骨安装

横向次龙骨安装按厂方提供详图施工，次龙骨两端套有防水橡胶垫，故套上胶垫后长度将增加 4mm 左右，在安装时用木撑（应垫橡胶皮）将主龙骨撑开，装入次龙骨后，主龙骨将紧压次龙骨，达到较好防水止水效果。

凡是铁件均须刷防锈漆两度，铅油一度，调合漆一度。

（八）玻璃幕墙板安装

由于设计图纸采用粘结剂将玻璃板直接粘贴在主次龙骨上，在上玻璃和刷粘结胶之前，应再一次检查主次龙骨边框的平整度，不得超过允许误差±3mm，若超过此误差范围应重新进行主次龙骨边框调整。

玻璃板由塔吊或提升井架运至相应标高的外脚手架上，用手呼盘器进行安装，在主次龙骨上应事先均匀涂上胶粘剂，在安装过程中应徐徐地将玻璃板贴上，应在贴紧之前，注意玻璃板的位置。玻璃板之间的缝隙要均匀一致，多余粘结胶应及时擦去，以免污染玻璃板和铝合金框。

（九）质量标准

1. 铝合金龙骨和玻璃幕墙要求达到横平竖直，标高准确，表面不允许有机械损坏现象，铝合金主材表面须经过硫酸阳极化处理，表面有氧化薄膜。

2. 幕墙各种外露铁件（连接件等）均需进行防锈处理，制作误差应在允许误差之内。

3. 玻璃板与铝合金龙骨粘贴应严密平整，上下与左右的间隙应均匀，且应达到防水的要求。玻璃板上无污染。

4. 竖向主龙骨垂直偏差，每层不超过3mm，横向次龙骨水平偏差不超过2mm，均用3m靠尺检查。

5. 防水要求：用喷水器喷射，压力750Pa，流量4L/min·m^2，喷洒时间10min，应不发生透水现象。

（十）安全技术措施

1. 在安装玻璃幕墙之前，应对塔吊、井架和外脚手架进行一次全面检查。

2. 安装玻璃幕墙的所有操作人员，均需戴安全帽、系安全带，外脚手架上拉安全网。

3. 电器操作人员在作业时需装有触电保安器。

4. 玻璃板安装吸盘器应专人负责操作。

5. 玻璃在安装前应在地面先擦干净，不允许有泥土、污物，以免吸盘器在高空操作时吸玻璃板时发生漏气事故。

6. 高空作业人员均须事先进行体格检查，凡有高血压与心脏病等不得在空中作业。高空作业人员不得穿塑料底等鞋，以免发生滑倒等事故。高空作业严禁进行戏闹等，严格遵守作业和安全规程。

二十九、圆筒仓滑模技术交底

（一）工程概况

本工程为某电厂贮存仓，设计采用落地式筒体结构，共三个仓，直径为10.22m，基底标高为－4.00m，仓顶标高为63.50m，仓上皮带走廊，筒壁采用滑模施工方案，由－0.50m标高开始滑升。筒壁厚为220mm，混凝土强度等级为C28。仓顶钢筋混凝土梁板结构施工采用滑动模板操作平台作为施工作业和承重施工荷载的平台，仓顶钢筋混凝土楼板施工完后拆除滑模全部机具。

（二）滑模系统

1. 模板系统

（1）模板：滑升模板均为钢模板，高为1200mm，分为P2012，P3012，仿P2012收分模板及折角模板共4种型号，共计220m²，折角模板共4块，位于筒仓相邻处外侧，收分模板共36块，每仓的内外侧各6块均匀布置，但每块折角模板两侧各设置1块收分模板，定型组合钢模板共840块，其中P2012为684块，P3012为156块，每仓的外侧均使用P2012，内侧由P2012和P3012间隔布置。

（2）围圈：内外围圈各设置两道，用∟75×8等边角钢制作，共372.6m，每节有效长度5～6m，用联接角钢∟75×8和螺栓连接。组装时内外和上下围圈的接头必须错开，且不能设置在围圈的支托位置上，内外围圈的各自曲率半径制作必须准确按滑模施工详图S5028-1-2进行放样加工，端头应用切割机断除，使其保证几何尺寸准确。相邻筒仓转角处的围圈连接在组装时应焊成刚性角。上下围圈的组装锥度内侧为5‰，外侧2‰，滑升时其锥度大约为3.5‰，该组装锥度数值是通过大量滑模施工实践，当采用柔性操作平台时取得的经验数值。模板锥度是依赖于围圈锥度得到保证，在组装时应特别注意，务必准确，只有通过多次反复调整才能达到上述要求。

（3）提升架：提升架采用开字型，按公司通用图纸制作，尽量采用已有提升架，以减少滑模施工成本费用，总共44榀，其中4榀为异型架用于筒壁连接处，三仓对称布置，其上下横梁，围圈支托与提升架立柱均采用螺栓连接。提升架较高，设计时考虑了筒仓立壁环向钢筋绑扎方便及平台结构特点。

（4）联圈：联圈是为了增加操作平台的整体性，提高其刚度以保证操作稳定性，并为搭设上辅助平台而设。开字架顶设置的上联圈与辅助平台的上横梁用螺栓连接。

（5）模板围圈支托的连接：模板与围圈之间采用卡块挂在围圈上，卡块与模板采用螺栓连接，每相邻两块模板就有上下两卡块，但收分模板与其他模板相邻处则分开设置卡块。

围圈与支托的连接采用压块和螺栓连接分式（围圈的对面有垫块），围圈的定位依赖于压块的“压”和螺栓的“顶”，组装时应注意调整支托位置使螺栓顶死围圈。相邻模板的连接除卡块之外，其上口内外模均设卡扣，而下口仅外模设卡扣，且外模的卡扣使用旧扣，收分模板与拆角模板例外。

2. 操作平台系统

操作平台系统的设计，考虑到结构竖向钢筋较长和增加工作面，设置了上辅助平台，为了节约原材料和组装与拆卸的方便，内工作平台设计为柔性平台。为了减少滑升过程的工作量，内外吊架设计为吊索连接，预先吊好存于工作平台之下，滑升开始以后可自行带起。

（1）操作平台：内操作平台采用公司现有的工具式小桁架，作为主要承载荷载的受力系统，上铺50×70mm的方木和25mm厚的木板，桁架外端支承在模板系统中的支托之上，内端支承在中心鼓圈上呈辐射式，中心鼓圈由8根ϕ18mm吊杆吊于上料平台的钢梁上，吊杆螺栓必须带双螺帽，通过调整吊杆螺栓将平台起拱40mm。内操作平台的周边铺设短木板，以便于平台拆除。在拆除时可以揭掉短木板，用倒链或手动葫芦将平台徐徐放下，用以作为拆除梁板、模板的作业平台，该平台又是仓顶楼板支模的承重系统。

（2）上辅助平台：上辅助平台由I25大钢梁、[10槽钢檩条及50mm厚的木跳板组成，檩条与大梁之间用U型螺栓连接，大钢梁简支于提升架横梁上的[16槽钢支垫之上，以螺栓联接，形成铰节点。在安装时，应特别注意大钢梁I25安放时必须躲开爬杆钢筋。

（3）内外吊脚手架：吊脚手架采用柔性链条吊挂方式，外吊脚手架用螺栓固定于提升架的立柱和挑三角架上，内吊脚手架的一端以螺栓与提升架的立柱相联接，另一端与双桁架上弦之上的闩棍相连接，闩棍以铅丝绑在其下面的两个桁架上弦上，且吊索联接板的吊杆再用14#铅丝缠绕拧死于桁架上弦，以便于增加安全系数。所有吊索螺栓均应安装双螺母。

3．提升机具系统

爬杆采用Ⅱ级钢ф25，榫接加焊非工具式接头，替代相应的筒壁结构钢筋，设于筒壁内侧，加固方法按设计图进行。千斤顶采用GYD35型滚珠液压千斤顶单顶爬升，共96座。提升操作装置使用2台YHJ—100型液压控制台，并联使用，另设一台备用，油路布置详见设计图纸。

4．垂直提升运输系统

设置TQ80塔吊一台，作为运输混凝土和钢筋等主要手段，设置一台宝钢生产的户外电梯作为施工人员上下运输工具，且可作为混凝土和砂浆等运输辅助手段。

上辅助平台上每仓设有8个溜盘和溜筒，而后将混凝土溜向操作平台，（下灰为定点投料，就近入模。）

（三）滑模施工前准备工作

1．材料

（1）水泥：425号普通硅酸盐水泥。

（2）砂：中砂，含泥量不大于5%。

(3) 石子：卵石，粒径5～32mm，含泥量不大于2%。

(4) 钢筋：品种和规格均须符合设计规定，并有出厂合格证及试验报告。

(5) 火烧丝：规格18～22号。

(6) 预埋件：按设计图纸要求提前制作。

2. 滑模组装

按照滑模设计图纸和施工组织设计要求进行组装，由现场主管土建工程师统一负责。

3. 技术准备

(1) 详细审阅设计施工图纸，核对各细部尺寸，确定材料规格，若需代用材料和各种变更的项目须提前一个月办理设计变更手续。

(2) 绘制预埋件平面位置展开图和其高程标高详图，并列表格，以便于滑模时随滑随消号，防止遗漏。

(3) 绘制TQ80塔吊和户外电梯随滑模升高与筒壁连接的预埋件及电梯扶手架详图，并提前加工。

(4) 绘制仓顶梁板预留孔洞图。

(5) 施测筒仓滑模垂直度观测点及筒仓中心控制点。

(6) 提出滑模备料计划。

(7) 根据滑模筒壁的材料，由公司试验室进行混凝土初凝、终凝及2～7h的强度试验，试配C28混凝土配合比。

(8) 准备好各种滑模施工专用记录表格，如滑模施工记录、混凝土施工记录、液压提升记录、垂直观测和筒中心位移记录等。

(9) 办理滑模施工用电手续。

4. 滑模前滑模机具组装检查，包括模板锥度的检查，验收机具组装情况，确认无问题后方具备滑模条件。特别是要注意检查：纵向对称的千斤顶爬杆是否有一边倒的现象，它是导致滑升倾斜的最重要隐患之一；注意用水准仪检查千斤顶横梁是否位于同一标高位置，它是保证其96个千斤顶同步上升的起爬线；注意检查内外模板组装锥度是否符合施工设计要求，有没有反锥点，它是试滑能否成功及升起后应力重新分布、滑升锥度是否适度、摩阻力最小的关键；注意检查内外吊架、卡块螺栓是否拧紧、液压系统是否良好等等。

5. 滑模前安全措施检查

外挑操作平台和上辅助平台的围栏，均要事先封挂兜底安全网；内操作平台的中心洞口，要在吊杆上封挂安全网将洞口围封；内外吊架的兜底安全网，待滑升将吊架带起后随封。

垂直运输的提升斗行走路线上方应设防护棚，且装灰车进料通道应搭设一条防护棚，防护棚必须坚实可靠，以防止意外的高空坠物伤人。提升应设安全绳，用吊车吊钢筋和混凝土时应设缆绳，吊钢筋要捆两道油丝绳。

（四）劳动组织

三个联仓滑模混凝土量为 848m³，绑扎筒壁钢筋 55t。滑模分为两个大班连续作业，从早 7 点半至下午 7 点半为第一班，下午 7 点半至次日早 7 点半为第二班，预计 14 天滑升到顶。平均每昼夜浇筑混凝土 94m³，滑升高度 4.4m，合每班浇筑混凝土 47m³，滑升高度 2.2m。单仓每米高混凝土量为 7.06m³，三仓每米高混凝土量约 21m³，若按每灌筑层混凝土高度 25cm 计，每个灌筑层的三个仓混凝土量仅 5.3m³，单仓混凝土仅 1.76m³，每班需完成 9 个灌筑层，平均每隔 80min 浇完一个灌筑层，提升一次（初滑时例外），混凝土出模时间为 6h24min，每仓分为三个浇捣组，每浇捣层一个浇捣组（2 个人）混凝土入模量 0.59m³。对于钢筋工来说，每滑升一次在 80min 内仅绑扎内外各一道环筋，故混凝土与钢筋作业组工作量不大。垂直运输能力，一个塔吊完全够用，为了充分发挥吊车的能力，钢筋必须在交接班时间吊上辅助平台备用，而 80％的时间用来吊混凝土，这就很方便了。一个混凝土搅拌机能力也能满足。按现有施工条件和工程量情况，将滑模劳动组织列于下面：

1. 滑模领导小组成员（略）。

2. 滑模劳动组织：单班人数 104 人。双班人数共 208 人。各工种人数见表 29-1。

滑模劳动组织 **表 29-1**

单班人数 102 人	双班人数 208 人
一、混凝土组：共 37 人。其中振捣员 9 人，每仓 3 人；混凝土入模者 9 人，每仓 3 个；上辅助平台扒灰共 3 人；地面吊车挂灰斗 1 人；地面推灰车 4 人；后台 11 人	一、混凝土组：74 人
二、钢筋组：共 20 人。其中：每仓内外绑扎内 2 人，外 3 人，共 5 人，则 3 仓 15 人；上辅助平台传料共 3 人，地面吊筋 2 人	二、钢筋组：40 人
三、木工限位调平组：每仓 2 人，3 仓 6 人，放埋件 1 人共 7 人	三、木工限位调平组：14 人
四、焊工组：每仓 1 人，共 3 人	四、焊工组：6 人
五、抹灰刷浆：每仓内外各 1 个，3 仓 6 个，另外 1 个供料，共 7 人	五、抹灰刷浆：14 人
六、测工：共 3 人	六、测工：6 人
七、泵泵车司机：共 3 人（2 个车）	七、泵泵车司机：6 人
八、搅拌机司机：3 人（一个机）	八、搅拌机司机：6 人
九、绞车司机：1 个指挥（提升）	九、绞车司机：2 个指挥（提升）
十、吊车司机 2 吊车指挥 1　3 人	十、吊车司机 4 吊车指挥 2　6 人
十一、化验员 1 人	十一、化验员 2 人
十二、安检员 1 人	十二、安检员 2 人
十三、安全监护及消防 2 人	十三、安全监护及消防 4 人
十四、看水泵 1 人	十四、看泵 2 人
十五、养生：2 人	十五、养生：4 人
十六、电工：2 人	十六、电工：4 人
十七、钳工液压：4 人	十七、钳工液压：8 人
十八、架工：3 人	十八、架工：6 人
十九、送开水 1 人	十九、送开水 2 人

注：炊管人员和宣传、材料供应不计在内。

（五）滑模岗位责任技术交底

滑模施工是机械化程度高、施工速度快的钢筋混凝土施工新工艺，因此要求施工队伍应有严密的组织、统一指挥、严格科学管理、合理的分工合作，要求上岗各工种工人有良好的技术和素质。为了确保本工程滑模顺利进行，各工种滑模施工人员和现场施工负责人员岗位责任交底如下。

1. 滑模施工总指挥

对滑模施工负领导责任，根据施工现场的施工进度，统一平衡人力、物力。在滑模施工前应作好各项滑模施工准备工作和组织工作，组织实施各项滑模技术措施，协调和解决滑模施工各作业班组之间矛盾，组织检查验收滑模机具和液压设备组装质量。按施工进度计划及时下达滑升指令。

2. 滑模施工技术总指挥

全面负责滑模技术，组织实施滑模施工组织设计中各项技术措施，听取现场作业班组技术负责人的滑模施工情况汇报，深入现场了解滑模施工中随时可能出现的技术问题，一旦发生各种偏差，应及时、果断地提出各种技术补救技术措施，避免各种重大滑模事故发生。

3. 各作业班组施工负责人

滑模施工每天按两大班制作业，每班工作12h，作业班滑模施工负责人职责如下：

（1）服从滑模施工现场总指挥的领导，对本作业班的滑升速度、质量和安全全面负责。

（2）根据滑模总指挥的指令和本作业班滑升进度情况，下达本作业班作业开始或某一部位暂时中断或本作业班作业完毕的指令，并及时向现场滑模总指挥汇报。凡本作业班出现各种问题未处理完毕不得离岗。

（3）监督、检查本作业班作业人员认真执行岗位责任制和相应技术安全质量措施。随时检查混凝土、钢筋的施工质量，以及滑模操作平台倾斜、漂移情况，并及时向领导汇报，及时消除隐患。

（4）随时掌握施工现场的各种发生情况，对可能出现的停电、停水应预先采取相应补救措施，以确保滑升的顺利进行。掌握现场供料情况，以保证现场材料质量和保证及时供料。

（5）随时观测和记录本作业班在滑升过程中发生的情况，认真听取各班组、各工种负责人的汇报，组织和协调各工种作业班组的矛盾，凡是违章作业、违反劳动纪律均需及时进行处理。

（6）随时检查液压与垂直运输以及滑升机具的运行情况，并按本公司滑模施工工艺标准要求，对以上设备进行维修和保养，以确保滑模施工顺利进行。

（7）在交接时间，组织各作业班组按规定认真执行交接班，各工种作业班组负责人应向下一班交待本工种作业情况和存在问题以及处理办法和效果，移交施工记录本。

（8）根据现场施工进度，及时组织混凝土和钢筋的垂直运输工作。

（9）根据各工种作业班组情况和安排本作业班的施工进度计划，及时补充和调整劳动力。

（10）交接班应提前半小时到岗，召开各工种班组的班前会，并向各工种负责人布置本作业班内应完成的作业指标，然后各工种召开专业交接班会议，办理交接班手续。

4. 各作业班专业技术负责人

（1）土建技术负责人

1）对土建施工技术全面负责。

2）熟悉滑模土建结构设计图纸和滑模机具组装图纸以及相应滑模技术措施，并携带以上图纸上岗。

3）随时检查筒壁混凝土的滑升质量，监督检查各作业部位按本交底要求进行操作，包括浇灌混凝土、绑扎钢筋、埋设预埋件、ϕ25 支承杆的接长和相应限位器的安放、滑模操作平台平整度和漂移检测。

4）随时检查各部位千斤顶的工作状况、ϕ25 支承杆的垂直度和弯曲程度、滑模的模板是否与钢筋和预埋件挂扣、混凝土出模强度是否符合施工组织设计的技术要求（包括混凝土是否拉裂、蜂窝麻面、露筋等缺陷），发现重大问题及时向滑模技术总指挥汇报，并及时采取相应措施，以防重大事故发生。

5）按施工组织设计要求规定每一次滑升的高度为 250mm，并向滑模控制台传达每一次提升的指令，规定本次提升所要求的千斤顶行程数。每次提升之前要用水准仪检查限位器的标高是否准确，是否拧牢，及时调换损坏的限位器。每次提升要注意观察千斤顶是否同步上升，每次提升后要检查千斤顶是否都到达限位器所标的标高要求，凡是失灵的千斤顶均应及时调换。

6）每次滑升之后，应用经纬仪观测筒壁的垂直度，并作测量记录，将测量成果向现场滑模施工技术总指挥汇报。若筒壁垂直度误差超过 5mm 时，应及时查清原因，及时采取紧急措施进行纠偏。

7）按施工组织设计指定的标高检查滑模操作平台的变形和模板的锥度，以防止钢筋混凝土筒仓出现蛋形的变形情况。

8）滑模初滑后，要对操作平台、模板锥度、千斤顶、支承杆和液压提升设备等进行全面检查，凡是出现问题应进行分析和提出解决办法；各部位螺栓的松动要及时重新拧紧。试滑时要及时检查出模混凝土的强度，是否达到 0.2MPa，用于指按时无明显指坑而有水印，砂浆不粘手，指甲划过有痕，滑升时用耳听到“沙沙”的摩擦声，这表明筒壁混凝土已达到出模强度，可以进行转入正常滑模。另一个检查混凝土出模强度方法如下：用铁钉在试升出模的混凝土上轻轻划痕，如深浅一致且清晰的痕迹，表明模板可以继续滑升；如划不出痕迹，说明混凝土已结硬，脱模过迟，应加快滑升速度；如划痕很深或混凝土下坍，表明混凝土尚未初凝，不能滑升。

9）与液压提升设备的技术人员密切合作，信息传递要快，以便于果断处理滑升过程中出现各种技术问题。

10）及时通知钢筋作业班负责人检查绑扎钢筋的规格、间距、根数、排列、接头部位和绑扎搭接长度等是否符合设计与规范要求。按规定作隐蔽工程验收。

11）在设计洞口、施工洞口及甩槎后浇混凝土施工缝部位，应按设计要求和施工组织设计规定进行处理，详见有关图纸。

12）混凝土筒壁上的预埋件应按筒壁上预埋件位置展开图设专人负责预埋，凡预埋一个消号一个，避免遗漏，出模后应按规定标出。每次滑升前要进行检查。

13）每次滑升时，应检查预埋件的位置、标高、数量、规格，检查环筋接头是否绑牢，并检查预埋件和环筋是否突出筒壁结构断面，以防止滑升模板挂牢预埋件和环筋而造成停滑、操作平台倾斜等。

14）及时通知土建各工种负责人作好施工准备，按时将钢筋、混凝土、支承杆等吊运到操作平台。

15）随时监督检查各土建工种按本交底进行作业，凡是违反操作规程应及时制止；对可能造成安全、质量事故的违章操作及时作出处理，包括暂停作业。

16）根据气象预报和实际情况，不同工程部位，及时提出调整混凝土配合比和坍落度，并须经过滑模施工技术负责人的同意。

17）按公司规定做好钢筋隐蔽工程记录，按不同部位记录钢筋规格、数量、代换情况及特殊部位结构处理措施。

18）按公司规定作好滑模混凝土施工日志，内容包括如下：

①施工部位、滑升高度及浇灌混凝土的数量。

②混凝土配合比及坍落度。

③使用水泥种类、标号、出厂日期。

④前后台施工班组、水灰比操作者、混凝土振捣的人员姓名。

⑤记录本班作业气温状况（每班三次）。

⑥本作业班施工的操作平台倾斜和漂移状况、筒壁倾斜和平面变形等不良情况，所采取技术措施，下作业班应注意的问题。

（2）机电技术负责人

1）对液压控制台设备和电气技术工作全面负责。

2）当滑模操作平台发生倾斜、扭转和其他变形时，应协助土建技术人员采取技术措施，分区调整限位器标高以控制千斤顶的行程，直至偏差得到纠正为止。

3）当遇到特殊情况，应及时确定提升操作平台的间隔时间，以防止混凝土粘结模板。

4）随时检查各部位千斤顶的出力情况，检查液压系统油路是否有漏油等故障发生，及时查清原因，排除隐患。

5）监督检查液压控制台、千斤顶作业组、电气、钳工和维修工作人员严格执行有关操作规程，高标准完成滑升任务，保证滑模施工顺利进行。

6）按施工方案敷设备用电路，随时检查避雷系统是否完好。

5. 滑模作业班各工种负责人

（1）对本工种本专业的施工质量、进度全面具体负责。组织领导本工种遵循安全质量操作规程进行施工，出色地完成作业班负责人所布置的各项工作，开好本工种班前交底会。

（2）对本工种的技术问题负责，及时处理各种与技术相关问题和事故，并及时向滑模技术总指挥汇报。

（3）根据施工进度，及时组织吊装所需各种施工材料。

（4）合理组织和安排本工种作业班组的劳动力，根据实际施工情况和需要，随时调配和平衡劳动力，指定本工种各作业组的负责人，并向其交待任务、检查其工作，配合好其他工种的工作，搞好各工种各工序的穿插作业，最大限度减少工序之间的时间耽搁，若发现问题及时向施工负责人报告。

（5）组织好交接班和上岗前的准备工作，待本工种各岗位人员就位准备完毕，及时向本班负责人报告，并与地面联系升滑作业，临下班时要掌握好混凝土的需用量，及时通知地面混凝土搅拌数量。

（6）尽可能为下班的作业创造好条件，特别是各种预埋铁件、钢筋、支承杆即将到位时，临下班时即使本班不能安装，也要将上述预埋件等提吊到操作平台。交接班时环筋必须绑至千斤顶横梁的下皮位置，以增加纵向钢筋之间连接，增加支承杆的刚度，凡是需接长的支承杆应当接上，能放置的预埋件应及时预埋。凡是已入模的混凝土必须按施工方案要求振捣完毕方可下岗。

(7) 组织吊运钢筋、混凝土、预埋件等应先用先吊，后用后吊，以减少操作平台上的荷载，钢筋、混凝土、预埋件应按施工组织设计指定平面位置堆放，防止操作平台上荷载过于集中而产生偏载而导致滑升倾斜。

(8) 按照施工组织设计技术要求，控制浇筑混凝土层的薄厚、灌注速度和振捣质量，混凝土浇筑要分层交圈连续施工，一次正循环灌注混凝土，下一次要反循环灌注混凝土。相邻浇捣组混凝土接槎处应特别着重检查振捣质量。定时检查钢筋的规格、间距、搭接长度和绑扎质量，对重要部位如洞口处和暗柱等钢筋较密部位应加强检查控制。检查预埋件安放部位是否正确，是否挂靠滑模的模板。检查支承杆接长质量是否符合技术要求。检查每一个限位器的标高是否正确，是否牢固。凡是洞口位置的支承杆应按施工方案规定要求进行加固焊接。

(9) 定时检查和复测标高，特别在关键部位。

(10) 当滑模施工总指挥下达暂停作业时，组织本工种人员就地待命，不得哗乱或擅离岗位。凡是施工中间吃饭或临交班时，混凝土搅拌站后台应按操作平台上所通知数量准备混凝土，为操作平台上创造好条件后方可就餐或下班。每逢就餐或下班间隙时，安排滑模所用钢筋的吊装，达到减轻混凝土垂直运输的紧张情况。

(11) 组织好地面工作，搅拌站后台应严格按混凝土配合比、坍落度进行搅拌，砂、石必须过磅，掌握好搅拌时间，组织好混凝土运输，提前按计划组织滑模所需钢筋、预埋件等物料，并运送到施工组织设计指定的垂直运输的部位。

(12)组织好本工种文明施工，监督检查是否做到活完场地清，散落在模板外混凝土要及时清入模内，操作平台上所有作业人员必须严格遵守施工作业纪律，凡是违反者应严肃处理。

（13）操作平台上作业人员上下均需乘施工电梯，严格执行安全规程。

（14）各工种在操作平台上作业人员要定岗、定位、定责任，实行挂牌作业。

6. 各工种各专业操作组及现场管理部门

（1）测量组：使用仪器包括2台经纬仪、1台水准仪和其他测量用具。

按照滑模施工组织设计要求，建立筒壁垂直观测控制点，包括地面后视点，并搭设好两个观察棚。

协助木工组组装滑模操作平台，检查核对滑模机具，包括模板的锥度，严格控制组装质量，认真填写质量检查记录。

在开始滑升时，要求每滑升2m用仪器给出一次标高，用红线画在每根支承杆上，在复测核对后用挂牌标明。每提升一次（250mm）应进行一次垂直观测，填写测量记录，并将测量结果向滑模技术总指挥汇报。支承杆上所画每次提升高差白线标志误差不得大于2mm。

（2）滑模机具与液压设备组：按施工组织设计详图及总说明要求进行滑模系统组装，组装要求与质量标准详见组装图，并另行作详见技术交底。

（3）混凝土施工组：

1）施工机具：搅拌机、灰车、灰斗、灰盘、溜筒、振动棒、捣固钎子等。

2）混凝土配合比由公司试验室按时提出。混凝土搅拌站后台上料，砂石必须车车过磅，严防多倒或遗漏，分期分批运到的砂石料必须经过抽样检验，含泥量不得超过规范质量标准；散装水泥要每次抽样检验，严禁使用失效水泥，不同标号与不同品种水泥不准混用，严格控制水灰比。混凝土搅拌时间每罐不得少于1.5min，后台上料设专人负责，记录本作业班所搅拌混凝土的罐数，并按公司规定填写混凝土日志。

3）操作平台上混凝土振捣人员必须仔细按本公司施工工艺标

准和操作规程进行振捣，确保混凝土质量，防止出现蜂窝、麻面、露筋、狗洞、漏振等现象，也不准出现过振现象，对于钢筋密集处要用捣固杆配合捣固。混凝土浇捣顺序、方向应按施工组织设计规定要求进行分层交圈连续浇捣，每层厚度为250mm，并按规定均匀变换浇筑方向，以防止筒体倾斜和扭转；振捣时不得触动支承杆和模板，振动棒插入其下层混凝土的深度控制在5cm左右，当振捣完毕时应立即关闭振动器，严禁将振动棒扔在混凝土内乱振而导致卡棒或混凝土坍塌事故。在两个浇筑组的接头处两家配合好，不得高低不平或互相扯皮导致漏振。每个浇捣组应由一个作业组负责。

4）在振捣混凝土时，应及时清理干净粘在模板上口、边沿及散落在操作平台上的混凝土，以防止混凝土凝结导致增加滑升的摩阻力和影响出模混凝土表面光洁度。

5）混凝土要与钢筋工配合好，防止碰撞和互相干扰，必要时应稍停浇捣。当发出滑升鸣铃信号时，必须停止浇捣混凝土，待本浇捣层滑升完毕后方可再作业。

6）塔吊与施工电梯混凝土运输应做到均衡供应，做到就近入模，防止存缺矛盾。交接班之前，前后台应及时联系，防止积存混凝土过多而凝固，做到混凝土从出罐到入模时间不得超过2h。

7）当白天班与夜班两班交班时，上一班一定要完成最后一个浇振层的交圈，并切实振捣完毕，并向接班作业人员交待清楚，征得工长同意后方可下岗。

8）筒仓混凝土施工缝处理应用水冲刷干净，充分湿润，并堵好底缝，在第一班浇筑混凝土之前，施工缝处应先灌浇一层250mm厚与原C28混凝土同配合比的减半石子混凝土或50～100mm厚与原混凝土同配合比的水泥砂浆接头，以确保施工缝新老混凝土的良好结合。凡是遇到特殊情况而采取停滑措施，间歇时间超过2h应按施工缝处理。

9）在初滑之前，浇捣深模内的混凝土应特别强调分层交圈，并应防止漏振，用捣固杆进行辅助振捣。

10）操作平台上进行混凝土施工，应注意保护各种施工电缆、管路和各种设备，严禁碰撞油嘴。

11）安装触电保安器，同时要求混凝土振捣工人佩戴防护用具，以防意外触电事故发生。

（4）钢筋施工组：

1）按设计图纸要求进行下料加工，按施工进度要求，提前运至起吊位置，挂牌编号分类堆放，且应清点核对，按时用塔吊起吊至操作平台相应位置。

2）筒仓水平环向钢筋，Φ12 可不加工煨弯，Φ14 应预先加工，按筒仓曲率煨好弧度。

3）钢筋箍架按图纸结 85 施放，但壁外侧竖筋甩下，围箍按施工组织设计要求进行预埋，标高 4.18m 的扶壁柱的局部承压网片按图纸结 92 埋设，南通道口处的外壁柱也按同样方法处理。钢筋混凝土筒壁内外层钢筋的连系钢筋挂钩不得取消，且绑后煨成 135°角度，防止振捣时碰掉，竖筋与环筋绑扎搭接长度必须满足设计图纸要求 40d，环筋的接头在水平方向应错开，错开长度不小于 1 个搭接长度，且不小于 0.9m，竖筋同一截面上每三根只允许有一个接头，环竖筋绑扎的端头应正常绑扎，环筋中部每隔 1.2～1.5m 须有一个绑扎点。竖筋与环筋变直径时的位置应准确无误，在施工时应先看结构图，核查标高，以防止未到结构设计标高提前改变钢筋而造成重大事故。

4）为了便于滑模和减少滑升中的工作量，滑升之前应将环筋绑至千斤顶横梁下皮，竖向筋上接一节，为了给后一班创造方便条件。交班前必须将环筋绑至千斤顶横梁下皮。在滑升过程中，应使环筋始终高出模板的高度，钢筋绑扎进度应与混凝土的浇筑速度同步上升，并应为混凝土施工创造方便。

5）在进行互相传料和绑扎钢筋时，应做到上呼下应，左右关照，配合默契，协同作业，特别要严格防止竖筋失手坠落而造成伤害吊架上抹灰作业人员或地面工作人员重大恶性事故，钢筋搬运要注意不得碰撞液压设备的油路和油嘴。吊架应设置一层竹笆防护棚，操作平台面板应拼装严密。

(5) 焊工组：

1)配合滑模机具组装配整套滑模操作平台和其模板系统所有焊接工作，还包括操作平台上水准仪支座和垂直观测点标志，配合电工焊好避雷系统装置。

2) 滑升过程中，配合木工、钢筋工完成操作平台上所有电焊与切割工作。

3) 支承杆的接长剖口焊位置在千斤顶之上50～100mm，待千斤顶滑过接头后用2 ф 18 钢筋进行双绑条单面焊接，帮条长度200mm，焊缝长度200mm，因支承杆替代结构钢筋，焊缝质量应符合施工规范要求。

4) 支承杆通过洞口位置时，应按滑模施工组织设计所附详图进行纵向竖钢筋加固焊接，焊缝长度为10d，d 为钢筋直径，单面焊。

5) 协助木工组施放预埋件，点焊与结构钢筋连接。

(6) 限位纠偏组：

1) 滑升前做好内外吊架所有准备工作，待升起后检查吊架的连接可靠性。

2) 提前做好预埋件的清点工作，并预先放置在操作平台上靠近施放位置附近。按照预埋件布置图中的标高与方位标于操作平台上并作好明显记号，按标高绑牢点焊于环向钢筋的外侧，注意不得与模板顶碰，埋好后销号，并作出施放记录，防止遗漏。埋件施放时用绑线将纸袋片绑于埋件外表面，以便于滑出后易于寻找，且将纸袋片剔除。

3) 负责滑升前支承杆插入就位吊正，必要时要调整千斤顶横梁位置，最下一节支承杆爬升为4种长度，沿圆周阶梯形筋布置，并负责滑升过程中支承杆的接长工作，接长时应使上下 $\phi25$ 支承杆的中心线共线。接最上一节支承杆时要注意其不同长度的位置不要搞错。

4) 根据测量所得标高，按现场滑模工程师的指令，将所需滑升高度在爬杆上进行不同细部尺寸的精确分尺，用石笔画细标出，准确设置拧紧限位器，统一将限位器设置在白线上皮位置，并注意检查测量人员所给出标高是否有误，作业时必须带活口扳子和盒尺，每一个筒仓两个人，分工要明确，避免漏限，拧好后立即向本工长汇报。

5）根据滑模施工技术总指挥指令，利用支承杆上限位器位置变动（标高变化）来达到筒仓纠偏。

6）初滑时机具升起后，要对机具变形情况进行观察检查，并作出记录。凡是松动螺栓要重新拧紧，对卡块处的螺丝要特别加强检查。

7）应与测工、焊工、液压钳工密切配合，协力合作。

（7）抹灰组：

1）负责筒内外出模混凝土缺陷修补和刷浆压光。作业时准备好水桶、灰槽、小灰桶、毛刷和铁抹子。灰浆自行控制，所用水泥应与搅拌站所用水泥相同，不得乱用库内品种、颜色不一致的水泥。

2）协助木工保护抠出的预埋铁件，不得用灰抹死，以后难以寻找。

3）如发现混凝土出现拉裂、蜂窝、麻面、露筋、穿裙等缺陷时，应立即向值班工长和现场工程师汇报，按指令作好混凝土的修补工作。

4）初滑时无抹灰活，协助木工修正吊架。

5）吊架抹灰为独立作业，应与操作平台供灰供水人员紧密配合，上下互应监督，且严禁在间歇时间躺在吊架上睡觉而导致坠落事故发生。

（8）架子工：

负责液压控制台作业棚的搭设，塔吊和室外电梯与筒壁的连接和加固、各层挑架、吊架、安全网的兜挂，且在滑升中随时检查、整改和加固，负责进入吊架作业人员上下木梯的设置和加固，达到确保安全作业，并负责安全防护棚的搭设。

(9) 试验员：

1) 检验砂子、碎石、水泥质量，控制检查配合比、外加剂是否符合技术要求，混凝土搅拌时间是否达到1.5min，若发现问题及时向现场工程师反映，并及时处理。

2) 每天按时测定气温，并作好记录。

3) 每班至少取一组混凝土试块进行标准养护，另取一组现场同条件养护。

4) 提前将现场砂、碎石抽样送实验室，按滑模所用水泥品种和标号配出C25混凝土配合比，并提供不同龄期的强度数值，以便于控制滑模施工速度。

(10) 材料供应组：及时供应、备足合格的材料。施工期间水泥品种与标号不得改变，以保证滑模混凝土颜色一致。夜班所用水泥应在白天备足，避免在夜间进行备料。

(11) 电工：

1) 负责滑模施工中使用的各种电器设备检查维修，包括液压系统所使用的电器设备。

2) 负责各种电器设备电源的供给，搞好施工照明，提前敷设好备用电路，保证滑升正常进行。

3) 负责所有信号联络设施的维修。

4) 在电源发生故障时，负责变配电的维修，并及时与供电单位联系解决供电问题，如遇特殊情况应向本作业班负责人汇报告。

5) 所有施工用的手持电动工具均应安装合格的触电保安器，并应经常检查是否正常工作。

6) 特别应做好交接班工作，并按规定填写记录。

(12) 液压控制台及维修钳工

1) 液压控制台：在滑模施工的全过程中，混凝土的浇捣和模板提升是交替循环进行的，液压控制台应按滑模施工总指挥的指令进行提升。

在初滑阶段，液压控制台应配合其他工种对整个滑模系统进行全面检查，重点检查包括：

①油泵及其他设备运转是否正常。

②油箱中的液压油是否保持规定的油面高度，与主油管近远端的千斤顶有无过大的升差，给油间的油是否充足。

③检查各千斤顶是否同步到达限位器，检查操作平台的水平情况。

④配合限位纠偏组按滑模技术总指挥的指令进行纠偏工作。

液压控制台维修和检查包括：

①保证液压油清洁，应及时检查油箱。

②油箱中应经常保持正常的油位。

③油泵工作时其油压突然上升或下降，应及时回油。

④高压表应定时核对，保持正常安全工作。

2）液压控制台的记录应及时、准确、清楚，其记录内容包括：

①液压提升时间、行程数、工作压力数值。

②液压台、千斤顶油路系统的维修更换记录。

③本班发现问题和解决情况记录。

④液压站操作人员和记录人姓名。液压控制台所有操作人员应坚守岗位，严格按操作规程操作，并及时做好记录。

3）维修钳工

①负责滑模施工中所有机械设备机具的检查维护修理工作。

②负责滑模施工中修理千斤顶。

③在滑升过程中，协助限位纠偏组检查限位情况，协助处理故障。

④停机后维护工作应原地待命，不得玩忽职守，擅离工作岗位。

（13）搅拌机、绞车、泵车、塔吊司机：

1）执行专机专用、专人负责的管理制度，不经作业班负责人批准，不得任意更换操作人员，也不得互相顶班替代操作。

2）司机必须坚守工作岗位，注意力要集中，严格按本工种操作规程进行操作，司机不准酒后作业，任何人不得干扰司机工作。

3）每班作业前应进行试运转，不可带病作业，发现故障应停机修理。

4）绞车司机、塔吊司机应按指挥信号进行操作，其他任何人无权乱指挥。当接到指挥信号后应稍停，无异常情况再启动。在紧急情况下，司机应听从任何人发出的危险信号。在视线不清、信号不明或超载情况下应拒绝启动。

5）认真做好交接班制度。

6）以上作业人员必须有上岗证。

（14）提升和塔吊信号指挥；

1）信号指挥必须坚守岗位，注意力应集中，不准在工作时间与他人谈笑打闹；离开工作岗位应经负责人批准，并向替代人员交待信号后方能离岗。

2）信号指挥应听从本作业班施工负责人和工种负责人的指挥，接受他们交给的各项吊装运输任务。

3）严格执行规定的指挥信号，不得自行其事；在每班工作前，必须对指挥信号和司机作一次交待，并应每次班后总结一次指挥与司机操作上的失误与不足，以利下班改进工作。

（15）水泵管理及混凝土养护人员

1）坚守工作岗位，不得擅离职守。

2）水泵人员应保证施工用水，及时供应，发生断水情况要及时处理，难以解决要及时向滑模技术总指挥报告。

3）养护工作在混凝土出模并抹灰修补后约4h后进行；养护时间应视气温变化、混凝土表面强度情况灵活掌握；不可冲坏混凝土和抹灰砂浆，养生次数应以保证混凝土表面经常保持湿润状态为准，白班不得少于6次，夜班不少于4次。养生浇水应注意与抹灰间歇进行，避免互相干扰。

4）考虑滑模期间气温不太高，为了节约费用以人工养护，仓内外的养生胶皮软管应先敷设。

7. 安全监护及消防

滑模期间，应派两大班值勤人员昼夜进行地面的安全巡逻与安全监护，不得擅离职守。在筒仓四周20m范围之内为施工危险区，值勤人员应阻止非作业人员进入。操作平台施焊应派专人看守电焊火花及时用水浇灭，现场防火消防器具应按规定配备齐全，上操作平台的油筒应备干粉灭火器。

8. 安检部门应派专人跟班追踪检查

（1）负责本工作班内的地面和操作平台上安全与质量检查工作，防止三违。

（2）督促检查各工种按技术安全操作规程操作，向当班负责人反映安全质量中存在的问题，对可能直接造成安全质量事故的违章现象或发现急需处理安全质量隐患，质检员有权要求暂停工作，直至问题得到处理，隐患消除。

（3）注意检查混凝土搅拌是否严格执行重量配合比，后台上料是否车车过磅，混凝土坍落度是否符合施工要求，混凝土搅拌是否认真，钢筋密集处是否振捣密实，钢模板边沿的散落混凝土是否按规定随时随地清除干净，钢筋绑扎是否符合技术要求，接头位置是否按规定错开，钢筋搭接长度是否符合规范要求，竖筋间距是否符合设计图纸要求，筒壁抹灰、养护是否及时，质量事故处理是否及时。

（4）检查提升系统，严格按操作规程和指挥信号规定进行操作，信号指挥人员工作是否认真、准确，提吊设备是否正常，钢丝绳及其接头是否可靠，内外吊架、安全网是否可靠，操作平台上下出入口是否盖严，平台上有无易滑落的物件；材料是否均衡，安全棚是否搭好。

（5）凡是进入现场的所有人员均须戴安全帽，应经常督促检查工人执行，凡是不戴安全帽者不准进入滑模现场。

（6）检查现场上下作业平台防火设施是否齐全完好，氧气瓶与乙炔罐是否符合安全规程。

（六）滑升模板

滑模施工过程是混凝土浇捣和模板提升交替循环进行的，因此必须严格按照现场滑模施工技术总指挥的指令进行操作，整个滑模施工顺序如下：

试滑（3个行程）⟶初滑（3个行程+7个行程）⟶正常滑升（每次提升9个行程）⟶末升停滑

现将这4个施工阶段和中间停滑说明如下：

1. 试滑

在4.5h左右连续分层浇捣完三个灌筑层共750mm高混凝土后开始滑升，共3个行程，滑升高度80mm。当试滑后出模混凝土用手按时有指纹，但砂浆不粘手，用指甲划过后留有痕迹，滑升时能听到滑升模板与已浇混凝土之间发出“沙沙”的摩擦声，这表明已具备了初滑条件。

2. 初滑

尾随试滑完毕之后，紧接浇捣一个灌筑层，提升3个行程，升高80mm，与试滑80mm累计升高160mm，再浇捣一个浇筑层，即第五个浇筑层，提升7个行程，升高190mm，累计升高350mm。

全面检查千斤顶油路和各阀门有无漏油现象，若经检查正常，无异常现象，则可转入正常滑升阶段。

3. 正常滑升

正常滑升即快滑，是在浇筑第六层250mm高混凝土后开始的，浇捣一层250mm高混凝土，就跟着滑升250mm高，即滑9个行程，往复进行。

4. 末升停滑

最后停滑标高为筒仓顶板大梁KL1—1梁底位置标高62.88m。在最后末升停滑应特别注意停滑时最后一次将限位标高卡在62.88标高位置上，不允许在停滑时进行纠偏，这就要求在停滑之前末升时视情况进行慢滑，将垂直偏差控制在停滑之前。

5. 中间停滑

在滑升过程中，当遇到大风大雨或其他紧急情况而需要停滑时，应将此浇捣层混凝土拉平之后停止浇筑，但要求停滑时模内混凝土高度不小于700mm，以控制操作平台的稳定性。在停滑时必须设专人控制和观察，并看护液压控制设备。

（七）停滑技术措施和施工缝处理

在滑模期间，如遇大风、大雨、机械故障等特殊情况不能进行正常滑升时，必须采取停滑措施如下：

1. 首先尽快将混凝土浇注到同一水平面；

2. 模板中最下一层混凝土若已达到预计出模强度时，滑升一个千斤顶行程，之后每隔1小时滑升1个行程，直到5～7次同样操作之后，使模板与混凝土不会发生粘结，在敲打模板时能听到有鼓声。

3. 在停滑后继续进行滑升时，应对液压系统作一次运行性检查，对模板系统、支承杆等作一次检查，新老混凝土之间的接槎按一般性施工缝进行处理。

4. 凡是出现停滑时，均应进行详细记录，包括停滑原因、时间、现场当时施工情况、采取技术措施、气象、施工机械和滑模时在场技术人员与各主要作业班组负责人等。

（八）滑升中操作平台调平

在滑模过程中，操作平台的调平是滑模操作经常性工作，其目的是滑模时不致出现筒仓扭转和垂直偏差、筒体平面变形、操作平台漂移等。滑升时，千斤顶必须同步，否则操作平台将会出现倾斜，直接影响滑模施工工程质量。操作平台调平交底如下，利用支承杆上安装的限位器来控制千斤顶的爬升高度，使操作平台在一定滑升高度内保持水平。在检查时，将下一次滑升高度位置用水准仪抄到每一个爬杆上，用白色油漆作出标记，然后将限位器固定在该位置上，其误差不要超2mm，由于限位器的限位作用，即使各千斤顶出力不一样，到达限位器高度以后不再向上爬升，使操作平台能保持水平状态。其限位次数每班不少于三次。这样使操作平台的水平度高差控制在20mm之内。若出现操作平台水平度超过允许误差，应该分析原因，及时采取技术措施进行调平。

在滑模过程中，经常因为各种不能预测的因素，影响及产生不同变位、变形，如筒仓的筒壁垂直误差较大，其垂直度已超过施工组织设计中的规定值，虽然未超过施工验收规范的允许数值，但是也应该及时纠偏。现将滑升过程中进行纠偏、纠扭、防止筒体出现鸭蛋变形及出模混凝土缺陷等问题处理方法交底如下。

1. 纠偏：

滑升中若出现倾斜，首先要找出倾斜的原因，才能实施纠偏，否则往往会越纠越偏。当某仓向某方向倾斜时，从以下几方面寻找原因。

（1）操作平台荷载是否均衡。

（2）筒壁混凝土的浇捣方向是否交替进行。

（3）油压千斤顶出力是否均衡，是否存在已损坏不出力的千斤顶。

（4）限位器的标高是否搞错。

（5）倾斜方向上的径向千斤顶是否出现一边倒的异常现象。

（6）环向钢筋或预埋件与钢模板相挂。

（7）出现偏斜时是否受大风水平荷载的影响。

一般说来，（3）、（4）、（6）、（7）是主要原因，（1）、（2）、（5）影响较小。若（3）是主要原因，则应立即切掉支承杆，更换千斤顶。若（4）是主要原因，则应立即调整限位块，若限位块失灵，应立即调换。若（7）是主要原因，则应在千斤顶下加斜垫进行纠正。若（6）为主要原因，则应立即排除故障。不管是哪一种原因，都需要在下一次提升中调整限位器标高来达到纠偏的目的，一般误差超过 5mm 就要进纠偏，其方法是：若东西方向上向 A 方向倾斜，则 A 处提升架处两个千斤顶的限位器上调 20mm，即比经常位置标高上抬 20mm，与该提升架相邻的两个提升架的千斤顶限位器上调 15mm，次相邻的两个提升架的千斤顶限位器上调 10mm，提升一次，可纠正 2mm，再重复一次，即可纠过来，然后转入正常限位。如果是南北方向倾斜，或连扭带歪，则要视具体情况综合考虑纠偏范围。纠偏时宜适当减少滑升高度，应采“小偏勤纠”的原则，一旦发现大约有 5mm 之内偏差，就立即采取纠偏措施，一般经过 1～3 个提升即可达到纠偏的目的。纠偏不能操之过急，只要找到倾斜的原因，筒壁的垂直度即可能达到施工验收规范的要求。当筒壁垂直度偏差较大时，则应采取用钢丝绳和倒链的方法进行强制式纠偏。

2. 纠扭

筒体扭转往往与倾斜相关的，造成倾斜的原因往往也是导致扭转的因素，发生扭转时，可将同一个提升架的双千斤顶中的顺扭转方向一侧千斤顶限位器提高一个行程，滑升一次，重复几次可达到纠扭。与此同时，应将混凝土的浇捣方向改为逆扭转方向进行。

3. 纠正鸭蛋圆变形

这种变形与操作平台的平面刚度有关，采取操作平台下两正交方向的钢筋和花篮螺栓放松或拉紧的方法加以调整。

（九）刷浆与混凝土表面缺陷处理

1. 在正常情况下出现出模混凝土半软不硬，只要用毛刷刷素水泥浆压光就能解决问题，备好灰浆、水桶、灰桶、毛刷和铁抹子，操作者自行拌灰操作。

2. 穿裙

将流浆处用铁抹子压光，减少混凝土入模灌注层的高度，即减少混凝土自重压力。

3. 拉裂

当出现混凝土的水平裂缝时，应立即加快滑升速度，调整混凝土的配合比或加入缓凝剂，控制混凝土的凝结速度。已出现的裂缝用相应砂浆修补。

4. 局部坍落

立即降低滑升速度，调整混凝土坍落度，增添早强剂；已坍落的混凝土应及时清除干净，采用比原混凝土高一级别强度的减半石子混凝土进行修补，此时混凝土的用水量应减少。

5. 蜂窝、麻面、露筋

这与混凝土振捣有关，应及时通知此部位混凝土振捣者，当振动棒损坏时及时更换。采用与原混凝土同强度等级的水泥砂浆压实修补即可。若出现狗洞，应将松动不实处剔除后，用上述方法同样处理。

（十）滑模机具组装与拆除

1. 机具组装、滑升与拆除顺序

（1）在－0.50m 标高平台上放线并进行复测检查。

（2）绑扎竖向钢筋及千斤顶横梁之下的环向钢筋。

（3）安装中心鼓圈。

（4）安装提升架，进行校正和检查。

（5）安装上联圈。

（6）安装辐射小桁架，按规定进行起拱。

（7）安装与调整围圈的曲率和锥度。

（8）放置且焊牢预埋铁件。

（9）组挂内侧钢模板，反复检查模板组装锥度。

（10）铺设内操作平台。

（11）安装外挑三角架。

（12）组挂外钢模板，反复检查模板的组装锥度。

（13）铺设外挑平台。

（14）预挂内外吊脚手架。

（15）组装上辅助平台，且与下面操作平台连接成整体。

（16）千斤顶及油路安装与调试。

（17）插入新加固第一节爬杆。

（18）滑模机具全面检查验收。

（19）浇筑 800mm 高混凝土（分两层）。

（20）试滑。

（21）滑模机具再次全面检查和试滑中存在问题分析，且及时解决。

（22）进行初滑。

（23）转入正常滑升。

（24）滑至仓顶平台板底标高，留出梁窝待施工仓顶平台时再浇筑该梁混凝土。利用倒链将滑模操作平台降至梁底标高，再用钢筋将滑模平台四周与筒壁主筋拉结。

（25）凭借吊架，拆除围圈及内外模板。

（26）拆除内外吊架。

（27）拆除提升架及液压系统。

（28）施工仓顶钢筋混凝土楼板。

（29）利用仓顶钢筋混凝土楼板，将操作平台降至地面。

（30）施工筒仓漏斗（常规施工方法）。

2. 滑模机具组装

（1）放好中心线、边线、辐射定位线后，安装中心鼓圈，应严格控制鼓圈平面位置且应垂直。

（2）安装提升架：组装时应将所有提升架均坐落在同一标高上，在提升架安装前应将其定位线处的标高进行统一抄平，认真进行检查。所有提升架按滑模施工组织设计详图平面位置呈辐射状均匀放置，标高的调整可用不同厚度的铁片架垫，其误差不应超过2mm，它是使所有千斤顶处于同一标高的基本条件，可将其最高的一点定为安装标高基点，凡比此点低的用铁片垫高进行调整。提升架的临时固定，可用50mm×60mm的方木作为支撑将相邻的提升架支撑绑扎牢固，提升架的方位，相对于筒壁轴线的内外位置，水平两个方向垂直度均要严格控制，要求达到准确无误。

（3）安装上联圈，且与提升架上横梁用螺栓进行连接。

（4）安装辐射工具式小桁架，一端支承在提升架上的支托上，另一端与中心鼓圈相连结，均采用螺栓连接。

（5）进一步细调提升架下横梁的标高，用水准仪逐一抄平，严格控制使其误差不大于2mm，凡超过此值均采用垫加垫片的方法进行调整。这一点必须控制，因为千斤顶横梁是用穿心螺栓吊于提升架横梁下的，而千斤顶又就座落在千斤顶横梁上，它是使所有千斤顶处于同一标高的基本条件，将直接影响整个滑升过程能否顺利的关键之一。

（6）安装围圈，并调整好围圈的曲率和锥度。

围圈支托为工具式，它与提升架相连接固定处的螺栓滑槽可沿筒仓径向按需要内外滑动，借以调整内外围圈的相对距离及上下围圈的锥度。围圈的锥度和内外距离必须符合滑模设计的要求。根据已放线求得筒仓中心线、边线，用吊垂线的方法可求出围圈的水平位置，再通过螺栓、垫块和压板将围圈和支托固定，通过支托螺栓滑槽进行调整。围圈的锥度是形成模板锥度的依托，因此在组装时应特别仔细。

(7) 组装内侧模板：钢模板与围圈的连接采用卡块挂在内围圈上，卡块与钢模板以螺栓连接，每相邻的两模板有上下两个卡块，模板上口设卡扣，下口不设。组装时应调整好模板的锥度，其值为5‰；模板应除净刷油。

(8) 铺设内操作平台：在辐射式桁架上铺设50×70mm方木，用铅线绑牢，再用钉子将25mm厚木板钉在方木上，上铺防火铁皮。

(9) 组装外模板：组装方法基本上与内侧模板相同，只是相邻模板上下口均设卡扣，在组装时应清理净混凝土施工缝处的杂物。

内外模板的排列应按滑模施工组织设计模板排列图要求安放。

(10) 安排外挑三角架、铺设外挑平台、焊好围栏且封挂安全网。

(11) 组装上辅助平台：先按滑模设计图安装工字大钢梁I25，其两端与提升架用螺栓连接，在大钢梁上铺设10号槽钢，用U型螺栓连接，在槽钢上铺设50mm厚的木板。大钢梁在安放时应与钢爬杆错开。

上辅助平台与操作平台在中心用8根$\phi18$钢筋吊杆相连接，按设计图中要求进行施焊。

(12) 在操作平台上搭设液压站防雨棚、准备好千斤顶和控制台等，上台就位。

(13) 液压系统在安装千斤顶横梁后，先将千斤顶、控制台按滑模施工组织设计规定平面位置就位放稳，然后安排油管、分油器等，油管分布走向在操作平台的下方敷设，油路分组标记应明确，最后接上电源，按放好漏电保护装置，并应经过调试。

(14) 在决定滑升的前一天插入爬杆，为了使钢筋接头不在同一标高上，爬杆的长度取 4 种不同的尺寸，形成阶梯形。插入时要保证爬杆垂直，且及时装好调平用的限位器和千斤顶橡胶保护罩。严格禁止爬杆向一个方向倾斜，爬杆还应与环向钢筋焊牢，爬杆位置按滑模设计放置。

3. 滑模机具拆除

滑模滑升到仓顶楼板的板底标高时，停止滑升，滑模工作结束，待模内混凝土强度达到设计强度 70%时，开始进行降模。

在降操作平台之前，应先拆除外模板，以便于施工钢筋混凝土外挑部分。因拆除外模板，故在每个提升架上下围圈处用方木将提升架与筒壁之间塞紧，一边拆一边塞方木，以防止操作平台变形。同时将内吊架与提升架连在一起的吊筋改连在操作平台桁架上，用 8 号铁丝绑紧。

在降操作平台前还需对桁架与提升架连接的一端上下弦进行加固连接。因降平台时，首先要使用操作平台升起与提升架分开，然后旋转 100mm 左右，平台才能向下降，此时桁架已与提升架脱开，也与内围圈分开，操作平台已不成为一个连接整体。其加固连接方法，见图 29-1。每三个桁架为一组，用 18 号槽钢与桁架的上弦用 8 号铁丝绑扎在一起，绑扎必须牢固，或用电焊焊接，桁架下弦用施工通用的 ϕ48 钢管用 8 号铁丝绑扎在一起，操作平台中心部分用 16 根 ϕ48 钢管按#字用 8 号钢丝绑扎，此时操作平台已独立成一个整体。

降模采用设备与方法如下。每 2 个桁架为一组，每一个操作平台用 8 个 3t 倒链 将上述连接用的 18 号槽钢拉住，倒链另一端与筒仓立壁主筋相连接。另备 3 个 3t 倒链，用于降模时操作平台旋转之用，降平台时，首先要使平台升起与提升架分开，然后旋转 100mm 左右，用这 8 个 3t 倒链将滑模操作平台徐徐降下至仓顶钢筋混凝土大梁梁底标高，再用钢丝绳或 ϕ22 钢筋替代倒链将操作平台拉住，按常规方法施工仓顶钢筋混凝土楼板。

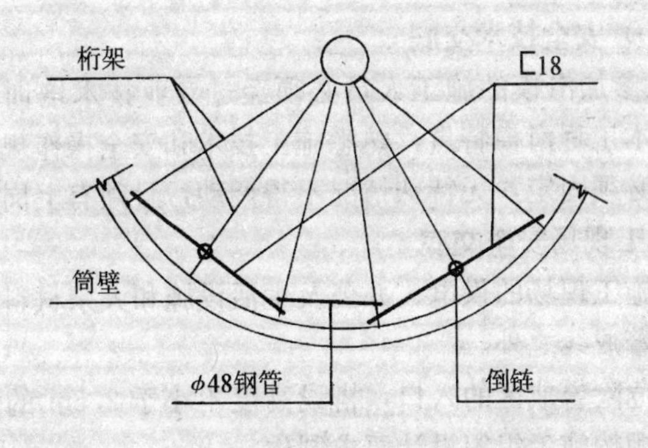

图 29-1　操作平台加固

当桁架加固完，利用吊架拆除上下内外围圈及内外钢模板，随即拆除内外吊架、提升架、液压系统及上辅助平台。

在正式降模前，应对桁架加固和倒链就位情况进行一次仔细检查，检查无误由滑模技术负责人签发降模指令，开始进行降模。

降模时，每个倒链配备 1 人，2 名架子工和 2 名电焊工机动，由技术人员统一指挥。当倒链拉紧后，操作人员要听从指挥，服从口令，使每个倒链拉动的次数一样，且每个操作倒链人员，每次拉倒链的长度均控制在 500mm 左右，使每个倒链尽量同步工作，保证均匀受荷，当倒链拉不紧等导常现象要及时提出，及时处理更换倒链。当操作平台降至仓顶钢筋混凝土大梁梁底标高（下降 1600mm）停止降模，把每个倒链卡住，用钢丝绳或 ϕ22 钢筋将操作平台上加固槽钢拉住，每一榀桁架系一根钢丝绳，另一端与筒壁上端主筋（Φ 25）连接，每根钢丝绳均须拉紧，应进行检查，若没拉紧可用木楔与筒壁之间塞紧，检查完后开始放松倒链，再把每一榀桁架与筒壁之间空隙用方木塞紧。接着可按常规方法施工仓顶钢筋混凝土楼板。

仓顶钢筋混凝土楼板施工完后，待其混凝土强度达到设计要求，利用该仓顶楼板大梁（楼板中有设备孔洞）作为受力结构，再利用倒链按上述的同样方法，将滑模操作平台徐徐降至地面后进行解体。

（十一）安全技术交底

1. 凡参加滑模的施工人员必须经过专业技术培训和安全教育，了解本工程滑模特点，熟悉施工技术和安全操作规程。主要施工人员必须固定，无特殊情况不得调动，且须有上岗证。

2. 施工现场安全交底

（1）施工现场的供电、办公及生活设施和大宗材料应设置在施工危险警戒线之外。

（2）危险警戒区的入口，搭设高度不小于2.5m的安全防护棚，防护棚按施工组织设计要求制作。

(3)操作平台上的洞口应及时设盖板或围栏或挂安全网封闭。

（4）户外电梯与操作平台的通道应设扶手或安全栏杆。

(5)距筒仓20m范围内设为滑模施工危险区，挂上警告牌，并设安全巡逻监护小组，昼夜值班，阻止行人入内。

（6）凡参观与学习人员须经过审批手续方可允许进入现场。

（7）地面施工作业人员凡进入危险区作业，即使是短时间作业，应与操作平台负责人和作业人员取得联系后方可进入，并指定活动范围。

3. 操作平台

（1）操作平台各杆件的焊接质量和螺栓连接必须经过检验合格，方可投入使用。

（2）操作平台的铺板必须严整、防滑、固定可靠，不得任意挪动。

（3）操作平台上下三层之间联系孔洞应设盖板严封。

（4）外挑操作平台和上辅助平台的围栏，均要事先封挂兜底安全网，内操作平台的中心洞口，要在吊杆上封挂安全网将洞口围封，内外吊架的兜底安全网，待滑升将吊架带起后随封。

所使用安全网必须牢固，不得使用破烂变质的安全网。安全网的网孔不大于30mm。与吊脚手骨架连接采用铁丝或尼龙绳，连接点间距不大于500mm。进入施工现场一律戴安全帽。

（5）操作平台上大宗材料堆放必须按照施工组织设计要求堆

放，不得随意乱放，暂时不用运到地面。

4. 垂直运输

(1) 塔吊与户外电梯设置完善的安全保护装置，如起重量限制器、提升高度限制器、行程限制器、制动器、防滑装置、信号、紧急安全开关等，并定期进行安全性能检查。

(2) 凡垂直运输设备均须进行荷载可靠性试验，经合格后方可使用。

(3) 垂直运输设备进行定期检查，专人使用与保养。

(4) 垂直运输设备的司机，必须经过专业培训和考核，持有上岗证，严禁非司机人员上岗操作和启动。

(5) 垂直运输设备司机，在下列情况之一时，有权拒绝任何人指令启动设备：

1) 设备传动、制动、安全保护装置出现不正常现象；

2) 超负荷和超定员运送人员；

3) 通讯信号不明；

4) 司机视线不清，夜间照明不足。

(6) 正式启用垂直运输设备前，与供电部门办理好供电有关问题，若停电或送电，提前通知施工单位。

5. 现场照明和动力用电

(1) 滑模工地24小时连续作业，夜间照明应保证工作面照明充分，应满足下列规定：

1) 照明灯具距地面或操作平台的高度不得低于2.5m；

2) 操作平台上使用便携照明灯应采用低压电源，其电压不大于36V；

3) 操作平台上凡电压大于36V的电灯，必须在其线路上设置触电保安器，灯泡应设防雨灯伞或保护罩。

(2) 滑模操作平台上采用380V电压的设备与电器均须装触电保安器，凡经常移动的用电设备和机具的电线，均使用橡胶软线。

(3) 配电装置应装在便于操作、调整和维修的地方，指示仪表、信号灯等，设在便于操作和观察的位置。配电箱应作防雨措施，不得任意将开关放在操作平台铺板上。

（4）用电设备必须用铁壳或胶木壳开关；铁壳开关外壳应接地，不得使用单极和裸露开关。

（5）混凝土工持振动棒操作应穿胶鞋戴绝缘手套。

（6）电动工具不得以电缆作为支承吊绳，需垂直移动时以结实的绳子系牢，水平移动时应抓握手提绝缘把，施工前应备好绳子。电缆接头处不准紧靠金属物。

（7）配电箱平时要加锁，以免发生触电事故。任何人不得将工具或手套等物收放于配电箱内。土建作业工人不得到液压控制台及配电室干扰和乱动各种开关。现场所有电器、机械设备均不得非作业人员乱摸。

（8）操作平台上的各种敷设固定电气线路，应尽量安装在隐蔽处，无法隐蔽的电线应有良好保护措施。

（9）滑模平台上的电缆应当以钢丝绳作为承重吊绳随升。

6. 滑模通讯信号

（1）塔吊与户外电梯必须装备通讯信号，其启动信号，应由重物或升降台停留处发出电信号，司机接受动作信号后，在启动前应发出动作回铃，以告知作好准备，凡联络不清，信号不明，司机不得擅自启动。

（2）各种通讯信号在正式启用前，应经过检验，灵敏可靠试用合格方可正式使用。

（3）在操作平台上装备一台步话机，与地面进行通话直接联络。

（4）无关人员不得随便使用通讯信号，以免发生误解，造成重大安全事故。

7. 防雷击

（1）塔吊、户外电梯、操作平台必须安装防雷装置，且应经安全检查。

（2）操作平台临时防雷接闪器必须能保护三个平台的避雷安

全，其防雷接地引线采用筒仓立壁结构钢筋，该钢筋必须采用焊接接头，形成电气通路，且其底部应与接地钢板相焊接，接地钢板埋设深度不小于3m。

（3）雷雨时，禁止安装与拆卸防雷装置，所有露天高空作业人员全部下到地面，人身避免靠近和接触防雷装置。

（4）在施工期间，特别是在夏季，应进行经常性检查，特别是接地部分的接头是否破坏，若发现问题，及时维修。

8. 防火

（1）操作平台上设置灭火器材和消防用具，如干粉灭火器等，按施工组织设计要求配齐。

（2）在操作平台上使用明火或进行焊接时，必须采取防火措施，且应经过工地技术负责人审批。

（3）现场消防器材应专人负责管理，定期检查维修，保持完整好用；冬季对消防栓和灭火器等采取防冻措施。

（4）在操作平台上禁止采用明火取暖和禁止吸烟。

（5）一旦发生火灾，由现场技术负责人统一指挥，特别是在操作平台上，严禁起哄和骚乱，及时扑灭，同时防止次生事故发生。

（6）消防由专人负责，明确责任。

9. 施工安全操作

（1）在正式滑模之前，进行一次全面安全交底和检查，包括内容如下：

1）操作平台的连接可靠性；

2）液压油路系统是否可靠，油路是否畅通，阀门是否灵活，是否出现漏油现象，发生及时消除；

3)垂直运输系统及其安全保护装置和通讯进行全面可靠性检查。

4）动力和照明线路与触电保安器可靠性；

5）安全网等安全防护措施；

6）防雷击和防火措施；

7）安全教育检查。

（2）模板滑升必须由滑模指挥人员一人指挥下指令，不得多人指挥；一般情况下，由操作平台上值班负责人担任。

（3）初滑阶段，必须对液压系统、操作平台进行检查，出现异常现象应停滑。对混凝土出模强度进行检查，不符合要求及时采取相应措施，包括修改混凝土配合比和加外加剂。

（4）滑模值班负责人应严格按照施工组织设计要求控制滑升速度，不得随意提高速度滑升，此时应特别注意混凝土出模强度，每班应设专人负责混凝土出模强度的检查，出模强度不得低于0.2MPa，一旦出现出模混凝土发生流淌、局部坍落，应立即停止滑模进行处理。当支承杆发生严重弯曲，油压千斤顶严重出油等异常情况也应及时采取措施。

（5）设专人检查爬杆上限位器，在滑升过程中发现操作平台不平，各千斤顶的相对高差大于40mm，相邻两个提升架上千斤顶的相对高差大于20mm，应立即向操作平台技术负责人报告，及时采取操作平台调平措施。

（6）凡是纠偏过程中测量人员在进行筒仓立壁垂直度观测发现倾斜5mm以上时，当爬杆严重向一边倾斜时，立即通知滑模技术负责人，及时采取措施，以免恶性事故发生。

（7）在操作平台上一旦发生严重事故，由现场负责人统一指挥，原地待命，听从指挥，不准骚动，对制造混乱者按破坏滑模论处。

（8）在无防护设施的高空作业应系安全带。患有高血压、心脏病、神经病、严重神经不佳者、不适于高空作业病变或心情不正常者，不得进入滑模操作平台进行作业，年老体弱头晕眼花者也不参于平台滑模作业。

（9）操作平台作业人员思想要集中，要注意躲开吊装物，吊物要设缆绳。禁止高空向下投扔物料，防止砸伤他人。钢筋工在绑扎钢筋时一定要防止失手坠落钢筋，否则后果十分严重。作业班就餐时由炊管人员送饭，就地休息就餐，不得远离。

(10) 混凝土工高台推车应注意轻挂轻放，严禁撒把飞车，要时刻提防探头板和弹簧跳。

(11) 各层滑模平台的垂直出入不得攀登机具，必须从预设的人孔梯子处上下。

(12)工作时间不准穿高跟鞋上岗，以防止站不稳而拌倒致伤；行走时要精神集中，时时注意不要让钢筋或其他物料挂住衣服。

(13) 所有进入现场作业人员，对自已作业的地点要经常检查是否有不安全的隐患存在，并及时提请工长整改，当不具备安全作业条件时可拒绝作业。

(14) 筒壁抹灰人员为单独作业，应注意自身安全，随时观察检查吊架螺丝是否有滑出现象，并及时报告工长整改；抹灰供料用新麻绳自人孔处卸下，完毕后应立即封盖。

(15) 上下班时，人流不得过分集中，应拉开一定距离，防止相互碰撞和超载。

(16) 内外吊架及挑架上的跳板必须绑牢，不得滑动。挑架平台与外模中间不得留有孔隙，以保证其下方外吊架上作业人员的安全。

(17) 滑模期间，作业人员上岗前不准喝酒，严禁酒后进入现场。

(18) 随时注意天气预报，大风大雨前均应对现场设备、地锚等进行详细检查，经加固无问题后方可使用，对塔吊应特别注意。

(19) 预先与气象部门联系好，以便于预先了解滑模期间的天气、雨雪、大风等情况，以便确定滑升时采取相应技术措施，必要时采取停滑，以保证安全。

(20) 遇 6 级以上大风停止高空作业，提前备好塑料布、篷布等，防止电器设备受潮和新浇混凝土被冲刷。滑模操作平台和垂直提升等动力设备，要有避雷措施，且有良好的接地，其接地电阻应符合安全规范的规定。

三十、钢筋混凝土烟囱倒模施工技术交底

（一）工程概况

本工程为市水泥厂技术改造工程之一，3 号窑废气处理工程包括：电收尘、风机房、汇风箱厂房、增湿塔、转运站、窑灰输送通廊、钢筋混凝土烟囱等工程。

废气处理钢筋混凝土烟囱高度为 80m，位于电收尘工程北侧 12m 处，现浇钢筋混凝土基础（基础施工技术交底略），结构形式为钢筋混凝土筒壁，红砖内衬隔热层（该技术交底略），上口内直径为 3340mm，底口内直径为 7136mm，筒壁厚：标高 20m 以下为 300mm，标高 20～40m 之间为 260mm，标高 40～60m 之间 220mm，标高 60m 以上为 160mm，坡度标高 30m 以下为 1000：30，标高 30～60m 之间为 1000：25，标高 60m 以上为 1000：20。每隔 10m 高度设内牛腿一道支承内衬砌砖；混凝土筒壁与内衬砌砖之间留缝，缝宽 50mm 作为空气隔热层。在筒身北部有出灰口一个，中心标高为 1.50m，在西侧有烟道口和观察孔各一个，标高为 6.46m 和 11.10m，东侧设置上人爬梯一座。烟囱筒身在 75.00m 标高处设有钢平台一座，见图 30-1。

主要工程量：筒身现浇混凝土 360.71m^3，筒身钢筋 31.439t，内衬砌砖 178.18m^3。

（二）施工现场准备

1. 施工现场

施工现场“三通一平”按施工组织设计已部署准备，场地自然地坪标高为 156.60～159.0m，基本满足施工要求。烟囱工程基础挖土石方于 1991 年 8 月开始进行施工，由于在厂区内进行爆破作业影响工期，施工进度比原计划有所推迟，基础及回填施工现已完毕，继续进行钢筋混凝土筒壁施工。

2. 材料与施工机具

（1）水泥：太行山牌525号普通硅酸盐水泥。

（2）砂：粒径为0.8～3mm河砂。

（3）石子：粒径为0.5～3cm碎石。

（4）外加剂：UNF-5型外加剂。

（5）钢筋：须有出厂证明书，性能指标符合施工验收规范，并经公司试验室进行试验。

（6）施工机具：见表30-1。

施工机具表　　表30-1

机具名称	规　格	单位	数量	备　注
外井架	九　孔	座	1	
内井架	单　孔	座	1	
卷扬机	JJM5	台	3	
卷扬机	JJM3	台	2	
吊　笼	500mm×740mm ×4100mm	个	1	
安全装置		副	1	
外吊桥		副	1	
倒　链	3t×3MWA	个	8	
固定式天轮		套	10	
固定式地轮		套	8	
搅拌机	400L	台	01	
钢丝绳	ϕ11～ϕ18.5	m	3500	6×19
花篮镙丝	CO型M20	个	50	
弯管机		台	1	
锯管机	ϕ400	台	1	
电焊机	30KVA	台	1	

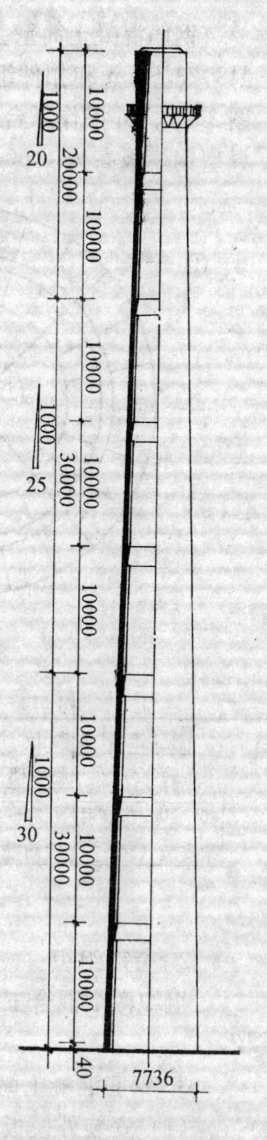

图30-1　钢筋混凝土烟囱

（三）施工部署

1. 施工程序

钢筋混凝土筒壁主要施工方法：外架采用9孔井架，由钢管$\phi48\times3.5$mm和扣件组成，内架采用单孔井字型钢管井架，见平面图30-2内外操作平台，钢模板分节灌筑混凝土的施工方法，每节异型钢模板高为1500mm，施工程序见柜图（图30-3）。

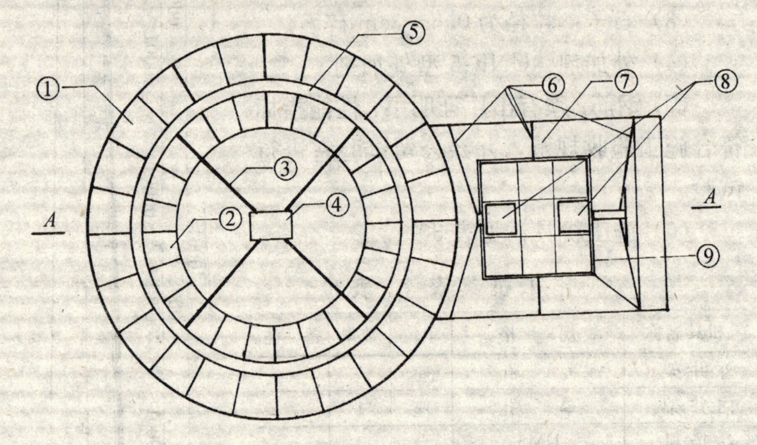

图30-2 内外井架平面布置

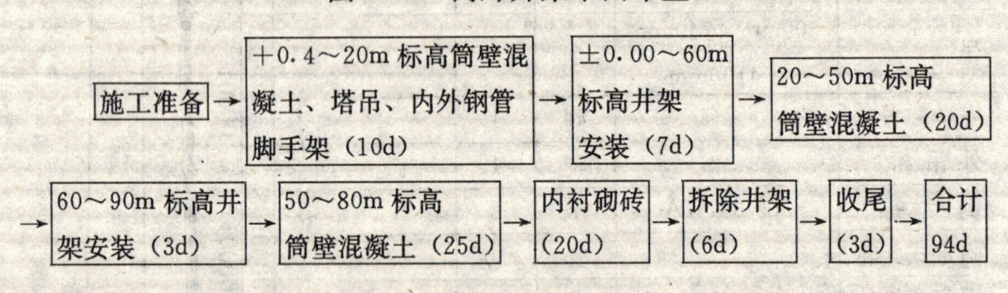

图30-3 施工程序框图

2. 劳动组织

组织两个混合工种作业班组，分昼夜两班连续作业，见表30-2。

3. 钢筋混凝土筒壁倒模施工每一循环作业包括以下工作：

（1）安装外模板，测定筒壁半径及中心。

（2）绑扎钢筋。

（3）安装内模板。

（4）复测模板半径，调整模板精确位置。

两个作业组　　　　表 30-2

工种 \ 人数 \ 高度	0～50m	50～80m
混凝土工	20	16
钢筋工	10	8
木　工	20	20
瓦　工	6	6
架子工	8	8
电焊工	4	4
机械工	8	8
放线工	2	2
养生工	4	4
合　计	82	76

（5）提升吊桥。

（6）浇灌混凝土。

（7）混凝土养护。

施工时按上列 7 道工序（穿插拆模）实行立体作业，完成一个循环过程，使筒身标高上升 1.50m，共计 54 个循环，见表 30-3。

（四）施工操作

1. 井架与操作平台

本工程采用内外井架施工方法，外井架为九孔架，高 90m，主要承担材料垂直运输，内井架为单孔架，高 90m，主要承担载施工人员及筒内砌砖垂直运料和平台架设支柱。外井架每隔 20m 设置风绳一道，风绳的两头要用卡丝卡牢，不得松动，以防架子倾倒。内外井架基础见图 30-4，风绳及卷扬机地锚见图 30-5。

内井架的稳定采用与钢筋混凝土烟囱筒壁连接的方法，在混凝土筒壁上每隔 10m 高预埋 4 块预埋铁件，见图 30-5，再用∟63

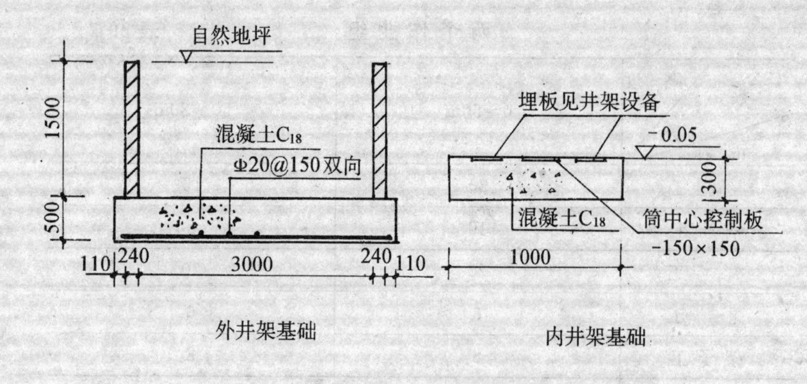

图 30-4　井架基础

×6 的角钢的两端与烟囱筒身上预埋件和内井架进行焊接，角钢的长度由现场确定，该 4 根∟ 63×6 的角钢达到稳定内井架的作用，角钢的平面布置与烟囱筒身上预埋件的位置见平面图 30-6。

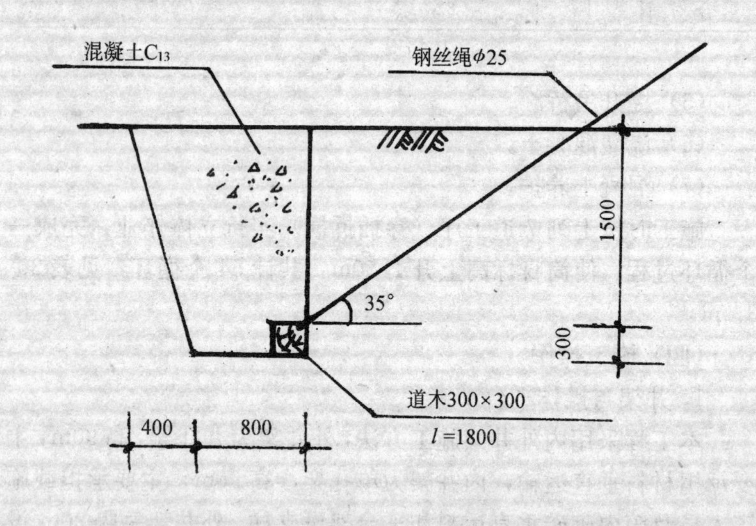

图 30-5　风绳与卷扬机地锚（36 个）

混凝土施工操作平台分为筒内、筒外与吊桥共三部分，见图 30-7，筒内附着式操作平台挂在筒壁上，宽度为 1000mm，筒外附着式操作平台宽度为 1200mm，构造做法见图 30-7。内操作平台主要用于内模板安装施工等，外操作平台主要用于钢筋绑扎、混凝土浇灌、外模板安装、筒壁刮水泥浆、浇水养生等工作。

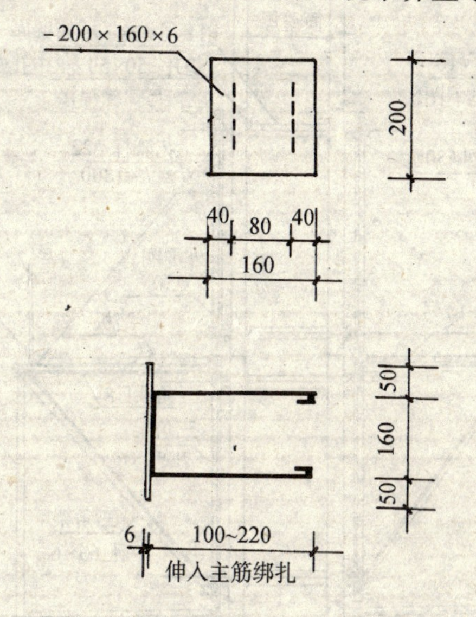

图 30-6　内井架与筒壁连接预埋件

在组装钢管井架时上下操作要有信号联系，不得乱指挥，竖杆与斜杆上的螺栓要上牢，不得存在松动现象，上人爬梯板两头要和架子卡好，不得松动，以防爬梯板滑下伤人。

架井架时，高空作业人员必须系好安全带、带上去的任何东西不得随意向下扔，以防伤人。进入施工现场必须带安全帽。下面专人放哨，要注意周围的行人不得接近操作点，以免发生人身事故。

2. 倒模施工工序

（1）安装外模板，测定半径及中心。

（2）绑扎钢筋。

（3）安装内模板。

（4）复测模板半径，调整模板到准确位置。

（5）提升吊桥。

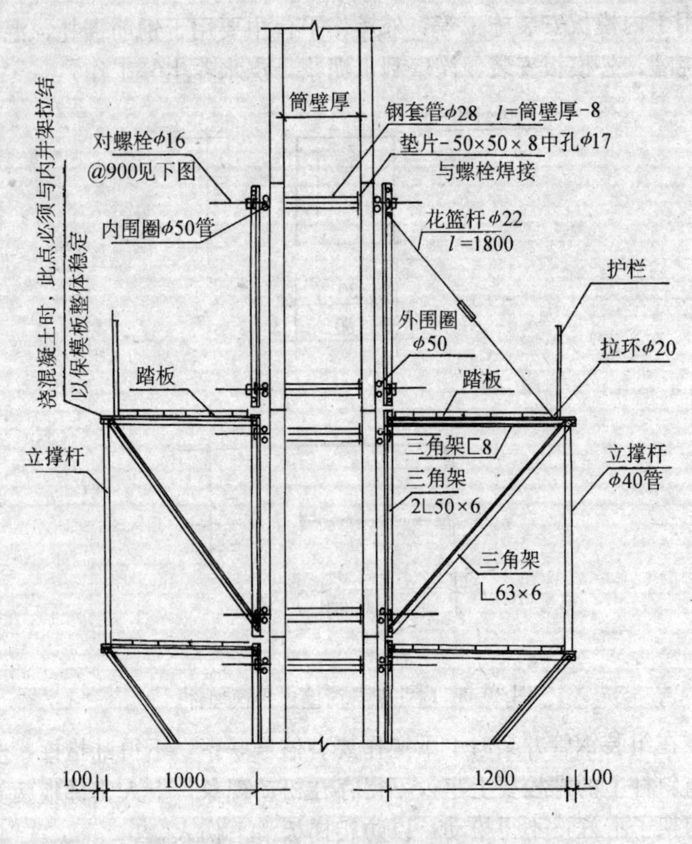

图 30-7　内外操作平台

(6) 浇灌混凝土。

(7) 混凝土养护。

施工时按上述7道工序（穿插拆模）实行立体平行作业，完成一个循环过程，使筒身标高上升1500mm，共计54个循环。每一个循环的筒身的壁厚、筒身混凝土内与外径、模板上口标高、上钢箍中心标高见表30-3。

3. 模板支设

本工程内外模板采用异型组合钢模板，根据设计筒壁不同区段的坡度要求设置适当数量的可调模板，P1515模板共500块，其开孔详见图 30-8；楔型钢模板共 90 块，飞边楔型钢模板共 10 块，见图 30-9。每次支模高度为 1.5m。

作业循环表 **表 30-3**

节　数	模板上口标高（m）	筒身混凝土外径（mm）	筒身混凝土内径（mm）	混凝土壁厚度（mm）	上钢箍中心标高（m）
0	0.40	3868	3568	300	0.15
1	1.90	3823	3523	300	1.65
2	3.40	3778	3478	300	3.15
3	4.90	3743	3433	300	4.65
4	6.40	3688	3388	300	6.15
5	7.90	3643	3343	300	7.65
6	9.40	3598	3298	300	9.15
7	10.90	3553	3253	300	10.65
8	12.40	3508	3208	300	12.15
9	13.90	3463	3163	300	13.65
10	15.40	3418	3118	300	15.15
11	16.90	3373	3073	300	16.65
12	18.40	3328	3028	300	18.15
13	19.90	3283	2983	300	19.65
14	21.40	3238	2978	260	21.15
15	22.90	3193	2933	260	22.65
16	24.40	3148	2888	260	24.15
17	25.90	3103	2843	260	25.65
18	27.40	3058	2798	260	27.15
19	28.90	3013	2753	260	28.65
20	30.40	2968	2708	260	30.15
21	31.90	2930.5	2670.5	260	31.65
22	33.40	2893	2633	260	33.15
23	34.90	2855.5	2595.5	260	34.65

续表

节　　数	模板上口标高（m）	筒身混凝土外径（mm）	筒身混凝土内径（mm）	混凝土壁厚度（mm）	上钢箍中心标高（m）
24	36.4	2818	2558	260	36.15
25	37.90	2780.5	2520.5	260	37.65
26	39.40	2743	2483	260	39.15
27	40.90	2705.5	2485.5	220	40.65
28	42.40	2668	2448	220	42.15
29	43.90	2630.5	2410.5	220	43.65
30	45.40	2593	2373	220	45.15
31	46.90	2555.5	2335.5	220	46.65
32	48.40	2518	2298	220	48.15
33	49.90	2480.5	2260.5	220	49.65
34	51.40	2443	2223	220	51.15
35	52.90	2405.5	2185.5	220	52.65
36	54.40	2368	2148	220	54.15
37	55.90	2330.5	2110.5	220	55.65
38	57.40	2293	2073	220	57.15
39	58.90	2255.5	2035.5	220	58.65
40	60.40	2225.5	2065.5	220	60.15
41	61.90	2195.5	2035.5	160	61.65
42	63.40	2165.5	2005.5	160	63.15
43	64.90	2135.5	1975.5	160	64.65
44	66.40	2105.5	1945.5	160	66.15
45	67.90	2075.5	1915.5	160	67.65
46	69.40	2045.5	1885.5	160	69.15
47	70.50	2015.5	1855.5	160	70.65
48	72.40	1985.5	1825.5	160	72.15
49	73.90	1955.5	1795.5	160	73.65

续表

节　　数	模板上口标高（m）	筒身混凝土外径（mm）	筒身混凝土内径（mm）	混凝土壁厚度（mm）	上钢箍中心标高（m）
50	75.40	1925.5	1765.5	160	75.15
51	76.90	1895.5	1735.5	160	76.65
52	78.40	1865.5	1705.5	160	78.15
53	79.90	1835.5	1675.5	160	79.65

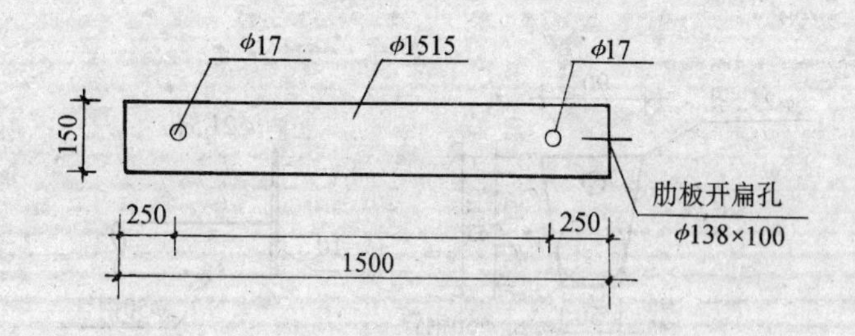

图 30-8　P1515 模板开孔图

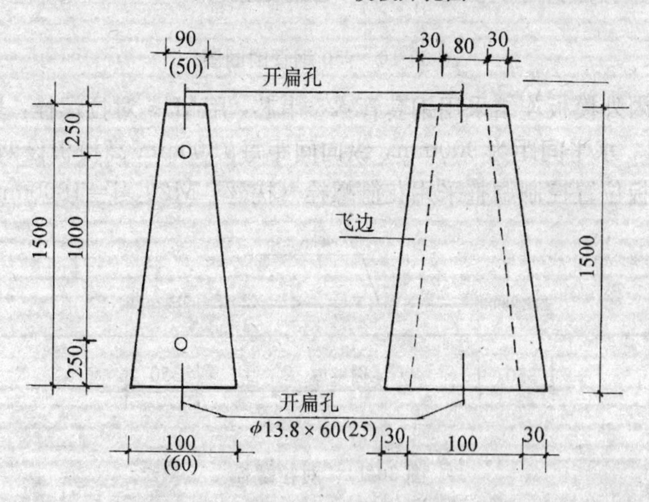

图 30-9　楔型钢模板

钢模板的固定采用 ϕ50 圆钢管制作的固定架子，弯成设计要求的弧形，详见图 30-10，钢管的连接采用 M20 的连接螺栓，长为 100mm。

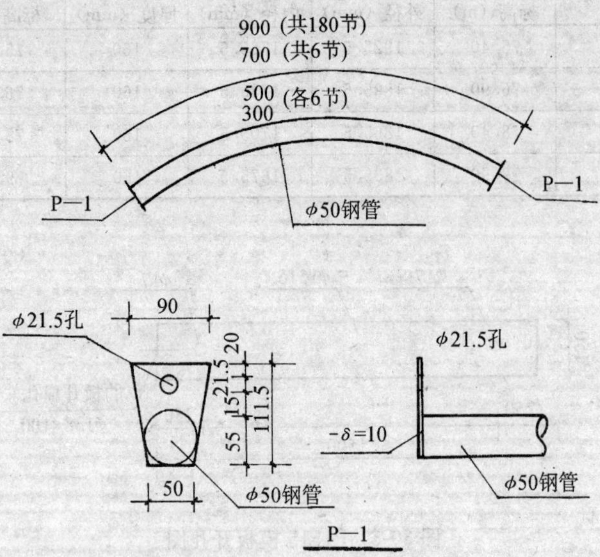

图 30-10 ϕ50 钢管围圈图

内外模板连结采用钢套管 ϕ25 串芯，用 M16 对拉螺栓，见图 30-11，水平间距为 900mm，纵向间距每 1500mm 高模板设两道。外模板位置控制调整采用花篮螺栓（楼丝）M20，l=1800mm。

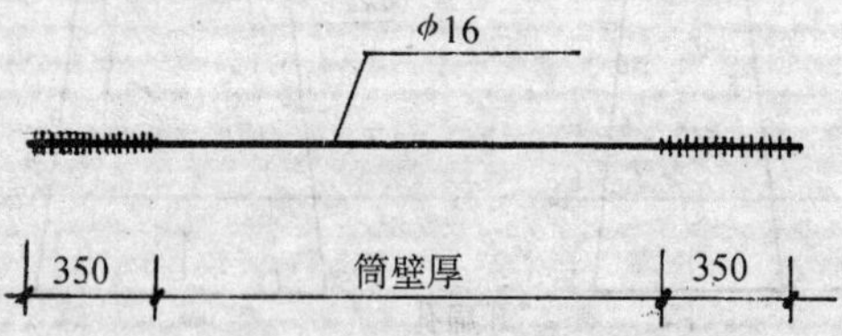

图 30-11 对拉螺栓

在模板安装施工过程中，强调严格控制烟囱几何中心、模板中心、圆弧尺寸与设计要求完全一致，控制允许偏差不得超过 10mm，采用中心钢板固定架，共三套，见图 30-12，调整固定在内井架上，中心钢板随钢模板上升而上升，每层钢模板支设时均以中心钢板上刻制的中心控制点为基准，以响应高程对应的半径控制外模板位置。

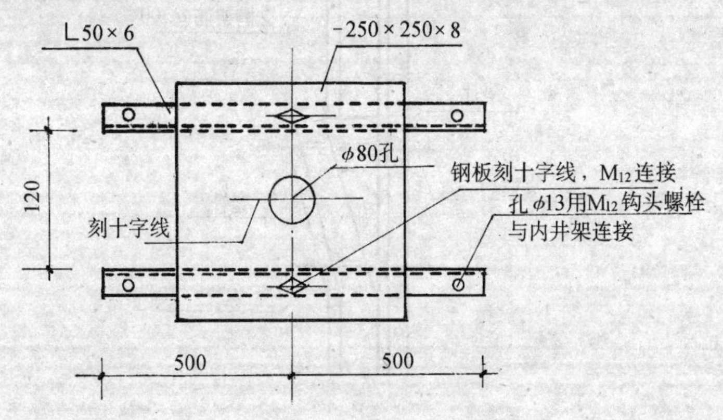

图 30-12　筒身中心控制板

钢模板的接槎连接要严密，不漏浆，每层模板支设完毕后，要严格检查，复核模板位置准确无误后方可进行下一道工序施工。

烟囱钢筋混凝土内壁牛腿支模交底如下。为了使内模板上部向筒身中心倾斜，在内外模之间除每隔 900mm 宽配置一道钢套管支撑外，并在钢套管支撑之间增设一道 50mm×50mm 方木。为了加快施工进度，在牛腿混凝土部位预埋钢筋三角支架，以支承牛腿上层模板，钢筋三角架与筒身竖筋绑扎或焊接，其间距为 300mm，具体支模详见图 30-13 和图 30-14。

支设内外模板时，内外附着式操作平台支架随其支架。

4. 钢筋绑扎与加工

筒身钢筋均采用绑扎施工。钢筋绑扎前按照图纸的要求，选好各部位的所用钢筋种类，牛腿钢筋加密区要按施工图中说明。钢筋搭接长度为 40d（d 为钢筋直径）。每个水平接头要用粉笔按照要求尺寸划好位置，然后进行绑扎，任一搭接长度范围内接头数目不超过全部钢筋根数的$\frac{1}{4}$，钢筋保护层为 25mm。

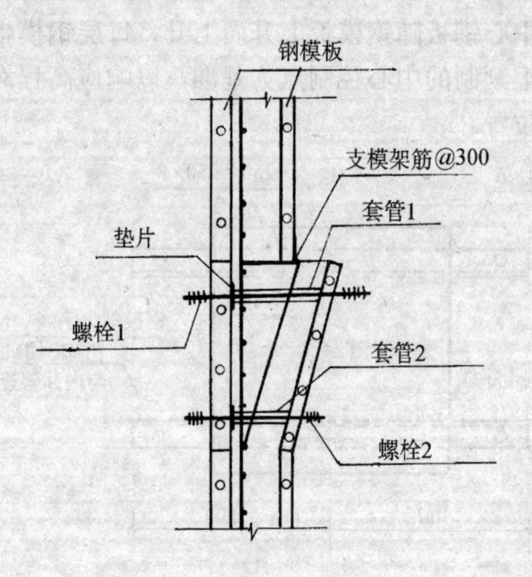

图 30-13　内牛腿支模

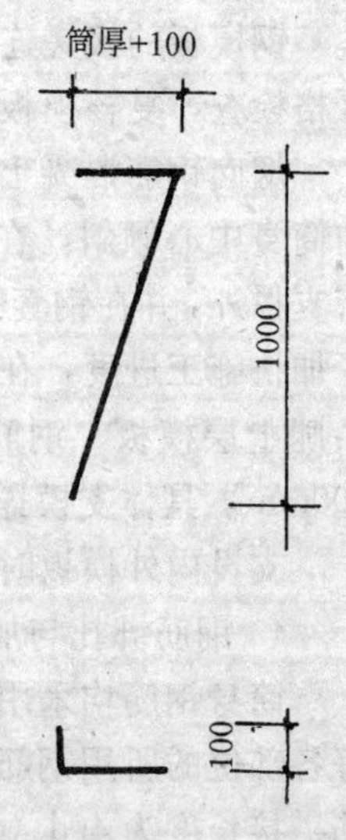

图 30-14　支模架筋

竖向钢筋标高 40m 以下为⌀ 18，40～60m 之间为⌀ 16，60m 以上为⌀ 14，间距为 180～202mm。水平钢筋标高 20m 以下为⌀ 16，20～40m 之间为⌀ 14，40m 以上为⌀ 12，间距为 150～200mm。

为了确保钢筋保护层厚度，应用尼龙卡子控制准确，沿钢筋长度方向每 1m 设置 1 个卡子。

钢筋加工均在公司钢筋加工厂预制后运至施工现场。凡环筋直径大于 14mm 的均按其部位筒身弧度，预先加工成弧形。

绑扎时，先绑扎环筋后接着绑竖向钢筋，每节筒身最上一道环筋应最先设置，以下节模板边缘为标准考虑向上收分及保护层的厚度，用线坠吊准后加以绑固，然后以此环筋为标准绑扎以下各环筋。为了保持水平钢筋间距的准确，可按其间距在垂直筋上用粉笔画示，为了保持垂直钢筋的间距均匀，可在先绑的环筋上用粉笔示出竖筋的位置，尔后将竖筋固定其上。

待模板安装后，还应对保护层和标准环筋的周长进行检查，若误差超过±5mm 时，应及时处理。

5. 现浇混凝土

(1) 混凝土浇灌：烟囱筒壁混凝土设计强度等级为C18，为了确保混凝土的质量，材料必须达到上述要求，混凝土的配合比要提前一个月送样到公司试验室做试配，按公司试验室发的配合比通知单施工。施工中要严格坚持过磅计量，控制水灰比及坍落度在规定的范围之内。混凝土的灌筑应沿筒身的截面均匀分层进行，每层的厚度为450～500mm，要求分层振捣密实。混凝土浇灌方法分两组，从一点开始沿圆周反向进行，在相对一点汇合，然后再从汇合点开始，反向进行，如此往复分层浇灌与捣固。混凝土振捣采用机械振捣，振动棒不得触及钢筋、模板和预埋件，振点距离及振捣时间应控制适宜，混凝土捣固到表面不下沉，呈水平状，不再冒气泡，有稀薄的水泥浆层出现为止。

浇捣混凝土，筒身每节 1500mm 高度内应制取混凝土试块一组，以检验其 28d 龄期强度，当厚材料配合比变更时，则应另取混凝土试块，混凝土试块的制作养护要有人专门负责。

(2) 拆模：混凝土养护，当其强度不小于 0.8MPa 便可拆模，但清灰口、烟道口、观察口等处的承重模板，必须达到混凝土设计强度 70%后方可拆除。模板拆除后，对混凝土表面应及时修理，瘤棱及施工预埋件留制的凹坑应及时清除，并仔细地用水泥砂浆修理抹平。筒身抹平后，要用水泥、107 胶腻子满刮两遍。

(3) 混凝土养护：混凝土养护采用喷水法，即安装一台高压水泵CDA 型多级离心泵，沿外井架用 ϕ50 钢管接至井架顶部，并随井架的增高而增高，自筒顶用胶管向下引水到围设内外操作平台上 ϕ25mm 胶皮喷水管，喷水管上钻有 ϕ5mm 喷水孔，间距为 120mm。为防止出现停水事故，在地面设置一个容积为 $5m^3$ 的水箱，型号为 S120-3。

6. 其他部位施工

(1) 烟道口及清灰口：烟道口部位的施工方法与筒壁其他部位的施工方法基本相同，为使洞口施工尺寸准确，其上部过梁底模可按烟道口部位筒壁内外圆弧分别制作 弦板，洞口的竖向两侧的模板按筒壁厚度分段制作成定型板，可用30mm厚木板制作，为了支撑洞口模板及上部过梁，可在洞口配置支柱、横杆及剪刀撑。为了保持烟囱筒身模板的整体性，烟道口部位的内外侧利用筒身的内外模板。

(2) 筒首的施工：烟囱顶部钢筋混凝土筒首施工采取与筒壁内牛腿部位相同施工方法，只是将外模板向外倾斜。其筒首上的花纹，另行制作花纹钢模型与外层平弧钢模板焊接，筒首模板为一次性模板摊销。浇筑混凝土后待强度达到设计强度30%时便可拆除。

(3) 外爬梯的安装：爬梯暗榫在筒身浇灌混凝土时进行安装，暗榫安装时利用经纬仪通过设在烟囱外部的永久性爬梯中心线测点，将中心线引至新的标高上，并使两暗榫的中心线对准，严格控制垂直度，使安装后爬梯在同一铅垂线上。安装前应将暗榫螺丝内塞以浸过油的旧布或油纸，以防砂浆进入、堵死。

(4) 烟囱顶部钢平台安装：钢平台系在高空进行组装、操作困难，因此要求机件制作 尺寸精确无误，安装前先涂好防腐漆。

(五) 质量标准

1. 保证项目

(1) 混凝土所用的水泥、水、骨料、外加剂等必须符合施工规范及有关规定，检查出厂合格证或试验报告是否符合质量要求。

(2) 混凝土的配合比、原材料计量、搅拌、养护和施工缝处理必须符合施工规范规定。

(3) 混凝土强度的试块取样、制作、养护和试验要符合《混凝土强度检验评定标准》(GBJ 107—87) 的规定。

(4) 设计不允许裂缝出现，严禁出现裂缝。

2. 基本项目

混凝土应振捣密实，不得有蜂窝、孔洞、露筋、缝隙、夹渣等缺陷。

3. 允许偏差项目（表 30-4）

表 30-4

项　次	误　差　名　称	误差数值（mm）
1	筒身中心线的垂直误差	80
2	筒壁厚度	±20
3	筒身任何截面的直径误差	30
4	筒身内外表面局部凹凸平平（沿半径方向）	30
5	烟道口尺寸误差	±20

（六）注意事项及质量技术措施

1. 进场的钢材、水泥、砂、石子必须有试验报告及合格证，凡不合格的原材料严禁使用在本工程上。

2. 混凝土拆模后的养护工作、试验工作、坍落度的检查、混凝土后台过磅计量要设置专人负责。混凝土坍落度每班次检查不少于 3 次，混凝土试块按本交底要求留置，混凝土计算工作要随时抽查。

3. 操作班组要做好自检、互检工作，并认真填写自检、互检记录。

4. 每班次在支模前要检查一次烟囱的中心位移与直径误差，并及时记录，出现问题及时通知现场技术人员与工长。

5. 井架基础不得泡在水中，地表水及时引走，以免基础下沉后发生井架倾斜。

（七）安全交底

1. 凡是参于烟囱高空作业的操作人员，必须进行严格体验，凡患高血压、心脏病、贫血、癫痫病以及其它不适应高空作业的人员一律不准上烟囱施工操作。

2. 所有操作人员进入现场都必须带安全帽。

3．安全网在距地面5m高处设置一道半永性安全网。在操作平台的侧面、底面要设置安全网随平台升降。

4．在烟囱外井架到搅拌站之间设置长10m、宽2.5m、高3m安全通道，在烟道口向外同样设置10m宽、3m高的安全通道。通道采用ϕ48×3.5钢管架设，顶部要密铺架板与苇席两层，主要供运送混凝土和操作人员使用。

5．小吊笼上料及上人必须要用信号联系，以防出安全事故。

6．操作平台的升降、卷扬机的垂直运输在工作前必须先试车，确无问题后再投入正式生产。

7．机械设备要定期检查，严禁带病作业，要按本公司设备管理规章制度执行，发现问题立即处理，确保安全可靠。

8．卷扬机在井架顶部必须安装限位装置，预防过卷事故发生。小吊吊盘必须有可靠的安全装置，要经常保持灵活可靠，任何人不得随意拆除不用。

9．六级以上大风停止作业。在大风到来之前做好井架等防风加固工作。

三十一、砖烟囱施工技术交底

（一）工程概况和施工方案

本工程为某医院锅炉房配套的砖烟囱，高 30m，设计采用全国通用工业厂房结构构件标准图集 G611（三）中 30/1.0-507-250-15，烟囱地面半径为 1490mm，出口内径为 1000mm，基本风压为 50kg/m^2，地震烈度为 7 度，烟囱地基地耐力为 15MPa。烟囱位于锅炉房的西北方向，距离为 20m，锅炉房与烟囱之间有一条地下钢筋混凝土烟囱相连接。

因该工程远离公司，工程比较简单，地基较好，地下水位低，施工组织设计采用人工挖土，烟囱砖砌体砌筑采用搭设双排钢管脚手架，外部砌筑，外部上料，垂直运输采用 40m 高的井字提升架，井字架下做混凝土基础施工方案。

施工顺序：

（1）施工测量：测出烟囱中心定位控制点和定位桩，施测水准高程和烟囱沉降观测点。

（2）人工开挖地基和钎探，参加建设单位组织四方验槽。

（3）素混凝土基础施工。

（4）基础四周用 3：7 灰土进行回填，并做好烟囱四周雨水沟。

（5）2.30m 标高以下底部烟囱砌筑。

（6）搭设脚手架和井字提升架。

（7）继续砌筑烟囱。

（8）每隔 5m 进行经纬仪烟囱垂直中心偏差检查。

（9）烟囱顶部钢筋混凝土圈梁施工。

（10）避雷设施施工。

（二）准备工作

1. 材料

(1) 砖：MU100 机制砖，色泽均匀，边角整齐，并有出厂合格证。

(2) 水泥：325 号矿渣硅酸盐水泥。

(3) 砂子：中砂，含泥量不超过 5%，使用前用 5mm 孔径的筛子过筛。

(4) 白灰膏熟化时间不少于 7d，或采用电石膏。

(5) 石灰：生石灰粉或块灰，使用前充分熟化，不得夹有未熟化的生石灰块，粒径小于 5mm。

(6) 钢筋：由建设单位提供，公司钢筋加工厂加工，须有出厂合格证。

(7) 石子：粒径为 5～32mm 碎石。

(8) 其他材料：木砖应刷防腐剂；预埋件等。

2. 测量

测出烟囱的中心定位轴线和标高控制桩，应设置在不受施工影响的地点，并应妥善加以保护。须经过复测检查。

(三) 基坑人工挖土

1. 在施工区域内，将地面地下障碍物清理完毕。

2. 将地面清理平整，做好场地排水坡度，以防雨水流入基坑。

3. 按挖土边坡 1∶0.75 进行放坡，放出挖土范围灰线。

4. 先沿放坡灰线直边切出圆形基坑槽边的轮廓线，可自上而下分层开挖，每层深度以 60cm 为宜，从开挖端部向中间按踏步型挖掘。碎石类土先用镐翻松，正向挖掘，每层应清底和出土，然后逐步挖掘。

开始挖土时，可在挖方上侧弃土时，应保证边坡稳定。当土质良好时，抛于槽边的土方，应距基坑边缘 0.8m 以外，高度不宜超过 1.5m。

5. 开挖放坡的坑，应先按施工方案规定的坡度 1∶0.75，粗略开挖，再分层按坡度要求做出坡度线，每隔 3m 左右做一条，以此线为准进行铲坡。

6. 挖出的土方装入手推车，由未开挖的一面运至弃土地点。

一定要留足回填需用的土，避免二次运土。

7. 开挖后，在挖到距坑底50cm以内时，测量放线人员应配合抄出距坑底50cm平线，自坑底边线内20cm处每隔2～3m，在坑帮上钉水平标高小木橛。在挖至接近坑底标高时，用尺或事先量好的50cm标高尺杆，随时以小木橛上平梭该坑底标高。最后由烟囱中心十字控制线引桩拉通线，检查距坑边尺寸，确定坑边标准，据此修整坑帮，最后清除坑底土方，修底铲平。

8. 钎探

设计指定采用轻便动力触探进行打钎。轻便动力触探器主要有尖锥头、触探杆、穿心锤三部分组成，穿心锤重为10kg，钎杆直径为ϕ25mm钢筋焊上大头圆锥头，净用长度定为2m，详见《建筑地基基础设计规范》（GBT7—89）中附录四。

钎探点位排列按梅花形布置，点距为1.5m。

打钎时，穿心锤落距为50cm，使其自由下落，将触探杆竖直打入土层中，每打入30cm，记录一次锤击数。

钎探后钎孔要灌砂土。同时将不同强度（锤击数的大小）的土，在记录表上用色笔或符号分开。在平面布置图上注明特硬或特软的点的位置，以便设计、勘察等有关部门验槽时分析处理。

9. 基坑挖至基底标高，再经过打钎探测后，应会同设计单位、勘察单位、建设单位以及质量监督等部门检查基底土质是否符合要求；如有不符要求的松软土层、坟坑、枯井、树根等情况时，应作出地基处理记录。处理完全符合要求后，参加各方进行签证隐蔽工程记录。

10. 质量标准

（1）保证项目

柱基、基坑、基槽和管沟基底的土质必须符合设计要求，并严禁扰动。

（2）允许偏差项目（表31-1）

11. 注意事项

（1）对定位标准桩、轴线引桩、标准水准点、龙门板等，挖运土时不得碰撞，也不得坐在龙门板上休息。并应经常测量和校核其平面位置、水平标高和边坡坡度是否符合设计要求。定位标准桩和标准水准点也应定期复测和检查是否正确。

基坑外形尺寸允许偏差　　表 31-1

项　次	项　目	允许偏差（mm）	检　验　方　法
1	标　高	＋0、－50	用水准仪检查
2	长度、宽度	－0	由设计中心线向两边量，拉线和尺量检查
3	边坡偏陡	不允许	坡度尺检查

（2）施工中如发现有文物或古墓等，应妥善保护，并应立即报请当地有关部门处理后，方可继续施工。

质量通病预防：

（1）基底超挖。开挖基坑不得超过基底标高，如个别地方超挖时，应用C8 混凝土填平。

（2）基底未保护。基坑开挖后，应尽量减少对基土的扰动。如基础不能及时施工时，可在基底标高以上留 0.3m 土层不挖，待作基础时再挖除。

（3）基坑边坡不直不平、基底不平的缺陷。应加强检查，随挖随修、并要认真验收。

（四）灰土施工

1．施工前，测量放线工应作好水平高程的标志，在基坑边坡上每隔 3m 钉上灰土上平的木橛。

2．灰土配合比为 3∶7，基础灰土必须过斗，严格执行配合比。必须拌合均匀，至少翻拌两次，拌好的灰土颜色应一致。

3．灰土施工时，应适当控制含水量，检验方法是用手将灰土紧握成团，两指轻捏即碎为宜。如土料水分过多或不足时，应晾干或洒水润湿。

4．灰土铺摊厚 200～250mm，用蛙式打夯机分层夯实。各层厚度都应与边壁标准水平橛相等，夯打遍数不小于三遍，应根据设计要求的干土密度，在现场试验确定，并作好记录。

5. 灰土总厚度为1.0m，基坑灰土施工应连续进行，尽快完工，避免在雨季施工。如遭受雨淋浸泡，应将积水及松软灰土除去，并补填夯实。

6. 质量标准

保证项目

(1) 基底的土质必须符合设计要求。

(2) 灰土的干土质量密度或贯入度必须符合设计要求和施工规范的规定。

基本项目

(1) 配料正确，拌合均匀，虚铺厚度符合规定，夯压密实，表面无松散和起皮。

(2) 留槎和接槎。分层留槎位置、方法正确，接槎密实，平整。

允许偏差项目（表31-2）

灰土基础允许偏差　　表31-2

项次	项目	允许偏差(mm)	检验方法
1	顶面标高	±15	用水准仪或拉线和尺量检查
2	表面平整度	15	用2m靠尺和楔形塞尺检查

7. 注意事项

(1) 施工时，应注意保护中心定位标准桩、标准水平桩。防止撞碰位移。

(2) 夜间施工时，应合理安排施工顺序，有足够的照明设施，防止铺填超厚，或配合比不准确。

(3) 灰土地基打完后，应及时修建基础和回填基坑，防止日洒雨淋。夯实后的灰土，三天内不得受水浸泡。

几个质量通病预防：

(1) 未按要求测定干土重力密度，灰土施工时，每层都应测定夯实后的干土重力密度，检验其压实系数和压实范围，符合设计要求后才能铺摊上层灰土。试验报告要注明土料种类、配合比、试验日期、试验结论、试验人员。未达到设计要求部位应有处理方法和交验结果。

（2）石灰熟化不良、没有认真过筛、颗粒过大，造成颗粒熟化时体积膨胀，将上部垫层拱裂。务必进行石灰熟化工作，按要求过筛，防止造成返工损失。

（五）素混凝土基础施工

1．在灰土地基上，先放出烟囱的中心，再放出烟囱圆形素混凝土基础的边线，半径为 2.70m（图 31-1），由现场土建技术人员进行复测检查。

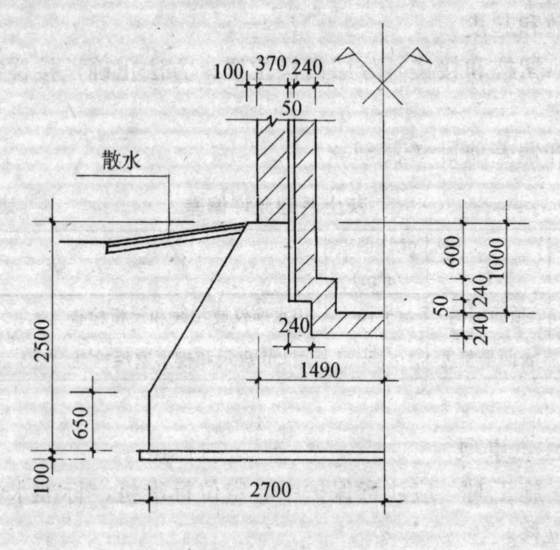

图 31-1　烟囱基础

2．基础支模

（1）烟囱圆形素混凝土基础外围周边用 50 号砖，M2.5 混合砂浆砌筑砖模，厚 120mm，高 650mm，背后用素土分层夯实。

（2）基础上部台阶形支模见图 31-2，图中环形钢管是由普通支模钢管用煨管机弯曲而成，水平钢管共有三层，边立管与中心立管落在－2.50m 标高，其中中心立管插入基础混凝土中，拆除时用电焊将上部切断，立管与水平管均用扣件连接，环形钢管与立管连接可采用扣件连接，也可用8号钢丝绑扎，模板与环形钢管连接采用8号钢丝绑扎。环形钢管仍然可以调直回收，故该支模费用不高。周边砖模可改为土模，在施工灰土地基时，将土模施工好，又可节省支模费用。

3. 素混凝土基础浇筑交底

（1）在模板上标出混凝土上平面的标志。

（2）准备好预埋件。

（3）试验室出混凝土 C13 配合比。

（4）由土建主管工程师出混凝土开罐证。

（5）施工工艺交底

1）混凝土拌制：后台要认真按混凝土的配合比投料，每盘投料顺序为石子→水泥→砂子→水，严格控制用水量，搅拌要均匀，最短时间不少于 1.5min。

2）混凝土浇筑：在地基上先清除树叶和杂物，并作好防水和排水措施，清除模板内的垃圾、泥土等杂物，混凝土浇筑高度超过 2m 时，应用串筒以防混凝土发生离析现象。采用插入式振捣棒，其移动间距不大于 500mm，在浇筑混凝土时，应经常观察模板，若发现有移动时，应停止浇筑，并应在混凝土凝结前修整好。混凝土的浇筑应连续进行，但不应超过 2h，否则应按规范留置施工缝。

按设计图纸要求，将烟囱抗震纵向钢筋插筋预埋好。

虽然基础混凝土较厚，按规范规定和设计要求，不允许在素混凝土中填充大块石。

混凝土振捣密实后，表面应用木抹子搓平。

混凝土浇筑完毕后，应在 12h 之内用草袋浇水覆盖，养护时间为 7d。

按照规范要求留置混凝土试块。

3）基础施工完后，立即通知建设单位代表组织基础验收。

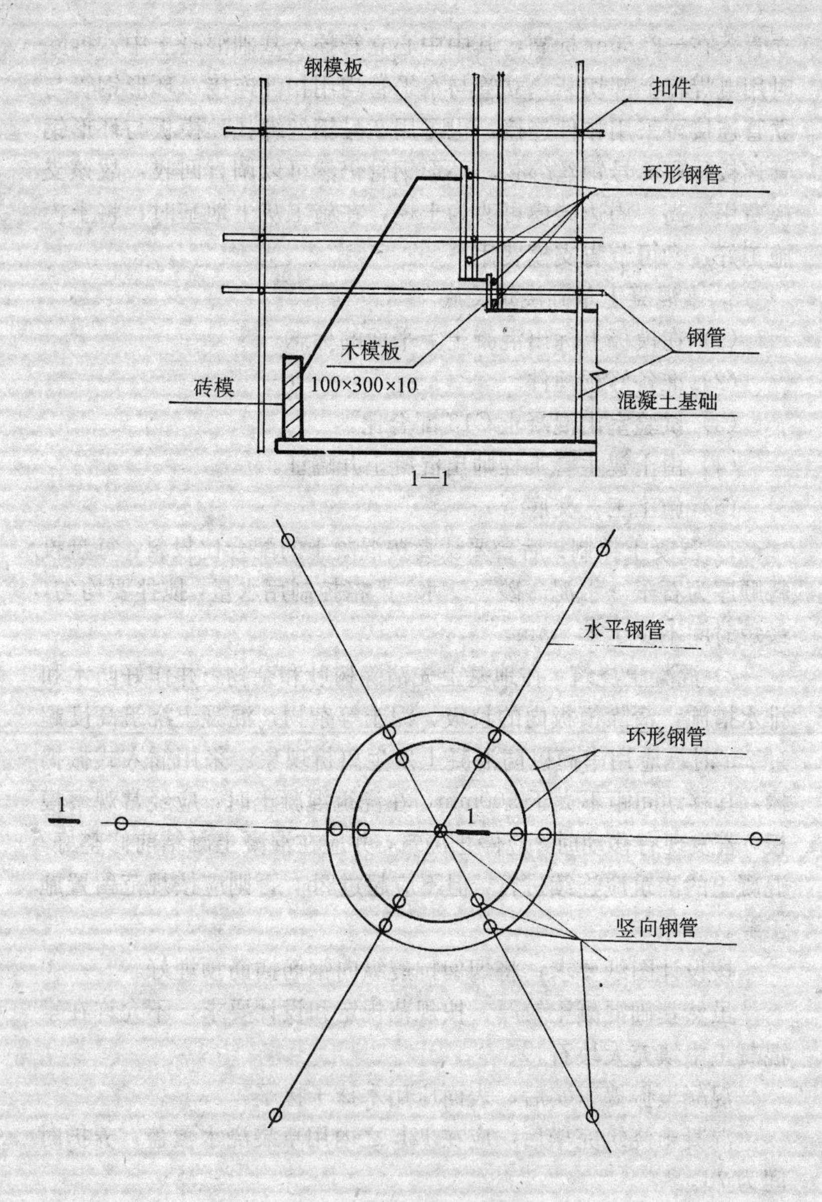

图 31-2　烟囱基础支模

(6) 质量标准

保证项目

1) 混凝土所用的水泥、水、骨料、外加剂等必须符合施工规范和有关的规定。

2) 混凝土的配合比、原材料计量、搅拌、养护和施工缝处理，必须符合施工规范的规定。

3) 评定混凝土强度的试块，必须按《混凝土强度检验评定标准》(GBJ107—87) 的规定取样、制作、养护和试验，其强度必须符合规定和设计要求。

基本项目

1) 混凝土应振捣密实。蜂窝面积不大于 $400cm^2$。孔洞面积不大于 $100cm^2$。

2) 无缝隙夹渣层。

允许偏差项目 (表 31-3)

允 许 偏 差 **表 31-3**

项次	项目	允许偏差 (mm)	检验方法
1	基础中心位移与高差	15	用经纬仪与水准仪检查
2	基础杯口壁厚	±20	用尺检查
3	基础杯口内径	15	用尺检查
4	基础杯口内表面平整度	15	用尺检查
5	基础底板直径与厚度	±20	用尺检查

(7) 注意事项

1) 侧面模板，应在混凝土强度能保证其表面及棱角不因拆除模板而受损坏时，方可拆模。

2) 在已浇筑的混凝土强度达到 1.2MPa 以后，方可在其上来往人员和上部施工。

3) 基础内应根据设计要求预留孔洞和预埋件，以免后凿混凝土。

(8) 质量通病预防

1) 混凝土不密实，有蜂窝麻面。主要由于振捣不好、漏振、配合比不准或模板缝隙漏浆等原因造成。

2) 表面不平、标高不准，尺寸增大。由于水平标志的线或木橛不准、操作时未认真找平或模板支撑不牢等原因造成。

3) 缝隙夹渣，施工缝处混凝土结合不好，有杂物。主要是未认真清理而造成。

(六) 砖砌体砌筑

1. 搭设围绕烟囱满堂外脚手架

按照施工组织设计要求，用 ϕ48×3.5mm 的钢管和扣件搭设满堂外脚手架，围绕烟囱两排，内排钢管立杆底部尽量紧贴烟囱的基础，两排钢管立杆之间距离小于 1200mm，外排钢管立杆之间距离不得大于 1500mm，步架高为 1500mm，即横杆之间距离为 1500mm，每 2 个步架附烟囱立壁连接一次，即小横杆每隔一个与烟囱立壁连接一次，以增加外脚手架的稳定性。沿烟囱径向与切向布置剪刀撑，提高脚手架的抗风能力。操作层步架需加 1 根，间距为 750mm，以便于施工操作。除立杆允许对接外，大横杆、剪刀撑一律不得对接，只能搭接，搭接长度不小于 400mm，剪刀撑需采用两只转向扣件锁紧。

因本地区为黄土，脚手架立杆不得直接落在黄土上，在烟囱基础四周回填灰土上浇筑 100mm 厚 C8 混凝土，宽 1200mm，再将立杆底座放在混凝土底板上，立杆底座采用 200×200×8mm 钢板，在钢板中心焊 ϕ60×3.5mm 钢管，高为 200mm，四面加焊厚为 5mm 的加劲板，如图 31-3 所示。在烟囱四周挖水沟，将雨水引入水沟流走，避免将黄土泡软而引起脚手架下沉。

外脚手架每隔 8m 挂一层固定安全网，另有一层安全网随架子升高，从 8m 标高开始架子外侧全部用安全网封闭。

2. 垂直运输

砌筑烟囱垂直上料采用公司自制 40m 高的井字提升架，在现场就地安装。为防止黄土地区地基下沉影响，井字架下做混凝土

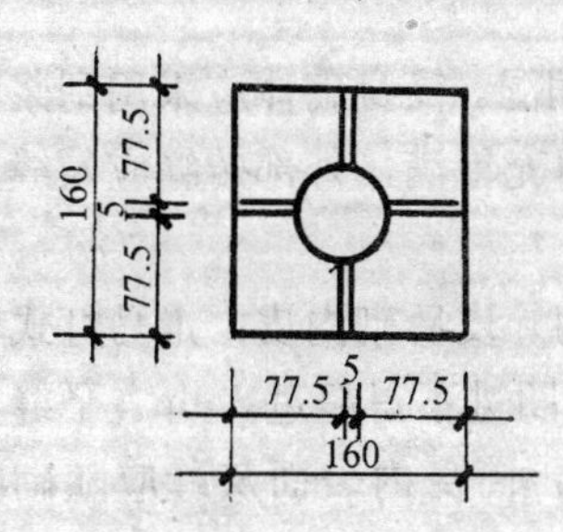

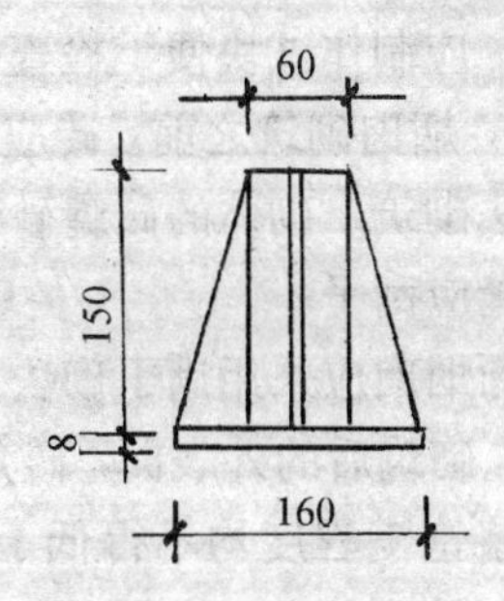

图 31-3 立杆底座

基础，素混凝土板厚 600mm，基础平面比井架外形尺寸大 500mm。水平运输采用手推小车。

3. 因当地无砖烟囱筒身所用的异型砖，采用普通红砖事先加工成楔形砖。砖一律采用MU100 一等机制砖，其外形尺寸、强度、抗冻性、烧砖火候、裂缝均需符合国家一等砖的质量标准，小于半砖的碎砖块严禁使用。

4. 严格按公司试验室确定的砂浆配合比进行施工，不得任意修改砂浆配合比。筒身采用M5 水泥石灰混合砂浆，内衬采用 1∶1∶4 水泥、粘土混合砂浆。

混合砂浆用机械搅拌，其投料顺序为先向搅拌机内注入适量的水，再将砂子及石灰膏倒入搅拌机内，拌和时间为 1min 左右，再按配合比加入水泥及其余的水，搅拌应均匀，达到配合比要求的稠度，搅拌时间，自投料完不得少于 1.5min，拌成的砂浆，其颜色应均匀，应有良好的保水性，分层度不宜大于 2cm，并应在现场测出砂浆稠度和分层度。

砂浆应根据砌筑速度随拌随用，在常温下混合砂浆应在 4h 之内使用完毕，当气温高于 30℃时，应在 3h 之内使用完毕。严禁使用隔夜或已干凝的砂浆。

砂浆使用时出现泌水现象，应进行二次拌和，方可使用。

每一班每一种砂浆应制作一组试块（共 6 块），同时应满足每砌筑 6m 应制作一组试块。当砂浆因某种原因其称号或配合比变更时，应制作试块便于检查。

5. 烟囱砌筑之前，砖应用水润湿。筒身砌体应采用刮浆法或挤浆法砌筑，砌体的砖缝砂浆应填充饱满，外部砖缝应勾缝，内部砖缝应刮平。

圆烟囱应采用满丁砌法，先砌外皮后砌内皮，走马灯式转圆砌筑，砌筑后的外表面，砖角凸出凹进不得超过 5mm。平缝竖缝的灰浆饱满程度均不得低于 95%，筒身内表面灰缝应随砌随刮平。灰缝要均匀，水平缝一般为 8～10mm，垂直缝一般为 10～12mm，垂直灰缝外口不应大于 15mm，里口不应小于 5mm。环状竖缝应交错 1/2 砖。放射状竖缝应交错 1/4 砖，筒身 10m 标高以下用 1∶3 水泥砂浆勾缝，10m 以上用原浆勾缝。

砌筑烟囱不得使用小于半砖的碎砖，只有为了保证正常错缝，方准在内外层搭配使用必需的半块砖。当砌体厚度为二砖半时，才允许使用半块砖，但其数量不应超过 30%。

砌体砖层应砌成水平，不得砌成向外倾斜。

在筒身砌筑中，筒身水平应随时检查。筒身外表面的倾斜度，应每砌 5 皮砖用特制的斜靠尺检查一次。筒身中心线的垂直度，应在砌完第一步架时检查一次，以后每两步架应检查一次，同时应用转盘尺检查筒身圆周和截面尺寸。也就是说，每砌两步架应检查一次筒身中心垂直度的中心位移、筒径及收分情况。同时应用经纬仪配合线锤检查筒身中心垂直度，每砌筑 5m 进行一次检查，以控制砖烟囱垂直度。

烟囱的爬梯、围栏及其他预埋件，应在筒身砌筑过程中同时安装，不得遗漏。事先应绘制爬梯和预埋件等安装位置图纸，标明标高，随砌随安装进行消号，以免遗漏。其埋设深度应按设计规定，设计无规定，定为 240mm。

烟囱内衬应与筒身上下平行作业施工，同时完成筒身节点，如标准图第 10 页中节点 3/21 的施工。

内衬砖墙厚为 240mm，应用顺丁砖交错砌筑，相互交错¼砖。内衬每砌 8 皮砖，应砌出丁砖顶到筒身砌体，以增加内衬的稳定性，丁砖的水平间距，每 1m 一个。内衬的垂直和水平灰缝应填实饱满，内表面的灰缝应随砌随刮平。洞身与内衬之间的空隙，设计采用空气隔热，设计规定严禁落下砂浆与砖块，在施工中应特别予以注意。内衬的上端设计标准图要求将空气隔热层封闭，按标准图第 21 页第③节点大样进行封闭施工。

在拆脚手架时，筒身上的脚手孔应用砖沾上砂浆堵严。

烟囱筒身砌体抗震配筋按国家标准图 G611(三)第 15 页要求在砌筑时放置钢筋，不得遗漏。钢筋搭接应按图错开，筒口部位应按图放置钢筋。筒壁竖向钢筋距筒身外壁面为 120mm，每一断面的钢筋接头面积不得超过全部钢筋面积的¼。固定竖向钢筋的环形钢箍用 $\phi6$，间距为 16 皮距，即 1008mm，其搭接长度为 180mm，且须带弯钩，竖向钢筋处与环形钢箍处，该层砂浆应百分之百的饱满，以免钢筋锈蚀。虽然设计按 7 度设防，但要求竖向钢筋从基础开始至到顶层，在做基础时已预埋好竖向钢筋，在施工时应予以注意。竖向钢筋与烟囱顶部圈梁相连接，即竖向钢筋伸入顶部圈梁之内。竖向钢筋在施工中应预先临时固定，以免受风荷摇晃而影响施工，特别在风较大时，更要引起注意。

6. 烟囱砌筑质量标准

保证项目

(1) 砖的品种、强度等级必须符合设计要求。

(2) 砂浆品种及强度应符合设计要求。同品种、同强度等级砂浆各组试块的平均强度不小于 $f_{m,k}$（试块标准养护抗压强度）；任意一组试块的强度不小于 $0.75f_{m,k}$。

(3) 砌体砂浆必须密实饱满，砖砌体水平灰缝的砂浆饱满度不小于 95%。

基本项目

(1) 砌体上下错缝，筒身面无通缝。

(2) 砖砌体灰浆密实，缝、砖平直，外表面砖角凸出凹进不超过 5mm。

(3) 预埋拉结筋的数量、长度均符合设计要求和施工规范规定，留置间距偏差不超过一皮砖。

允许偏差（表31-4、表31-5）

筒身砖砌体允许误差　　表31-4

项　次	误 差 名 称	误差数值（mm）
1	筒身中心线垂直误差	45mm
2	筒身任何截面直径误差	该截面筒身直径的1%
3	筒身内外表面局部凹凸不平	该截面筒身直径的1%

内衬允许误差　　表31-5

项　次	内衬种类	砖缝厚度（mm）	砖缝厚度允许增大值（mm）	在$5m^2$的表面上抽取10处检查允许过厚砖缝数值
1	粘土砖	4	+2	5

7．注意事项与安全交底

（1）设计要求抗震纵向竖立筋插筋在施工基础时预埋好，不得遗漏，其预埋钢筋长度和外露搭接长度应满足设计要求。

（2）烟囱砌体上各种预埋件，包括爬梯和避雷线等，不得遗漏，且其间距满足设计要求。在施工过程中均应保护，不得任意损坏。

（3）砂浆稠度应适宜，在砌筑时应防止砂浆溅脏烟囱筒身。

（4）在搭设脚手架时，架子工应系安全带，防止空中坠落事故。

（5）脚手架应经验收方准使用，验收后不准随意拆除。

（6）在架子上用刨锛打砖，操作人员要面向里，把砖头打在架子上，严禁把砖碎块打在墙外，以防砸人；挂线用的坠砖必须绑扎牢固，以免落下砸人。

（7）架子上的堆砖不准超过三码，盛灰大桶不得超过容量的三分之二。

（8）严禁在砌筑烟囱筒身上行走，以免发生高空坠落事故。

(9) 雨天施工收工时，应覆盖烟囱砌体上表面。

(10) 排砖时必须把立缝排匀，砌完一步架子高度，应检查一次。随时检查筒身外表面的倾斜度，每砌 5 皮砖用特制的斜靠尺检查一次。筒身中心偏差每两步架检查一次，同时检查筒身截面误差。

(11) 筒身与内衬灰浆饱满程度必须满足规范要求，特别是竖向与水平环向钢筋间的灰浆应完全饱满。

(12) 砌筑烟囱过程中，严禁使用小于半砖的碎砖。半砖使用也应尽量减少，不得超过规范与本交底的规定。

三十二、3.2m 直径绞车基础施工技术交底

（一）工程概况

本工程为矿井地面提升绞车，绞车直径 3.2m，基础为素混凝土，强度等级为 C18，设备的固定采用预留孔洞，二次灌浆，螺栓直径均大于 45mm，由厂方提供，在设备开箱时参照设计图纸进行对照，包括螺栓直径、长度等。

（二）准备工作

1. 材料

水泥：采用本地宁山生产 425 号普通硅酸盐水泥。

石子：碎石，粒径 5～32mm，含泥量不得大于 2%。

砂：粗砂，含泥量不大于 5%。

砖：MU50 机制砖。

木板：普通黄花松木板，厚 10mm。

2. 作业条件

（1）基础轴线几何尺寸，标高均经过检查。

（2）设备开箱经过检查验收，与施工图纸进行对照。

（3）混凝土与砂浆配合比已由公司试验室及时提供。

（三）施工工艺

1. 支模

绞车基础土方开挖已完成，在 C8 混凝土垫层上，绞车基础四周用机制砖和 M5 砂浆砌筑墙厚 240mm 的砖墙作绞车基础混凝土的外模。

设备预留孔洞采用木制筒模，如图 32-1 所示，筒模底部用钉子将底木板钉在预埋在垫层中的木砖上。筒模上部的钢板与钢管或钢跳板点焊，钢跳板固定方法：钢跳板的两端用钉子钉在其两

端基础砖模中的木砖上，木砖应预先埋在基础四周砖模之中。钢跳板在固定之前，应进行大致找正，其误差应小于10mm，木制筒模误差应小于5mm。在混凝土浇筑前进行一次检查。

2. 混凝土浇筑

（1）混凝土拌制：根据配合比计算出每盘混凝土的用量。后台要认真按每盘的配合比用量投料，每盘投料顺序为石子→水泥→砂子→水及外加剂。严格控制用水量，搅拌要均匀，搅拌时间一般不少于1.5min。第一盘多放一袋水泥。

（2）混凝土的浇筑：

1）先应清除淤泥和杂物，并应有防水和排水措施。用水湿润，但表面不得留有积水。

2）清除模板内的木屑、泥土等垃圾，木模板应浇水湿润。

3）因基础浇筑高度超过2m时，应使用串筒，以防止混凝土发生离析现象。

4）使用插入式振捣器，其棒的间距不大于作用半径的1.5倍。上层振捣应插入下层3～5cm。尽量避免碰预留孔木板。

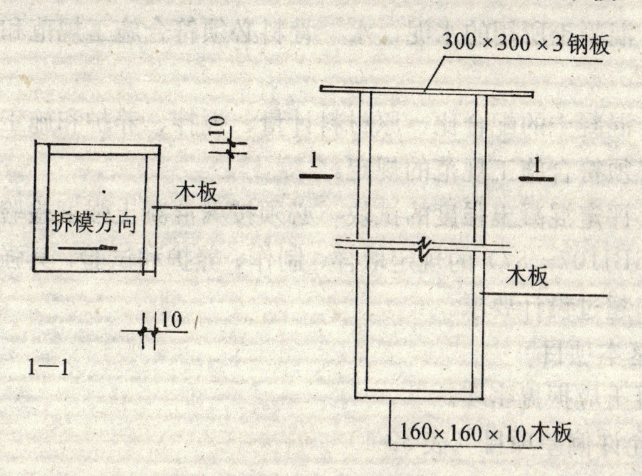

图32-1 筒模

5）浇筑混凝土时，应经常注意观察模板、预留孔洞和管道有无走动情况，一经发现有变形、走动位移时，应立即停止浇筑，并应在已浇筑混凝土凝结前处理好，然后再继续浇筑。

6）混凝土应分层连续浇灌。每层厚度不超过 50cm。每班留两组混凝土试块。

7）混凝土的浇筑，振捣密实后，应用木模子搓平或用铁抹子压光。

（3）混凝土的养护：已浇完的混凝土，应在 12h 左右覆盖和浇水。养护不得少于 7 昼夜，拆模必须在强度达到设计要求百分之百后方可进行。

3. 预留孔筒模拆除

当混凝土达到设计强度以后方可进行拆除预留孔筒模。先拆除面上的钢板，按图 32-1 所示拆模用力方向，先将第一块木板拆除，用力不能过猛，应注意铁棍用力过猛将损坏混凝土，其他三块木板拆除比较容易。在拆除过程中，应注意木板的残片余留在预留孔洞内，故最后应自检。

（四）质量标准

1. 保证项目

（1）混凝土所用的水泥、水、骨料必须符合施工规范和有关规定。

（2）混凝土的配合比、原材料计量、搅拌、养护和施工缝的处理，必须符合施工规范的规定。

（3）评定混凝土强度的试块，必须按《混凝土强度检验评定标准》(GBJ107—87) 的规定取样、制作、养护和试验，其强度必须达到和超过设计要求。

2. 基本项目

混凝土应振捣密实。

3. 允许偏差项目（表 32-1）

设备基础混凝土浇筑允许偏差　　表 32-1

项次	项目		允许偏差 (mm)	检验方法
1	坐标位移（纵横轴线）		±20	用经纬仪或拉线和尺量检查
2	不同平面的标高		+0，−20	用水准仪或拉线和尺量检查
3	平面外形尺寸		±20	尺量检查
	凸台上平面外形尺寸		+0，−20	尺量检查
	凹穴尺寸		+20，−0	尺量检查
4	平面水平度	每米	5	用水准仪或水平尺和楔形塞尺检查
		全长	10	
5	垂直度	每米	5	用经纬仪或吊线和尺量检查
		全高	10	
6	预留孔	标高	（顶部）+20 −0	在根部及顶端用水准仪或拉线和尺量检查
		中心距	±5	

（五）注意事项

1. 混凝土不密实是由于一次下料过厚，振捣不实或漏振；吊帮的根部砂浆涌出等造成蜂窝、麻面或孔洞。

2. 混凝土表面标高不准。主要由于水平桩移动，或混凝土多铺过厚，少铺过薄而造成。

3. 基础轴线位移，螺栓孔洞位移，主要因模板安装支柱不牢。

4. 不规则裂缝。基础体积过大发热收缩，上下层混凝土结合不好，拆模过早等而造成。

5. 要保证预留孔洞及暗管的位置正确，不得碰撞。

6. 不用重物冲击模板，不准在钢跳板上支搭脚手板，保证模板的牢固和严密。

7. 在混凝土施工中，应保护好基础外的管线不得碰坏。

8. 基础侧面砖模不拆除而埋入土中、除非侧面有预留孔需固定和调整预留螺栓。

9. 预留孔中木板按图 32-1 所示用力方向轻轻敲打，不可用重力拆除。

三十三、设备混凝土基础地脚螺栓技术交底

（一）工程概况

本工程为钢结构工业厂房，主要结构设计由国外承担，主要设备由国外引进，施工质量要求很高。现根据目前国内有关文献和资料，包括外资企业设备安装总结材料，吸收各方面的优点，综合采用六种设备混凝土基础地脚螺栓施工方法，根据本工程设备不同精度要求，选用这六种地脚螺栓施工方法，详见本工程安装部分设计图纸和施工组织设计。为了确保施工质量，满足设计图纸要求，对设备混凝土基础地脚螺栓施工作详细技术交底。

本工程地脚螺栓采用45号钢，直径为Φ25～Φ45，其形状大都为“L”型，设备基础落在钢质楼板上，即在钢质楼板上设置混凝土基础，一般情况下，设备混凝土基础下有钢梁，且其截面较大，在混凝土设备基础上常有混凝土柱墩，如图33-1所示，柱墩尺寸为600mm×600mm至1200mm，混凝土基础板厚为400～1000mm，边长为1800～6500mm。

（二）准备工作

1. 材料与机具

各种钢材，包括角钢等，一次准备齐全，交流电焊机等机具按施工组织设计配齐。

2. 作业条件

应对整个工业生产系统的平面坐标和高程标高进行一次复测，特别是厂房内各主要轴线的平面坐标，是否经过施工时间较长而发生位移和变化，发现问题及时纠正。

设计图纸预埋地脚螺栓有关尺寸和直径等应与设备进行一次校对，有问题及时纠正。

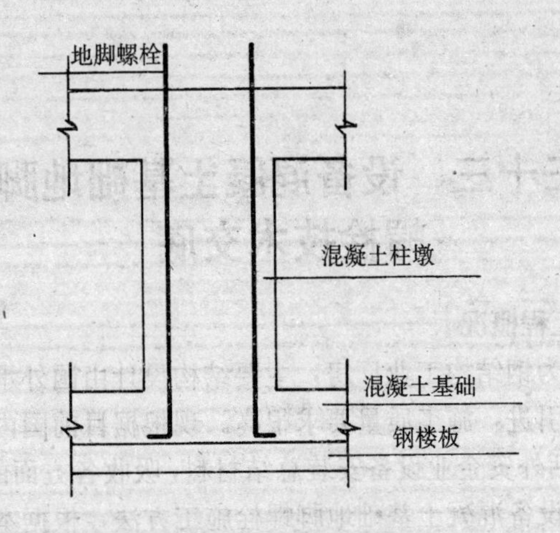

图 33-1　混凝土柱墩

（三）施工工艺

1. 可调式地脚螺栓固定架

固定架高为 1080mm，其中 1000mm 埋入混凝土内，上端 80mm 露于混凝土之外，这样做的目的是：

（1）便于混凝土浇注，如果固定架高度小于或等于 1000mm，那么柱墩混凝土浇注困难，因为在这种情况下，很大部分柱墩断面被定位板挡住了。

（2）高于混凝土以上的固定架，主要是为了定位，待混凝土凝固后，可以回收，以利重复使用。

固定架的宽度随混凝土柱墩几何尺寸而定，并应考虑钢筋的位置，固定架的主柱一般为∟40×4，横撑为∟30×3固定架上、下各焊有一层一级定位板，此板系 6mm 厚的钢板。钢板上钻眼，地脚螺栓从中穿过。此眼较地脚螺栓直径大 10mm，供地脚螺栓初步就位用。另设一块二级定位板，此板系 4mm 厚的钢板，板上钻眼直径仅比地脚螺栓直径大 0.5mm，供地脚螺栓精确就位用。二级定位板不能太薄，厚度应大于螺栓丝扣的螺矩，以防止此定位板陷入地脚融丝扣的沟槽中，影响地脚螺栓埋设精度。固定架和二级定位板上都刻有中心线。通过调整二级定位板，使地脚螺栓

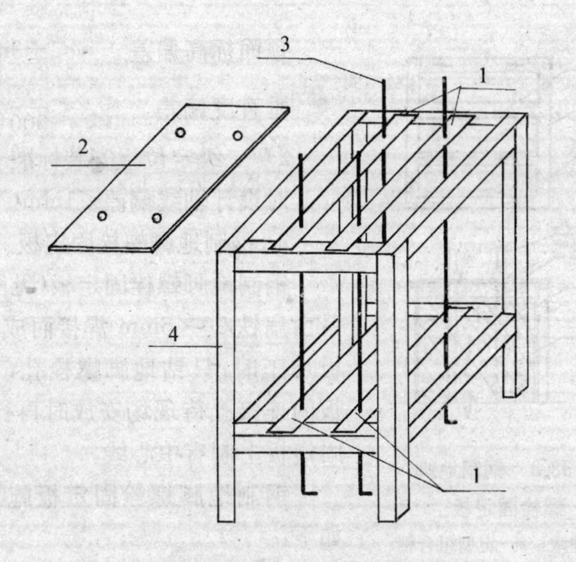

图 33-2　可调式地脚螺栓固定架

1—一级定位板；2—二级定位板；3—地脚螺栓；4—固定架

预埋精度大为提高。

地脚螺栓固定架施工顺序如下：

1）柱墩的适当标高处设施工缝，缝上埋设预埋铁件；

2）地脚栓套在固定架上；

3）初次找中后，固定架焊在施工缝处的预埋铁件上；

4）绑扎钢筋；

5）支设模板；

6）套入二级定位板，拧上螺帽。精确找中后，二级固定板焊在固定架上；

7）地脚螺栓丝扣部分涂黄油，并用麻布包扎；

8）浇筑混凝土并养护；

9）待混凝土有较大强度时，割去外露在混凝土上的固定架。

在上述各道工序中，应严格把守质量关。除应满足有关施工规范外，固定架安装质量要求如下：

1）固定架安装标准

顶面标高偏差　　<±3mm

垂直度偏差　　$<\frac{1}{500}$

2）二级定位板安装标准

对设计轴线偏差<1mm

2. 钢制地脚螺栓固定板

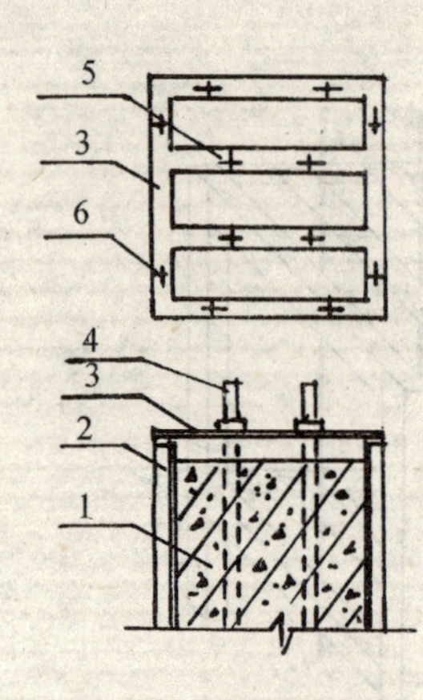

图 33-3　钢制地脚螺栓固定板

1—柱墩；2—定型组合钢模板；3—地脚螺栓固定板；4—地脚螺栓；5—地脚螺栓孔；6—地脚螺栓固定板与钢模板连接孔

钢制地脚螺栓固定板（见图 33-3）系由扁铁 50×5mm 焊接而成。固定板加工时，只钻地脚螺栓孔，与钢模板的连接孔待现场安放时再行钻孔。固定板上制有中心线。

钢制地脚螺栓固定板施工顺序如下：

（1）绑扎钢筋；

（2）支设模板（定型组合钢模板）；

（3）固定板对中后，根据钢模板上端孔眼的位置，在固定板相应的位置上钻孔；

（4）把地脚螺栓套在固定板上；

（5）用螺栓将固定板与钢模连接；

（6）浇筑混凝土；

（7）拆模并回收固定板。

3. 木制地脚螺栓固定板

木制地脚螺栓固定板（见图 33-4），通常使用 50mm 厚的木模板。其施工顺序如下：

（1）绑扎钢筋；

（2）支设模板（定型组合钢模板）；

（3）根据钢模板上端孔眼的位置，在固定板上钻眼；

（4）用螺栓将固定板与钢模板连接；

（5）固定板上找中线，钻地脚螺栓孔，然后套入地脚螺栓；

（6）浇注混凝土；

（7）拆模并回收固定板。

4. 角钢固定支架

角钢固定支架如图 33-5 所示，图中 1 为预制角钢支架，一般可用∟ 25×2，根据设备基础大小，由现场技术员自定。2 为扁钢，一般为 30mm×4mm 或 40mm×4mm，根据螺栓直径钻孔，图中 l_1 为地脚螺栓的螺纹长度，l_2 为二次灌浆混凝土厚度。施工顺序如下：

（1）根据测量放线，先将支架 1 预先固定在混凝土板或梁上。

（2）将地脚螺栓穿过扁钢 2 孔中。

（3）精找后将扁钢 2 焊在支架 1 上。

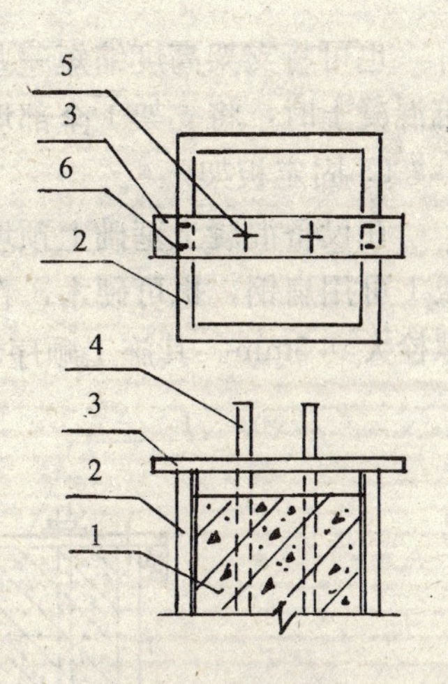

图 33-4　木制地脚螺栓固定板

1—柱墩；2—定型组合钢模板；3—地脚螺栓固定板；4—地脚螺栓；5—地脚螺栓孔；6—地脚螺栓固定板与钢模板连接

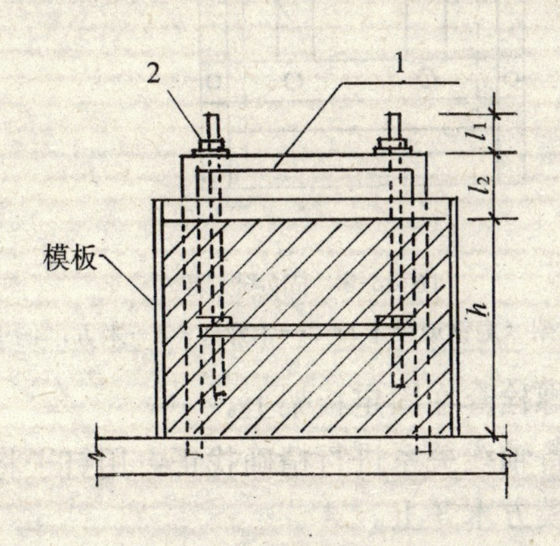

图 33-5　角钢固定支架

（4）浇筑混凝土。

（5）将露出混凝土顶面的支架部分用火焊切割掉。

也可将支架高度缩短一些，使其顶面与混凝土设计顶面齐。浇筑混凝土时，将支架 1 全部埋入混凝土中。

5. 固定板架

在设备混凝土基础上预埋固定板架 1，如图 33-6 所示，固定板 1 可用扁钢，也可硬木，在固定板架上应预先打孔，孔比地脚螺栓大 0.5mm。其施工顺序说明如下：

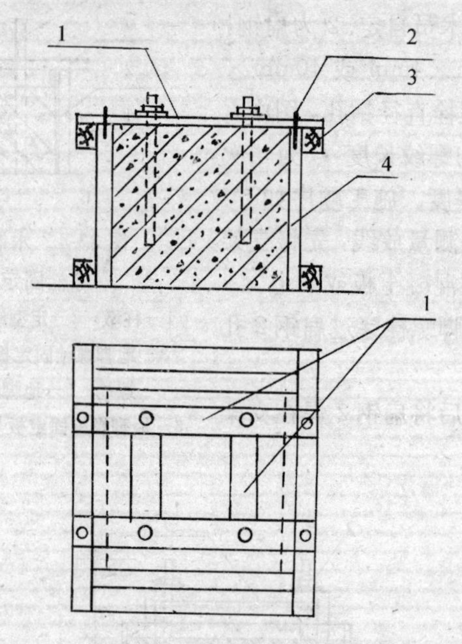

图 33-6 固定板架

1—固定板架（扁钢或硬木）；2—木螺丝；3—木方；4—模板

（1）将地脚螺栓套在固定板架上。

（2）根据设备轴线关系进行精确找正，用钉子将固定板架钉在模板 2 上或支模方木 3 上。

（3）地脚螺栓丝扣部分涂黄油，并用塑料布包严，防止水泥浆污染。

（4）浇筑混凝土。

6. 混凝土大梁预埋地脚螺栓

在混凝土大梁上预埋地脚螺栓比较困难，这需要混凝土梁支模轴线位置比较精确，否则预埋螺栓精确找正就比较困难，其预埋地脚螺栓方法如图 33-7 所示。将施工顺序列出如下：

（1）先检查混凝土大梁轴线位置，其误差必须在 5mm 之内，否则应对大梁支模进行适当调整。

（2）梁顶两侧各夹一个垫块（20mm×50mm×50mm 铁块），以防止梁主筋位移。

（3）将地脚螺栓套在扁铁（−30×4mm 或−40×4mm）上。

（4）根据设备轴线位置进行精确找正后，将扁铁与混凝土大梁的钢筋焊接。此时应注意钢筋是比较固定的，不能是松动的钢筋。

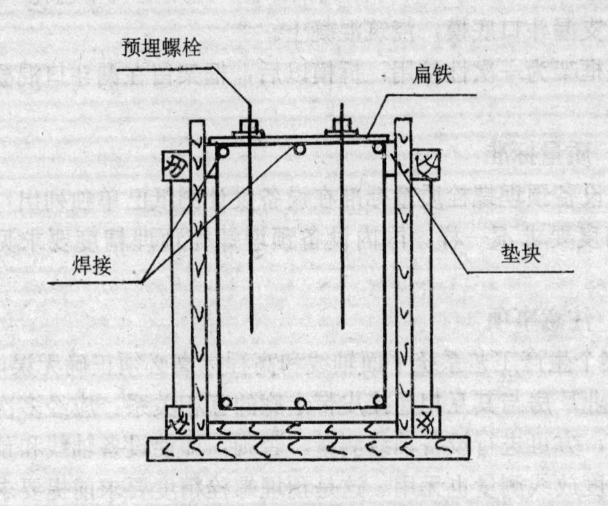

图 33-7　混凝土大梁预埋地脚螺栓

7. 漏斗口预埋螺栓

（1）预制用−40×4 或−30×4mm 扁钢制作的框架，如图 33-8 所示，并在其框架上按漏斗口设备预埋螺栓平面位置精确钻孔。

（2）将预埋螺栓穿入预制框架之内，预埋螺栓外露长度应符合设备图纸要求，并将预埋螺栓用电焊与扁板框架焊接。

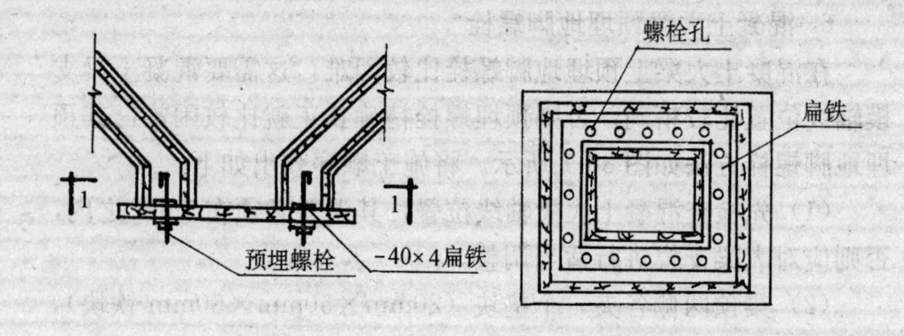

图 33-8 漏斗口预埋螺栓

(3) 按设计图纸要求平面位置，安置框架。

(4) 将预埋螺栓外露部分用黄油涂抹，并用塑料布包扎严实。

(5) 支漏斗口底模，浇筑混凝土。

扁铁框架为一次性使用，拆模以后，框架留在漏斗口混凝土之中。

(四) 质量标准

国外设备预埋螺栓质量标准在设备设计图纸已单独列出，各种设备精度要求不一样。国内设备预埋螺栓预埋精度要求见表33-1。

(五) 注意事项

1. 整个生产工艺系统平面轴线和高程标高必须正确无误，特别是各工业厂房与其互相连接皮带走廊的互相关系，应经多次复测无误后，方可进行设备轴线测量。否则，即使设备轴线和预埋螺栓高精度放线测量也无用。这是预埋螺栓精度要求前提要求。

2. 预埋螺栓外露部位在浇筑混凝土前应进行一次检查，凡未按要求涂抹黄油和包扎塑料布或包扎不严，应返工重做，以免混凝土浇筑时被漏浆污染。

3. 在浇筑混凝土前，应对预埋螺栓进行一次检查，特别是相隔时间较长时，包括平面坐标和标高是否符合设计图纸要求，若发现有误及时纠正。由于以上几种预埋方法精度不一样，应按施工组织设计中指定预埋方法进行预埋，不得随意更改。

混凝土设备基础的允许偏差　　表 33-1

项　次	项　　目	允许偏差（mm）
1	坐标位置（纵横轴线）	±20
2	不同平面的标高	−20
3	平面外形尺寸 凸台上平面外形尺寸 凹穴尺寸	±20 −20 +20
4	平面不水平度 （1）每米 （2）全长	 5 10
5	垂直度 （1）每米 （2）全长	 5 10
6	预埋地脚螺栓 （1）标高（顶端） （2）中心距（在根部和顶部两处测量）	 +20 ±2
7	预留地脚螺栓孔 （1）中心位置 （2）深度 （3）孔壁铅直度	 ±10 ±20 10
8	预埋活动地脚螺栓锚板 （1）标高 （2）中心位置 （3）不水平度（带槽锚板） （4）不水平度（带螺纹孔的锚板）	 ±20 ±5 5 2

4. 混凝土强度应符合设计图纸要求。

（六）质量检验与交接验收

1. 质量检验

由施工现场工程师提出，与质量检查员共同进行，由质量检查员签发验收记录。

（1）设备混凝土基础质量验收记录表，如 33-2 所示。

（2）设备基础预埋螺栓编号图。

（3）设备地脚螺栓平面尺寸检验时，应检查是否存在丈量累计误差。

2. 交接验收

（1）在土建施工完成后，提前三天通知安装单位，并及时提交有关交接验收有关资料。

（2）交接验收由双方主管工程师共同负责组织，双方施工技术人员、质量检查员参加。

（3）双方在对工程质量进行核查后，正式办理签署工作面交接手续和证书，见表33-3。

（4）土建单位应提供一个良好安装工作面，及时清理地面和建筑垃圾。

设备基础质量验收记录　　　　**表 33-2**

工程名称		设备名称		设备位置号	
施工图号		施工日期		混凝土试块号	

一基础外形检验

项次	项目		允许偏差（mm）	实测 测点位置号	编号	
1	坐标位置（纵横轴线）		±20			
2	不同平面标高		−20			
3	平面外形尺寸		±20			
	凸台上平面外形尺寸		−20			
	凹台尺寸		+20			
4	平面水平度	每米	5			
		全长	10			
5	垂直度	每米	5			
		全长	10			

二螺栓检验

续表

(一)预埋地脚螺栓	螺栓编号	标高（顶端）+20	中心距±2mm（在根部和顶部测量）	丝扣长度及外形

土建安装工作面交接证书　　表 33-3

工程编号		工程名称	
土建工程完成情况			

是否具备下列条件

1. 按施工组织设计和规范规定，应完的围护结构及门窗是否完成
2. 是否达到防雨、防水要求；
3. 设备基础是否达到设计强度 75%以上；
4. 设备基础是否通过质量检验；
5. 设备和人员的进入通道是否畅通；
6. 设计上的起重设施是否完成；
7. 应有的安全设施是否齐备；
8. 施工垃圾和其他有碍施工的物件是否清除；
9. 其他

交接日期：　年　月　日

交接人：　土建：　安装：

三十四、古庙翻修技术交底

（一）工程概况

该古庙为一个成语典故修建的中型古建筑，为该地主要旅游地点，因年代长久失修，各方面破坏比较严重，这次翻修内容包括：墙体、屋顶瓦作、油漆与彩画等装饰。由于古建筑材料供应比较困难，且价格较高，故尽量采用现代材料。

（二）地面

1．室内地面

为节省造价，一律采用现代尺寸的普通粘土砖，但必须为青砖·操作步骤如下：

（1）灰土夯实，采用3∶7灰土，厚250mm，按常规方法施工，质量要求按目前施工验收规范进行验评。

（2）按设计标高抄平，按平线在四面墙上弹出墨线。

（3）在房子的两侧按平线拴两道拽线，并在室内正中向四面拴两道互相垂直的十字线。

（4）按设计图纸要求排列砖的趟数和每趟的块数，如有破活打“找”时，应安排在里面与两端，在门口附近，必须为整砖。

（5）在靠近两端拽线的部位各墁一趟砖，墁砖铺泥采用3∶7灰土，砖缝采用油灰（面粉∶细白灰粉∶烟子∶桐油＝1∶4∶0.5∶6），油灰搅拌应均匀。墁砖操作步骤：

1）样趟：在两道拽线间拴一道卧线，以此为准铺泥墁砖，并用木锤轻轻拍打，使砖平顺整齐。

2）揭趟：将墁好的砖揭下来，并逐块编号，在泥上洒白灰浆，将砖的两肋刷湿，再按原位置对号入座。

3）上缝：用木剑在砖的里口抹上油灰，按原有位置墁好，用木锤轻轻拍打。

4）铲齿缝：将面上多余的油灰铲掉，用磨头将砖与砖之间凸起的部分磨平。

5）刹趟：以卧线为标准，检查砖棱，用磨头将高出部分磨平。

依此每行重复操作，直至将全屋铺满，最后进行检查，对局部凸凹不平部分，用磨头沾水打磨，并将地面擦干净。

2. 室外地面

（1）散水：由于本地区为膨胀土地面，为防止浸水后出现各种质量问题，在联环锦散水下增设80mm厚细石混凝土，以达到防水作用。在混凝土上用1∶3水泥砂浆砌铺砖散水，作法同古建筑中墁砖。

（2）甬路：庭院中的甬路采用普通青砖，甬路的趟数设计图定为单数，先按甬路中心线和砖趟所确定的尺寸栽好牙子砖，然后墁中间一趟砖，再墁两边的砖。

（三）墙体

墙体破坏并不十分严重，一般不作重砌处理。为了节省资金和达到加强墙体的目的，在外墙面增设细石混凝土加钢丝网面层（后改为水泥砂浆面层），混凝土厚20mm，钢丝网$\phi 4$，间距400×400mm，并做假缝，再刷古红色外墙涂料，以达到以假乱真的目的。细石混凝土配合比由公司试验室提供。

（四）屋顶

因该庙翻修后作为市旅游点，故原屋顶的青瓦全部改为琉璃瓦，现作详细交底。

（1）施工顺序

苫背→分中号陇→宽瓦→调脊。

（2）操作方法

1）苫背：

①在望板上铺沥青油毡（油毡须经试验室试验和鉴定（达到设计的要求）。先在望板上浇热沥青一层，趁热将油毡铺上，然后再浇一层沥青，使油毡粘在望板上。凡油毡连接处应相互搭接不少于80mm，搭接要严密。凡屋面两坡相交处应加铺一层油毡，以

防漏雨水。

②在油毡上抹3层大麻刀白灰，每层之间铺一层麻布，灰的厚度为10cm，檐头和脊部的灰可稍薄，两山灰背应与博缝上口抹平，前后坡檐头灰应比连檐略低。脊上应将绳拆散后搭在脊上，两边要搭到前后坡中腰，搭好后将麻辫轧进灰背里。

③苫完灰背后再抹一层2cm厚的麻刀灰，并随之赶光，再在上面打一些浅窝，以防瓦面下滑。

④苫完背以后在脊上抹扎肩灰，使前后坡相交成一条直线，抹扎肩灰时应拴一道横线，作为两坡扎肩灰交点的标准。前后坡扎肩灰各宽30cm，上面以线为准，下脚与灰背抹平。

⑤苫背后晾背，即将灰背晒干后再宽瓦，在苫背之前应在垂兽位置将钉子钉入木架中，为以后安装垂兽作好准备。

2）分中号陇：

①分中，即在檐头找出房屋横向中点并作出标记，然后从两山博缝外皮往里返两个瓦口的宽度，并做出标记。

②排瓦当，在中间坐中底瓦与两端瓦口之间赶排瓦口，排瓦当以全坡底瓦瓦陇数为单数和赶上“好活”为准，如果排不上好活，应增大或减小两陇底瓦之间的距离来调整。

③号陇，将各陇盖瓦的中点平移到屋脊扎肩灰背上，并做出标记。

④宽边陇，在每坡两端边陇位置拴线、铺灰、各宽两趟底瓦，一趟盖瓦。最外端的底瓦边陇只宽一块割角滴水瓦和一块板瓦。盖瓦边陇应用蹬脚瓦。两端边陇应平行，囊要一致，边陇囊要随屋顶囊，边陇的好坏关系到全坡瓦面的好坏，所以必须细致对好。在操作时，边陇应与排山勾滴一起宽，然后调垂脊，再宽瓦。

3）宽瓦：

①冲陇，即拴线铺灰后，将中间三趟底瓦和两趟盖瓦宽好。

②宽檐头，将檐头滴子瓦和圆眼勾头瓦宽好。滴子瓦出檐不得超过本身长度的一半，以保持其稳定性。在两端边陇滴子瓦下棱位置拴一条横线，每陇滴子瓦出檐位置和高度均以此为准，圆

眼勾头要紧靠着滴子，圆眼勾头的高低以檐线为准。圆眼勾头之下应放一块遮心瓦，以免仰视能看见勾头里的盖瓦灰。再用钉子从圆眼勾头上的圆孔钉入连檐，以防瓦陇下滑，钉子上扣钉帽，内用麻刀灰填满。

③宽底瓦，在楞线和檐线上各拴一根铅丝（吊鱼），按照排好的瓦当和脊上号好陇的标记把线的一端拴在一个插入脊上泥背中的铁钎上，另端拴一块瓦，吊在房檐下（瓦刀线），其高低以吊鱼的底棱为准。铺白灰宽底瓦，底瓦灰的厚度不超过灰背厚度，底瓦必须经过检查，不得有裂缝。底瓦的窄头朝下，从下往上依次宽，底瓦搭接按二块筒瓦长等于五块板瓦长来定，瓦与瓦之间不铺灰，瓦要铺正，瓦要与底灰完全接触。

④宽盖瓦，盖瓦不要紧挨底瓦，之间距离大小应为筒瓦高的三分之一左右，盖瓦要熊头朝上，从下往上依次安放，上面筒瓦压住下面筒瓦的熊头。熊头上要挂熊头灰，且一定要抹足挤严。盖瓦陇的高低、直顺都要以瓦刀线为准。

⑤捉节夹陇，将瓦陇清扫干净后用小麻刀灰在筒瓦相接处勾抹，再用夹陇灰将睁眼抹平，上口与瓦翅处棱平，下脚应与上口垂直，并应处理干净，然后用瓦刀赶压光实，最后将瓦面擦拭干净。

4）调脊：

①宽排山勾滴，先沿博缝赶排瓦口，排好瓦口后将瓦口钉在木博缝板上。拴线铺灰宽排山滴子瓦，排山滴子出檐应比檐头滴子出檐小，但应使勾头上的钉帽露在垂脊之外，滴子瓦后口再压一块底瓦，排山勾滴两端与前后坡相交处的滴子瓦使用“割角滴子瓦”，在每两块滴子瓦之间砌放一块“遮心瓦”。再拴线铺灰宽圆眼勾头瓦，并用钉子钉住和安放钉帽。排山勾滴应与前后坡瓦陇互相垂直，在前后坡边陇割角瓦和排山勾滴割角滴子瓦之间放一块遮心瓦，铺灰宽“螳螂勾头”，与前后坡瓦陇在平面上夹角为45°。

②调垂脊，在垂脊的排山勾滴一侧拴线，砌正当沟。在沟两

边和底棱抹麻刀灰，卡在两陇盖瓦之间和底瓦上。当沟外口不应超过通脊砖的外口。在螳螂勾头之上用麻刀灰砌放“列角撺头”列角撺头应比平口条和当沟略高，比螳螂勾退进少许。在平口条和当沟之上拴线用灰砌一层压当条。在列角撺头之上用灰砌放“列角撺头”。

③兽前，在列角撺头之后，压当条之上拴线用灰砌一层三连砖，列角撺头之上铺灰放方眼勾头，勾头上钉铁钎，安放仙人及仙人头，仙人之后铺灰安放小兽。在小兽之后安放一块筒瓦，压当条之上安放兽座，在兽座之上安放垂兽，并安放兽角。

④兽后，在垂兽之后，在当条之上拴线用灰砌垂通脊，为防止垂脊下滑和断裂，每块脊筒子都要用铅丝拴在一起。在通脊砖上拴线铺灰安放盖脊筒瓦。

（五）油漆

1. 木基层清理

因年久失修，灰皮脱落，应全部砍去重新作地仗，木基层处理的工序如下。

（1）斩砍见木：将旧灰皮全部去掉，至见木纹为止，应横着木纹来砍，不得斜砍，损伤木骨，然后用挠子挠净。旧地仗脱落部分，因年久木件上挂有水锈，也要砍净。木件翘岔处应去掉。

（2）撕缝：用铲刀将木缝撕成V字形，并将树脂、油迹、灰尘清理干净，便于油灰粘牢。大缝者应用木条用乳白胶嵌牢。

（3）汁浆：

木料缝内尘土很难清净，应喷刷油浆一道，以1油满：1血料：20水调成均匀油浆，不宜过稠，用糊刷将木件全部刷到（缝内也要刷到）使油灰与木件更加衔接牢固。

2. 一麻五灰操作工序

（1）捉缝灰：油浆干后，用笤帚将表面打扫干净，以捉缝灰用铁板向缝内捉之使缝内油灰饱满，严防缝内无灰，缝外有灰，如遇铁箍，必须紧箍落实，并将铁锈除净，再分层填灰，不可一次填平。木件有缺陷者，再以铁板衬平借圆，满刮靠骨灰一道。如有缺楞少角者，应照原样衬齐，线口鞅角处须贴齐。干后，用金刚石磨之，并以铲刀修理整齐，以笤帚扫净，用水布擦净，去其浮灰。

（2）扫荡灰：须衬平刮直，一人用皮子在前抹灰，一人以板子刮平直圆，铁板打找捡灰，干后用金刚石磨去飞翅及浮籽，再以笤帚打扫，用水布擦净。

（3）使麻：

分以下几道工序：

1）开头浆：用糊刷蘸油满血料（1：1.2）涂于扫荡灰上，其厚度以浸透麻筋为度，不宜过厚。

2）粘麻：将梳好的麻粘于其上，要横着木纹粘，如遇木件交接处和阴阳角处，若两处木纹不同，也要按缝横粘，使麻的厚度均匀一致。

3）轧干压：用麻压子先由鞅角着手，逐次轧实，然后再轧两侧，注意鞅角不得翘起。

4）潲生：以油满和水（1：1）混合一起调匀，用糊刷涂于麻上，以不露干麻为限，不宜过厚。

5）水压：用麻压子尖将麻翻起一小部分，观看是否有干麻，翻起后再行轧实，并将余浆轧出，以防干后发生起凸现象。

6）整理：水压后再复压一遍，进行详细检查，如有鞅角崩起，棱线浮起或麻筋松动应予修好。

（4）压麻灰：用金刚石磨之，使麻茸浮起，但不得将麻丝磨断。用笤帚打扫，以水布擦净，用皮子将压麻灰涂于麻上，要来回轧实与麻结合，再度复灰，用板子顺麻丝横推裹衬，要做到平、直、圆。

（5）中灰：用金刚石磨之，要精心细磨，用笤帚打扫，水布擦净，用铁板满刮靠骨灰一道，不宜过厚。

（6）细灰：用金刚石将板迹接头磨平，以笤帚打扫，以水布擦净，再汁水浆一道，鞅角、边框、上下围脖、框口、线口、以及下不去皮子的地方，均应详细找齐。干后再以同样材料用铁板、板子、皮子满上细灰一道，平面用铁板，大面用板子，圆者用皮子，厚度不超过2mm，接头要平整，如有线脚者再用细灰扎线。

（7）磨细钻生：以细金刚石精心细磨至断斑，要求平者要平，直者要直，圆者要圆。以丝头蘸生桐油，跟着磨细灰的后面随磨随钻，同时修理线脚及找补生油，油必须钻透，干后呈黑褐色，以防出现“鸡爪纹”现象，浮油用麻头擦净，以防不擦净，干后有油迹。全部干透后，用砂纸精心细磨，不可遗漏，然后打扫干净。

注意事项：

1）一麻五灰地仗，面层出现鸡爪纹和裂纹通病，其主要原因是麻层以上油灰过厚造成的，故木料有缺陷者，应在使麻以前，用灰找平、找直、找圆。

2）钻生油必须一次钻好，如油浸入较快，可继续钻下去，切不可间断。油钻透后将浮油擦净。如钻油过多，也会使生油外溢，因而影响油漆彩画的质量，应特别注意。

3）在操作以前应检查脚手架，是否牢固适当，以防发生安全事故。

4）地仗过板子，轧线均须三人流水操作，使麻时人可更多一些。旧活操作顺序，应由右而左，由上而下。如遇柱顶瓦，或八字墙时，麻不可粘于其上，须离开3至5mm，以防地仗吸潮气后而使麻丝腐烂。柱子溜细灰时，应先溜中段，后溜上下，由左而右操作之，皮口应藏在阴面。磨细灰时，应由鞅角、柱根着手，由上而上磨之，以利钻生。磨线脚时均应精心细磨，不可磨走样，要横平竖直。

5）博风与博脊交接处应事先钉好防水条再行使麻，以防漏水。木件与墙面、地面交接处，应以纸糊好，以防油灰接促粘牢，损坏墙面或地面，完活后再以水洗掉。

3．油作操作工序

均以光油为主，其中加入樟丹、银朱、广红等颜料，以丝头蘸油搓于地仗上，再以拴横蹬竖顺，使油均匀一致，干后光亮饱满，油皮耐久，永不变色。其操作过程如下。

（1）浆灰：以细灰面加血料调成糊状，以铁板满克骨一道，干后以砂纸磨之，以水布擦净。

（2）细腻子：以血料、水、土粉子（3∶1∶6）调成糊状，以铁板将细腻子满克骨一遍，来回要乱实，并随时清理，以防接头重复，干后以砂纸细磨，以水布擦净。

（3）垫光头道油：以丝头蘸配好的色油，搓于细腻子表面上，再以油拴横蹬竖顺，使油均匀一致，除银朱油先垫光樟丹油外，其他色油均垫光本色油。

（4）二道本色油：操作方法与垫光油同。

（5）三道本色油：操作方法与垫光油同。

（6）罩清油：以丝头蘸光油（不加颜料）搓于三道油上，并以油拴横蹬竖顺，使油均匀，不流不坠，拴路要直，鞅角要搓到，干后即为成活。

注意事项：

1）油漆前应将架木及地面打扫干净，洒以净水，以防灰尘扬起污染油活。一般在罩清油时有抄亮现象，其原因有寒抄、雾抄、热抄等。在下午三时后，不可罩清油，以防入夜不干而寒抄。雾天不可罩清油，以防雾抄。冷热气温不均，则热面抄亮，而冷面不抄。

2）当刷完第一道油以后，再刷第二道油，有时会碰到第二道油在第一道油皮上凝聚起来，好象把水抹在蜡纸上一样，因此每刷完一道油可用肥皂水或酒精水，满擦一遍，即可避免这种现象。如出现质量事故，可用汽油洗掉，重新再刷一遍即可。

3）椽望油漆，老檐应由左而右，飞檐应由右而左操作之。搓绿油时，如手有破伤者不得操作，以防中毒。

（六）彩画

1．丈量起谱子

先将彩画构件的部位、长度、宽度，一一量好。再以牛皮纸配纸，如明间大额枋两鞅角距离为4m时，则配纸要二分之一，2m即可。按明间、次间、稍间，依次配齐，然后扣除“老箍头”“付箍头”外，再行搭纸分三停，再按间用炭条在纸上绘出所要的画谱。先画箍头宽度（一般为12cm）再画“岔口线”、“皮条线”、“枋心线”和“盒子线”。起谱子时均以明间大额枋为准，其余挑檐桁、下额枋均依据大额枋五大线尺寸，上下箍头线必须在一个垂直线上。谱子粗线条起完后，再行落墨，就是用墨笔再画一遍。再以大针按墨线扎孔，孔距2mm。扎谱子时要在纸下垫上海绵或麻垫，扎时大针要直扎、扎透，不要扎斜。一个殿座可起一个角子即可，就是四分之一。

起谱子的一般规则：

（1）额枋长度除老箍头、付箍头外，再分三停线。箍头一般宽度在12cm左右。皮条线两侧宽度之和与箍头宽度同，角度为60°。岔口线宽度为箍头宽度的二分之一。楞线宽度为箍头宽度二分之一。

（2）起藻头内花纹时，如尺寸稍差一点，则可移动皮条线和岔口线来调整，但不得移动过大。方心头可越过三停线。

（3）旋眼大小约占额枋宽度四分之一左右。旋花瓣大小与旋眼同。

（4）座斗枋如画桅花时，则绿桅花顶斗。如画降幕云时，必须云顶斗（降幕云头对大斗中），霸王拳头必须画一整云。

（5）额枋宽度，以上合楞至下合楞中为额枋宽度。

2. 磨生油、过水布、分中、打谱子

彩画部位生油地干后，以细砂纸磨之，再用水布擦净，用尺找出横中和竖中，以粉笔画出，再以谱子中线对准构件中线摊实，以粉袋循谱子拍打，使构件上透印出花纹粉迹。谱子打好后，凡是片金处必须用小刷子蘸红土子，将花纹写出来，然后沥粉要根据红墨线沥之。

3. 沥大小粉

沥粉前先要作沥粉器，沥粉器由两部分组成，一是用马口铁皮制成“老筒子”，二是用马口铁皮制成“粉尖子”。老筒子上端扎一个猪膀胱或塑料袋，另一端插粉尖子。猪膀胱或塑料袋内装入粉浆，用小线扎好，以手攥住猪膀胱或塑料袋，通过手的压力，将粉浆由粉尖子挤出，沥于花纹部位上。

沥粉时要根据谱子线路，如五大线（箍头线，盒子线，皮条线，岔口线，枋心线）用粗粉尖沥。宽度在5mm左右，两线间距为一线宽度。沥出粉条要横平竖直，如挑檐桁与大额枋为同样花纹时，上下小粉也要有区别。

沥粉之前应配好沥粉尺棍，先沥箍头、枋心（竖沥箍头，由上而下。横沥枋心，由左而右）再沥岔口线、皮条线。上部的线上搭尺，下部线和平身线要下搭尺。

沥单线大粉，必须由檩向下开始，其次沥包袱线烟云筒，聚锦线等，遇弓直线者，应用尺棍来控制。

沥小粉之前，亦须将沥粉器备好，与沥大粉手续相同。如沥枋心，先沥龙头，依次沥龙身、龙尾、四肢、龙爪、脊刺、龙鳞等，最后沥宝珠风火焰。盒子藻头系龙者，其沥法与枋心同。如盒子内西蕃莲时，先沥花头，后沥草叶。

4. 刷色

大木刷色，有一定规则，是以明间挑檐桁箍头以青色为准，“青箍头、青楞线、绿枋心”，次间为“绿箍头、绿楞线、青枋心”。稍间又与明间同。明间额枋的箍头又与挑檐桁相反，为“绿箍头、绿楞线、青枋心”。次间、稍间又相互调换，如其间数多者，均以此类推。

斗栱刷色规则，以角科柱头科为准，必须“绿翘绿昂青升斗”，再向里推，为“青翘青昂绿升斗”。

在刷色前先检查一下代号的号码，有无错误，如发现图纸疑问时，要问清楚，再行开始刷色。先刷绿色，后刷青色，竖刷箍头，横刷枋心，斜刷岔口线、皮条线。刷第一道时，要刷实刷到，以便给刷第二道色时打下基础。

刷色时既不能刷错，要求均匀一致。

刷色的顺序，先刷上面，后刷下面；先刷里面，后刷外面；先刷小处，后刷大面。刷完一个色后，再进行检查，有无遗漏和错误者，打点后，再涂刷第二个色。

5. 拉晕色、拉大粉

将浅青浅绿（三青三绿）刷于金线两侧，由浅至深。宽度一般为箍头的三分之一。

靠金线画一道白线，粗细以晕色三分之一为合格。

拉晕色的方法，要用尺棍，以小刷子按晕色的位置、宽窄适当拉好，如有曲线者，应根据曲线拉，随之再用适当的刷子，将晕色刷匀。

凡有晕色之处，靠金线必须拉大粉，其拉法与上晕色相同。

6. 压老

一切颜色都描绘完毕后，用最深的颜色如黑烟子、砂绿等，在各色的最深处的一边，用画笔润一下，以使花纹突出。

7. 打点找补活

打点找补是在成活后进行，经过详细检查，有无遗漏、脏活者，再以原色修补整齐，而后由上而下打扫干净。

打点时要细心，一点一点的，一道一道的挨着找，由上而下找，大面上找，鞅角处更要找，不能嫌麻烦。

为了保证施工质量达到设计的要求，均须先做样板，经设计与建设代表检查与评验之后认为满意再大面积施工。

安全交底（略）。